国家重点基础研究发展计划（973计划）2010CB428400项目

气候变化对我国东部季风区陆地水循环与水资源安全的影响及适应对策

"十三五"国家重点图书出版规划项目

气候变化对中国东部季风区陆地水循环与
水资源安全的影响及适应对策

未来水文气候情景预估
及不确定性分析与量化

段青云　徐宗学　等　著

科学出版社

北　京

内 容 简 介

在全球变化的大背景下，本书针对最新发布的气候模式 CMIP5 数据，系统分析了气候变化过程中降水预估的共识性与可信度规律，全面评价了目前流行的多种气候模式降尺度技术，系统评估了全球气候模式在中国东部季风区的适用性，初步分析了多模式集合平均方法在气候模式集合评估中的应用。

本书共分为 9 章，面向科研、教学和生产部门，可供大气科学、水文科学、资源科学、环境科学和生态科学等领域的科研人员、相关业务部门管理人员、高等学院教师以及研究生参考。

图书在版编目(CIP)数据

未来水文气候情景预估及不确定性分析与量化／段青云等著. —北京：科学出版社，2017.7

(气候变化对中国东部季风区陆地水循环与水资源安全的影响及适应对策)

"十三五"国家重点图书出版规划项目

ISBN 978-7-03-048098-9

Ⅰ.①未… Ⅱ.①段… Ⅲ.①长江流域–水文预报–研究 Ⅳ.①P338

中国版本图书馆 CIP 数据核字（2016）第 093765 号

责任编辑：李 敏 周 杰 张 菊／责任校对：邹慧卿
责任印制：徐晓晨／封面设计：铭轩堂

科学出版社 出版
北京东黄城根北街 16 号
邮政编码：100717
http://www.sciencep.com
北京建宏印刷有限公司 印刷
科学出版社发行 各地新华书店经销

*

2017 年 7 月第 一 版 开本：787×1092 1/16
2019 年 1 月第二次印刷 印张：15 3/4
字数：370 000

定价：128.00 元
（如有印装质量问题，我社负责调换）

《气候变化对中国东部季风区陆地水循环与水资源安全的影响及适应对策》丛书编委会

项目咨询专家组

孙鸿烈　徐冠华　秦大河　刘昌明
丁一汇　王　浩　李小文　郑　度
陆大道　傅伯杰　周成虎　崔　鹏

项目工作专家组

崔　鹏　王明星　沈　冰　蔡运龙
刘春蓁　夏　军　葛全胜　任国玉
李原园　戴永久　林朝晖　姜文来

项目首席

夏　军

课题组长

夏　军　罗　勇　段青云　谢正辉
莫兴国　刘志雨

《未来水文气候情景预估及不确定性分析与量化》
撰写委员会

课题负责人　段青云

承担单位　　北京师范大学

参加人员　　段青云　徐宗学　郑小谷　孙巧红
　　　　　　杨　赤　缪驰远　叶爱中　彭定志
　　　　　　庞　博　刘　浏　应恺然　孔冬贤
　　　　　　李秀萍　刘　品　何　睿　娄佳乐
　　　　　　刘兆飞　全小伟　Carsten Frederiksen

序

气候变化是全球变化的核心问题和重要内容，它在全球气候环境中的突出表现就是全球变暖的问题。政府间气候变化专门委员会（IPCC）第五次评估报告指出，1880～2012年，全球海陆表面平均温度呈线性上升趋势，共升高了0.85℃；19世纪中叶以来，全球增温导致极地冰雪融化以及海水膨胀，使海平面的上升速度高于过去2000年；观测到的20世纪中叶以来气候变暖的主要原因极有可能（95%以上的可能性）是人类活动的影响。全球增温意味着生物生存和活动范围将发生改变，雪盖面积减少，海平面上升；还将导致降水量的时空分布发生变化；同时，该变化将有可能进一步导致水资源、生态系统状况发生变化，造成旱涝等自然灾害频发，对工农业生产、社会经济发展和政治格局等产生深远影响。因此，气候变化及其对人类环境的影响已成为当前全球性的重大科学问题，并受到各国政府和公众的关注。

1979年，世界气候大会（FWCC）上，气候问题首次被提出，并开始被国际社会重点关注。1988年，联合国大会首次讨论了气候变化问题，并通过第43/53号决议，提出要为人类今后世代的发展保护全球气候。同年，世界气象组织（WMO）和联合国环境规划署（UNEP）等机构联合成立了政府间气候变化专门委员会（IPCC）。1992年，160多个国家在巴西里约热内卢签署了《联合国气候变化框架公约》。从1995年德国柏林至2016年摩洛哥马拉喀什，缔约国和区域一体化组织每年召开会议进行气候谈判。气候问题涉及全球共同发展以及国与国之间的利益关系，已不再是单纯的科学问题，在这种复杂的关系下，全球气候变化问题不断升级。

我国人口众多，气候条件复杂，生态环境脆弱，是受气候变化不利影响最为严重的国家之一。由于中国水资源系统对气候变化的承受能力十分脆弱，多数河流的径流对大气降水变化非常敏感，其对降水量变化呈非线性响应。观测数据表明，气候变化已经影响了中国水资源的空间分布。2000年以来，北方黄河、淮河、海河、辽河水资源总量明显减少，南方河流水资源总量略有增加。洪涝灾害更加频繁，干旱灾害更加严重，极端气候现象明显增多。

为此，早在20世纪80年代，我国就展开了一系列气候变化对水文水资源影响的专项研究。1988年，国家自然科学基金委员会批准"中国气候与海面变化及其趋势和影响研究"作为"七五"重大项目，其中包括"气候变化对西北华北水资源的研究"。1991年，国家科学技术委员会启动的"八五"国家科技攻关计划项目"全球气候变化的预测、影响和对策研究"中设立了"气候变化对水文水资源的影响及适应对策"专题。1996年，国家科学技术委员会设立"九五"国家重中之重科技攻关计划项目"我国短期气候预测系统的研究"，其中包括"气候异常对我国水资源及水分循环影响的评估模型研究"专项。"十五"国家科技攻关计划重点项目"中国可持续发展信息共享系统的开发研究"中设立了"气候异常对我国淡水资源的影响阈值及综合评价"专题，基于对未来水资源的模拟及水资源的需求预测进行气候变化阈值研究。2010年，科学技术部启动了"全球变化研究国家重大科学研究计划"，将我国的气候变化及其对我国水文水资源的影响研究推至一个新的高度。

目前，我国在气候变化及其对水文水资源影响有关方面开展了广泛研究，并取得丰硕成果，但同时在许多方面还存在薄弱环节。本书各位作者结合国家重点基础研究发展计划（973 计划）课题"气候变化背景下未来水文情景预估及不确定性研究"的任务要求，对中国东部季风区的气候变化展开了一系列研究。相信该书的出版，将为关注气候变化与水资源问题的科研工作者和管理者提供有用的信息，对国家和流域水资源综合管理有一定的借鉴意义。

刘昌明

2016 年 7 月 7 日于北京

前　　言

气候变化是 21 世纪人类发展面临的一场最严峻的挑战。其规模之大、范围之广、影响之深远，可谓史无前例。由于事关人类生存环境和世界各国繁荣与发展，气候变化问题一经提出，就迅速成为国际社会关注的焦点议题。

1988 年，联合国环境规划署（UNEP）联合世界气象组织（WMO）共同成立了政府间气候变化专门委员会（IPCC），集合了来自世界各国的数百名从事全球气候变化研究的科学家，先后于 1990 年、1995 年、2001 年和 2007 年发布了四次评估报告，对目前气候变化的相关科学知识及其对生态系统和社会经济的潜在影响进行了评估。最新的第五次评估报告第一工作组报告已于 2013 年 9 月发布。该报告正式发布了不同气候模式发展小组对全球历史时期（1850~2005 年）气候变化的模拟结果，以及未来（2006~2100 年）不同温室气体排放下的气候变化情景预估结果。与之前的第四次评估报告中的模式结果相比，最新的全球气候模式在物理过程、数值计算以及子模型配置等方面有了进一步的提高。尽管这些模式结果仍存在不确定性，但这些全球气候模式增强了气候变化与温室气体排放之间的定量化联系。目前，越来越多的科研工作者利用这些模式结果，对历史气候变化的原因进行分析，同时对未来可能发生的气候变化情景提出生态环境可持续管理对策。

IPCC 报告中关于气候变化问题的很多结论都是基于全球气候模式的模拟结果。气候模式是定量描述气候系统变化规律的数值模型，能够反映气候系统中各圈层之间复杂的相互作用。作为气候变化归因与预估未来气候变化的唯一工具，气候模式被国际社会广泛采用。例如，水文科学、生态科学、环境科学、农业科学等多个学科都需要基于气候模式对未来气候变化的预估结果来研究相关气候变化的影响和适应问题。但受全球气候系统的复杂性、气候模式的代表性和可靠性等因素影响，全球气候模式对气候变化的模拟能力存在一定的不足和局限。目前，全球气候模式结果在应用过程中主要面临 3 个方面的问题：①区域模拟精度问题。全球气候模式是以全球尺度能量平衡为基础的模拟产品。现有的大量研究结果表明，全球气候模式在不同区域下对气候变化的模拟能力不同。②尺度问题。现有的模式结果，其空间分辨率约为 2.5°×2.5°，无法直接应用于水文、生态、环境等模型。③不确定性问题。不同气候模式发展小组对气候系统动力过程的认识不同，模拟过程中所涉及的数据以及初始条件也有差异，最终导致了每个小组生成模式结果之间有很大的不确定性。因此，有必要从多时空尺度定量评估全球气候模式对气候平均态及变率的模拟能力，同时利用多种模式集合方法对未来情景进行模拟，从而减少模式结果的不确定性。

本书主要基于国家重点基础研究发展计划（973 计划）课题"气候变化背景下未来水文情景预估及不确定性研究"（2010CB428402）的研究成果凝练而成。全书共分为 9 个章节，由段青云教授、徐宗学教授总体设计，缪驰远博士协助统稿，编著具体分工如下：第

1 章绪论，由段青云、缪驰远、叶爱中撰写；第 2 章降水预估的共识性与可信度研究资料及方法，由郑小谷、应恺然、Carsten Frederiksen 撰写；第 3 章统计降尺度技术，由徐宗学、刘浏、刘品撰写；第 4 章动力–统计混合降尺度技术，由徐宗学、李秀萍、刘品撰写；第 5 章气候变化情景下气象要素的随机模拟，由杨赤撰写；第 6 章高精度降水和温度格点数据集比较，由孙巧红、段青云撰写；第 7 章 CMIP3 与 CMIP5 年代际多模型气候变化模拟与预估比较，由缪驰远、段青云撰写；第 8 章中国东部降水的季节可预报性研究，由应恺然、郑小谷、全小伟、Carsten Frederiksen 撰写；第 9 章 GCM 在中国东部季风区的适用性评估，由徐宗学、刘品、何睿撰写。另有部分人员参与了资料收集和图片处理等工作，在此一并致谢。

　　本书参考了国内外相关文献，由于篇幅有限，书中仅列出了主要的参考文献，在此向有关编著者表示衷心的感谢。由于作者水平有限，疏漏之处在所难免，恳请读者批评指正。

作　者

2016 年 8 月

目　　录

第1章 绪 论

1.1 全球气候变化背景

以全球变暖为主要特征的全球气候变化已经对生态系统和社会系统造成了严重的影响，并成为地学、环境学、生物化学、经济学等多学科融合的重要课题，受到国际社会的普遍关注。1988 年成立了政府间气候变化专门委员会（Intergovernmental Panel on Climate Change，IPCC），对有关气候变化的科学成果及技术、经济信息进行综合分析与评估，先后于 1990 年、1995 年、2001 年、2007 年和 2013 年五次发表了综合评估研究报告，在报告中给出了全球温度变化观测结果（表 1-1）。许多研究表明，气候变化将产生多尺度、全方位、多层次的影响，如气候变化可能会造成海平面上升、冰川退化、荒漠化加剧、生物多样性锐减、极端水文气候事件增加等自然和生物系统异常（Easterling，2000；Meehl et al.，2000；Vörösmarty，2000；Church，2001），并且对水资源分布和农业生产造成一系列的影响。目前，全球气候变化问题已经超出一般的环境或气候领域，涉及能源、经济和政治等方面。因此，预估未来气候变化，探讨未来气候变化或气候持续变暖是否会对生态系统和人类社会造成比现在更为严重的后果，已成为各国科学家、公众和决策者共同关心的问题。

表 1-1　IPCC 五次评估报告关于全球温度变化观测结果和归因的主要结论

IPCC 报告	观测到的全球变化				全球气候变化的归因
	平均温度变化（℃）	温度变化范围（℃）	观测时段	二氧化碳浓度（ppm）	
第一次（1990 年）	0.45	0.30 ~ 0.60	1861 ~ 1989 年	353（1990 年）	近百年的气候变化可能是由自然波动或人类活动或两者共同造成的
第二次（1995 年）	0.45	0.30 ~ 0.60	1861 ~ 1994 年	358（1994 年）	人类活动的影响被察觉出来
第三次（2001 年）	0.60	0.4 ~ 0.8	1901 ~ 2000 年	367（1999 年）	20 世纪中叶以来观测到的大部分增温可能是由人类活动排放温室气体的增加造成的

续表

IPCC 报告	观测到的全球变化				全球气候变化的归因
	平均温度变化 （℃）	温度变化范围 （℃）	观测时段	二氧化碳浓度 （ppm）	
第四次 （2007 年）	0.74	0.56 ~ 0.92	1906 ~ 2005 年	379±0.65 （2005 年）	观测到的 20 世纪中叶以来大部分全球平均温度的升高，很可能是由观测到的人为温室气体浓度的增加引起的
第五次 （2013 年）	0.85	0.65 ~ 1.06	1880 ~ 2012 年	391 （2011 年）	观测到的 20 世纪中叶以来的气候变暖的主要原因极有可能是人类的影响

注：1ppm = 10^{-6}，后同

中国地域辽阔，气候多样，不同区域的地理环境、气候特征、经济发展水平等差异显著，气候变化对各个区域的影响也有所不同。已有资料表明，中国的升温趋势与全球基本一致。1951 ~ 2009 年，中国陆地表面平均温度上升了 1.38℃，变暖速率为 0.23℃/10a（气候变化国家评估报告编写委员会，2011）。在全球变暖的背景下，中国的高温、低温、强降水、干旱、台风、大雾、沙尘暴等极端天气气候事件的频率和强度存在一定变化趋势，并有区域差异；中国大部分地区冰川面积缩小了 10%；气候变化加重了荒漠生态系统的脆弱形势，造成物种退化等问题（气候变化国家评估报告编写委员会，2011），许多研究表明，气候变化对我国生态系统和社会系统造成了极大的影响。因此，加强对气候变化的研究，特别是研究未来不同排放情景下中国区域的气候会发生什么变化，将会为国家制定减排对策、研究适应气候变化促进可持续发展、制定国家环境外交政策提供有力的科学支撑。

1.2　全球气候模式的意义

作为气候变化归因与预测未来气候变化的唯一工具（Percec et al.，2004），气候模式（GCMs）被国际社会广泛采用。气候模式是定量描述气候系统变化规律的数值模型，能够反映气候系统中各圈层之间复杂的相互作用。随着模式的不断发展和完善，气候预测的不确定性很大程度上已经减小了。目前，世界上许多国家已用气候模式对过去和未来的气候变化进行了模拟，并对这些结果进行了详细和深入的分析。但是，模式本身的系统性误差是不可避免的，这在很大程度上影响了气候预测和预估的水平。因此，开展对气候模式模拟结果的评估，同时利用多种模式集合方法对未来情景进行模拟，是深入把握模式现存不足的重要途径，也是减少模式结果不确定性的重要手段。

1.3　全球气候模式的发展

早在 1904 年，Bjerknes 率先提出了数值预报的思想。到了 20 世纪 20 年代，

Richardson 等气象学家开始利用数值模型开展短期天气预报的尝试。在 1956 年,Phillips 利用大气环流模式进行了大气环流的数值模拟。50 年代以后随着计算技术的变革,数值技术方法飞速发展,数值模式也进入了飞速发展的阶段。其后,Hinkelmann(1959)等开始用原始方程模式模拟大气环流及其演变,并逐渐在模式中引进了大气边界层、平流层以及水汽过程等。70 年代,全球大气环流模式的动力学框架和数值计算已基本成熟,并开始进行气候数值模拟试验。1998 年,美国国家大气研究中心(NCAR)气候系统模式(CSM)率先实现了大气模式与海洋模式的直接耦合。中国作为数值模式研究起步较早的国家之一,于 1976 年在中国科学院大气物理研究所(IAP)发展了我国第一个原始方程组数值预报模式;并于 1984 年开始,研制发展自己的全球大气环流模式(AGCM)。此后我国于 1996 年研制了全球海洋–大气–陆面系统模式(GOALS/LASG)(吴国雄,1997),于 2004 年完成了第四代气候模式,即灵活性全球海–气–陆系统模式(FGOALS)及其大气、海洋分量模式,大气分量模式包括 LASG/IAP 格点大气模式(GAMIL)和 LASG/IAP 谱大气模式(SAMIL)(王斌,2009)。气候模式经过了独立发展的单一分量模式到完整的耦合气候模式,在不断的检验和改正中,耦合模式能够提供可信的当前气候年平均状况和气候季节循环模拟结果。而在这一过程中,世界气候研究计划(WCRP)在一系列观测实验的基础上,相继组织和推出了大气模式比较计划(AMIP)、陆面过程模式比较计划(PILPS)和耦合模式比较计划(CMIP)等,为推动气候模式的发展起到了极大的作用。AMIP 于 1989 年成立,主要是用于大气环流模式的系统验证、诊断和比较(Gates,1992)。研究表明,大部分大气模式能够较好地模拟出大尺度大气环流的平均季节循环状况(Gates,1999)。CMIP 计划实施以来发展迅速,经历了 CMIP1(1995 年)、CMIP2(1997 年)、CMIP3(2004 年),CMIP3 发布的 23 个海气耦合模式对 20 ~ 22 世纪气候模拟的输出结果也被 IPCC 评估报告采用。如今耦合模式比较计划已进入第五个阶段 CMIP5(2012 年)。CMIP5 收集了全球最为优秀的 23 个模式组约 60 个模式及其模拟结果,相对于 CMIP3 的模式,CMIP5 的模式包含了更为复杂、完善的地球生物化学过程,设计了大气–陆地–海洋循环模式和硫循环模式,发展了气溶胶模式与动力植被模式,在海冰模式中更多考虑动力学与流变学等,具有较高的分辨率(Taylor et al.,2011)。

1.4 气候模式模拟的未来气候及不确定性

全球气候模式作为气候变化归因与预测未来气候变化的唯一工具,已被广泛运用于全球及区域未来气候变化的研究中,研究结果也被 IPCC 报告所采用。表 1-2 为 IPCC 报告给出的 21 世纪末全球平均地表温度升高和海平面上升的预估值。Rogelj 等(2013)比较了 IPCC 第四次评估报告(AR4)的排放情景特别报告(SRES)情景和第五次评估报告(AR5)采用的典型浓度路径(RCP)情景下未来全球温度的变化情况,得出 RCP 情景的气温变化范围大于 SRES 情景。

表 1-2　IPCC 报告给出的 21 世纪末全球平均地表温度升高和海平面上升的预估值

IPCC 评估报告	气温变化可能性范围（℃）	海平面上升可能性范围（m）
第一次（1990 年）	1.9~5.2	0.65
第二次（1995 年）	1~4.5	0.15~0.95
第三次（2001 年）	1.4~5.8	0.1~0.9
第四次（2007 年）	1.1~6.4	0.18~0.59
第五次（2013 年）	0.3~4.8	0.26~0.82

在全球气候变暖的大背景下，对未来气候变化的准确预估关系到决策者及公众如何应对气候变化带来的影响，以最大程度减少气候变化对生态系统及社会系统带来的风险。然而，作为现今预测未来气候的唯一工具，全球气候模式对未来的预估不可避免地存在不确定性（Myles et al.，2000）。IPCC AR4 将不确定性定义为"不确定性是关于某一变量（如未来气候系统的状态）未知程度的表述"。不确定性可源于缺乏有关已知或可知事物的信息或对其认识缺乏一致性。其主要来源有很多，如从资料的可量化误差到概念或术语定义的含糊，或者对人类行为的不确定预估。因而，不确定性能够用量化的度量表示（如不同模式计算值的一个变化范围）或进行定性描述（如体现一个专家组的判断）。近年来，不确定性分析已经成为气候模式模拟能力研究的主要内容。气候预测的不确定性主要有三个来源（Hawkins and Sutton，2009），第一来自于气候系统内部的自然变率。第二来自模型的不确定性，气候系统各个组成部分之间存在着复杂的非线性相互作用关系，各个模式中各物理参数的选取、模式的结构框架、模式对物理参数的描述等都会影响不同模式的模拟结果，其中各个模式对于气候系统不同反馈强度的估算就存在着相当大的差异，特别是云反馈、海洋热吸收和碳循环反馈（IPCC，2007）。第三来自情景的不确定性，如未来温室气体排放的不确定导致对未来辐射强迫及气候变化的不确定估计。气候变化情景在全球和区域气候变化预估中得到广泛应用，温室气体排放情景是气候模拟的基础，影响温室气体排放的社会经济驱动因素，如人口增长、经济发展、技术进步、环境条件、社会管理等假设组成了社会经济情景。表 1-3 为 IPCC 气候变化情景的发展阶段和应用情况（曹丽格等，2012）。Hawkins 和 Sutton（2009）认为这三种不确定性来源的重要性是随着预测的预见期和空间、时间的规模而变化的（图 1-1），揭示出随着时间的推移，气候模式不确定性所占的主导地位将逐渐被未来情景的不确定性所取代。

表 1-3　IPCC 气候变化情景的发展阶段和应用情况

阶段	情景概述	社会经济假设	特点/变化	应用情况
SA90 情景及之前	考虑 CO_2 倍增或递增，特别是 CO_2 加倍试验，包括 A、B、C、D 4 种情景	人口和经济增长假设相同，能源消费不同	最早使用的全球情景，简单的 CO_2 浓度变化描述和假设	第一次评估报告及之前的气候模拟

续表

阶段	情景概述	社会经济假设	特点/变化	应用情况
IS92 系列情景	包含 6 种不同排放情景（IS92a-IS92f），考虑单位能源的排放强度	分别考虑高、中、低 3 种人口和经济增长及不同的排放预测	考虑与能源、土地利用等相关的 CO_2、CH_4、N_2O 和 S 排放，能较合理地反映排放趋势	用于第二次评估及气候模式
SRES 情景	由 A1、A2、B1、B2 情景家族组成，包含 6 组解释型情景（B1、A1T、B2、A1B、A2 和 A1F1），共 40 个温室气体排放参考情景	建立 4 种可能的社会经济发展框架，考虑人口、经济、技术、公平原则、环境等驱动因子；其中 A1 和 A2 强调经济发展；B1 和 B2 强调可持续发展	温室气体排放预测与社会经济发展相联系。情景表示有着相似的人口特征、社会、经济、技术变化的多个情景组合	主要用于第三次和第四次评估，成为气候变化领域的标准情景
RCPs 情景	以 RCPs 描述辐射强迫，包括 RCP8.5、RCP6、RCP4.5 和 RCP3-PD（通常取 2.6）4 种典型路径，其中 RCP8.5 为持续上涨的路径，RCP6 和 RCP4.5 为没有超过目标水平达到稳定的两种不同的路径，RCP3-PD 为先升后降达到稳定的路径	基于 RCPs 定义 SSPs，体现辐射强迫和社会经济情景的结合，每一个 SSP 代表一类相似社会经济发展路径，包括人口、经济、技术、环境、政府管理等因素和指标；统一各个研究团体间对社会经济发展的不同假设	根据社会经济假设确定排放情景，输入模式，据预测结果进行综合评估的研究框架。SSPs 包含了已有情景中的社会经济假设，可用于全球、区域和部门，SSPs 矩阵可以更好地进行脆弱性分析，满足气候变化适应与减缓研究的需求	用于第五次评估，将为更好地分析、评估人为减排等气候政策影响，为选择适应与减缓技术和政策提供研究平台

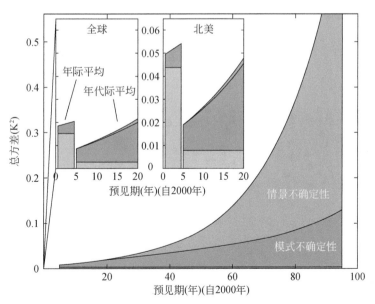

图 1-1　不确定性来源的重要性随区域、预测预见期、时间的变化（Hawkins and Sutton, 2009）

第 2 章　降水预估的共识性与可信度
研究资料及方法

2.1　资料说明

在中国东部降水的季节可预报性研究中使用的基本资料如下。

1）中国气象局国家气候中心提供的中国 160 站逐月降水资料，时段为 1951 年 1 月～ 2004 年 12 月。由于本研究将着重讨论中国东部受季风影响区域的降水季节可预报性，所以选取如图 2-1 所示的共 106 个代表站（范围为 20°N～45°N，110°E～130°E）作为研究区域（Wang and Ho，2002）。

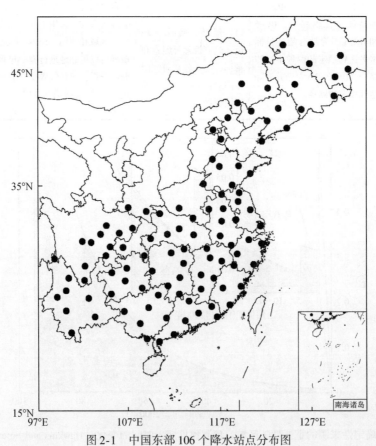

图 2-1　中国东部 106 个降水站点分布图

2）英国气象局 Hadley 研究中心提供的全球月平均海表温度（SST）资料（Rayner，2003）。其水平分辨率为 1°×1°，在全球共有（360×180）个格点，时段是 1950 年 10 月 ~ 2004 年 12 月。考虑到对中国东部区域降水的影响，海温范围选在 60°S ~ 60°N。

3）美国气象环境预报中心（NCEP）/美国国家大气研究中心（NCAR）的逐月再分析资料（Kalnay et al.，1996），时段为 1951 年 1 月 ~ 2004 年 12 月，水平分辨率为 2.5°×2.5°，全球有（144×73）个站点；使用的要素主要包括海平面气压、500hPa 位势高度场、经向/纬向（u/v）风场及绝对湿度（层次在 300hPa、400hPa、500hPa、600hPa、700hPa、850hPa、925hPa 和 1000hPa）及太平洋–北美形态（PNA）、北极环状模态（NAM）、西太平洋涛动（WPO）等气候指数的时间序列。

对比分析观测与模式 500hPa 高度场北半球冬季的季节可预报及其不可预报模态，其中采用的观测及模式资料如下。

1）采用 20 世纪再分析（20CR）资料集的 500hPa 高度场资料（Compo et al.，2011）作为观测场资料。研究年份在 20 世纪后 50 年，即 1951 ~ 2000 年，冬季这里选择的是 12 月 ~ 翌年 2 月。20CR 资料集是大气环流模型（AGCM）的大气环流模式组（只考虑海平面气压场观测、月平均海表温度以及海冰场）（Compo et al.，2011），以及资料同化系统共同建立的一套大气环流分析资料。尽管没有同化卫星资料，20CR 数据集的质量相对其他再分析资料还是比较好的（Compo et al.，2011；Stachnik and Schumacher 2011）；采用英国气象局 Hadley 研究中心的海表温度资料（Rayer et al.，2003）作为海表温度的观测场资料。

2）第 3 次耦合模式比较计划（CMIP3）模式组在 20 世纪温室气体浓度和自然强迫（20c3m）下对 20 世纪后 50 年的月平均 500hPa 高度场进行了模拟（Meehl et al.，2000）。参与本研究对比评估的共有来自 23 个模式的 70 个实验结果（多数模式都在同一强迫的不同初始条件下进行了多次运行，其目的是检验该模式对初始场的敏感性），具体信息见表 2-1。另外，CMIP3 模式组将海洋上空大气表层温度（surface skin temperature data over oceans）的模拟结果作为模式模拟的海表温度 SST 资料。

表 2-1　本研究采用的 CMIP3 模式组的模式信息

CMIP3 模式名称	20c3m 实验的运行数目（个）	强迫是否包含规定的臭氧趋势	模式是否使用了通量订正方法（Randall et al.，2007）
BCCR-BCM2.0	1	否	否
CCSM3	8	是	否
CGCM3.1（T47）	5	否	是
CGCM3.1（T63）	1	否	是
CNRM-CM3	1	否	否
CSIRO-Mk3.0	2	是	否
CSIRO-Mk3.5	3	是	否
ECHAM5/MPI-OM	4	是	否

CMIP3 模式名称	20c3m 实验的运行数目（个）	强迫是否包含规定的臭氧趋势	模式是否使用了通量订正方法（Randall et al., 2007）
FGOALS-g1.0	3	否	否
GFDL-CM2.0	3	是	否
GFDL-CM2.1	3	是	否
GISS-AOM	2	否	否
GISS-EH	5	是	否
GISS-ER	9	是	否
INGV-SXG	1	是	否
INM-CM3.0	1	否	否
IPSL-CM4	1	否	否
MIROC3.2（hires）	1	是	否
MIROC3.2（medres）	3	是	否
MRI-CGCM2.3.2	5	否	是
PCM	4	是	否
UKMO-HadCM3	2	是	否
UKMO-HadGEM1	2	是	否

3）使用 CMIP5 模式组在 historical 实验下对 20 世纪后 50 年月平均 500hPa 高度场的模拟结果；以及模式在不同情景模式 PCPs（representative concentration pathways）下对 21 世纪后 50 年，即未来气候的模拟结果（Taylor et al., 2009）。参与研究的 CMIP5 模式共 26 个，具体信息见表 2-2。与 CMIP3 相同，CMIP5 模式组将海洋上空大气表层温度的模拟结果作为模式模拟的海表温度 SST 资料。

表 2-2　本研究采用的 CMIP5 模式组的模式信息

模式简称	CMIP5 模式名称	模式来源国	实验数目（个）
BCC	BCC-CSM1.1	中国	3
CCCma	CanESM2	加拿大	5
CNRM-CERFACS	CNRM-CM5	法国	10
CSIRO-BOM	ACCESS1.0	澳大利亚	1
	ACCESS1.3		1
CSIRO-QCCCE	CSIRO-Mk3.6.0	澳大利亚	10
IPSL	IPSL-CM5A-LR	法国	4
LASG-CESS	FGOALS-g2	中国	4
LASG-IAP	FGOALS-s2	中国	2

模式简称	CMIP5 模式名称	模式来源国	实验数目（个）
MIROC	MIROC4h	日本	3
	MIROC5		3
MIROC	MIROC-ESM	日本	3
MOHC（additional realizations by INPE）	HadCM3	英国	4
	HadGEM2-CC		1
	HadGEM2-ES		4
MRI	MRI-CGCM3	日本	5
NASA GISS	GISS-E2-H	美国	5
	GISS-E2-R		4
NCC	NorESM1-M	挪威	3
NOAA GFDL	GFDL-CM3	美国	3
	GFDL-ESM2G		3
	GFDL-ESM2M		1

2.2　统计方法介绍

2.2.1　季均值场的（协）方差场分解方法

应用 Zheng 和 Frederiksen（2004）（简称 ZF2004）提出的季均值场的（协）方差分解方法，将一个气候要素的协方差场分解为"季节可预报"部分的（协）方差场和"季节不可预报"部分的协方差场。具体分解方法如下。

假定 x_{ym} 是某一气象要素去掉年循环后的第 m 月（$m=1$，2，3；为一个季度的三个月）、第 y 年的值。将它的形式假定为

$$x_{ym} = \mu_y + \varepsilon_{ym} \tag{2-1}$$

式中，μ_y 与月份 m 无关，被认为是季节尺度上缓慢变化的年际变率部分；ε_{ym} 为 x_{ym} 分离出 μ_y 剩余的离差部分。向量 $\{\varepsilon_{y1}, \varepsilon_{y2}, \varepsilon_{y3}\}$ 被认为是一组独立同分布的随机向量。线性回归方程式（2-1）表明月与月的方差或季节内方差全部来源于 $\{\varepsilon_{y1}, \varepsilon_{y2}, \varepsilon_{y3}\}$。

为了表达简明性，这里使用记号"o"代表对某个下标参数做平均，如 x_{yo} 表示对 x_{ym} 做一个季度三个月的月平均；x_{oo} 表示对变量 x_{ym} 做所有年和月的平均。因此，式（2-1）的季节平均表达式为

$$x_{yo} = \mu_y + \varepsilon_{yo} \tag{2-2}$$

式中，μ_y 为与外强迫的变化或缓慢变化的内部动力过程有关的年际变率部分，简称"慢变部分"；ε_{yo} 为与季节内变率有关的年际变率部分，简称"季节内变率部分"。

假设两个气候变量 x_{ym} 和 x'_{ym} 满足式（2-1），x_{ym} 和 x'_{ym} 可以分别代表两个不同的气候

要素或是两个不同的位置。例如，x_{ym} 代表中国东部某站点的降水序列，x'_{ym} 可以代表同一站点的气压序列或北美某站点的降水序列。

对于两个气候变量季节内变率部分协方差 [这里记为 $V(\varepsilon_{ym}, \varepsilon'_{ym})$] 的估计将基于以下 3 个对月均值资料的假设。因为气候变量的日时间序列在一个季节内大体上可以认为是稳定的，对于月时间序列同样如此，这就是说，可以把两个气候变量的协方差场假定为独立于月，即

$$V(\varepsilon_{y1}, \varepsilon'_{y1}) = V(\varepsilon_{y2}, \varepsilon'_{y2}) = V(\varepsilon_{y3}, \varepsilon'_{y3}) \tag{2-3}$$

另外，对于相邻月份可以做同样的假设：

$$V(\varepsilon_{y1}, \varepsilon'_{y2}) = V(\varepsilon_{y2}, \varepsilon'_{y3})$$
$$V(\varepsilon'_{y1}, \varepsilon_{y2}) = V(\varepsilon'_{y2}, \varepsilon_{y3}) \tag{2-4}$$

严格地说，以上的假设在季节转换的时候可能并非十分合适，但对于冬、夏季可以认为是非常合适的。另外，考虑到逐日天气预报的可预报时限在两周左右，进一步假设季节内变率部分在相隔两月上是不相关的，即

$$V(\varepsilon_{y1}, \varepsilon'_{y3}) = 0$$
$$V(\varepsilon'_{y1}, \varepsilon_{y3}) = 0 \tag{2-5}$$

基于式（2-3）~式（2-5）的假设，可以推出：

$$E\begin{pmatrix}\varepsilon_{y1}\\\varepsilon_{y2}\\\varepsilon_{y3}\end{pmatrix}\begin{pmatrix}\varepsilon'_{y1}\\\varepsilon'_{y2}\\\varepsilon'_{y3}\end{pmatrix}^T + E\begin{pmatrix}\varepsilon'_{y1}\\\varepsilon'_{y2}\\\varepsilon'_{y3}\end{pmatrix}\begin{pmatrix}\varepsilon_{y1}\\\varepsilon_{y2}\\\varepsilon_{y3}\end{pmatrix}^T = 2\sigma^2\begin{pmatrix}1 & \phi & 0\\\phi & 1 & \phi\\0 & \phi & 1\end{pmatrix} \tag{2-6}$$

式中，E 为对于年数的期望值。

$$\sigma^2 = V(\varepsilon_{ym}, \varepsilon'_{ym}) \qquad (m = 1, 2, 3) \tag{2-7}$$

$$\phi = \frac{1}{2\sigma^2}[V(\varepsilon_{y1}, \varepsilon'_{y2}) + V(\varepsilon'_{y1}, \varepsilon_{y2})] = \frac{1}{2\sigma^2}[V(\varepsilon_{y2}, \varepsilon'_{y3}) + V(\varepsilon'_{y2}, \varepsilon_{y3})] \tag{2-8}$$

此外，应用式（2-7）和式（2-8），将有

$$E\begin{pmatrix}\varepsilon_{y1} - \varepsilon_{y2}\\\varepsilon_{y2} - \varepsilon_{y3}\end{pmatrix}\begin{pmatrix}\varepsilon'_{y1} - \varepsilon'_{y2}\\\varepsilon'_{y2} - \varepsilon'_{y3}\end{pmatrix}^T + E\begin{pmatrix}\varepsilon'_{y1} - \varepsilon'_{y2}\\\varepsilon'_{y2} - \varepsilon'_{y3}\end{pmatrix}\begin{pmatrix}\varepsilon_{y1} - \varepsilon_{y2}\\\varepsilon_{y2} - \varepsilon_{y3}\end{pmatrix}^T = 2\sigma^2\begin{pmatrix}2 - 2\phi & 2\phi - 1\\2\phi - 1 & 2 - 2\phi\end{pmatrix}$$

$$\tag{2-9}$$

由于式（2-1）可以推出，$\varepsilon_{y1} - \varepsilon_{y2} = x_{y1} - x_{y2}$ 以及 $\varepsilon_{y2} - \varepsilon_{y3} = x_{y2} - x_{y3}$，那么由式（2-9）有

$$\sigma^2(2 - 2\phi) \approx a$$
$$\sigma^2(2\phi - 1) \approx b \tag{2-10}$$

其中，

$$a = \frac{1}{2}\left\{\frac{1}{Y}\sum_{y=1}^{Y}[x_{y1} - x_{y2}][x'_{y1} - x'_{y2}] + \frac{1}{Y}\sum_{y=1}^{Y}[x_{y2} - x_{y3}][x'_{y2} - x'_{y3}]\right\} \tag{2-11}$$

$$b = \frac{1}{2}\left\{\frac{1}{Y}\sum_{y=1}^{Y}[x_{y1} - x_{y2}][x'_{y2} - x'_{y3}] + \frac{1}{Y}\sum_{y=1}^{Y}[x_{y2} - x_{y3}][x'_{y1} - x'_{y2}]\right\} \tag{2-12}$$

将式（2-11）和式（2-12）代入式（2-10），将得到以下估计值：

$$\hat{\sigma}^2 = \frac{a}{2(1 - \phi)} \tag{2-13}$$

$$\hat{\phi} = \frac{a + 2b}{2(a + b)} \tag{2-14}$$

将 σ 和 ϕ 的估计值代入式 (2-6)，将得到两个气候变量的季节内变率部分协方差场的估计。

$$\frac{1}{2}[V(\varepsilon_{y1}, \varepsilon'_{y2}) + V(\varepsilon'_{y1}, \varepsilon_{y2})] = \frac{1}{2}[V(\varepsilon_{y2}, \varepsilon'_{y3}) + V(\varepsilon'_{y2}, \varepsilon_{y3})] \approx \hat{\phi}\hat{\sigma}^2 \tag{2-15}$$

又因为根据式 (2-5) 的假设，$V(\varepsilon_{y1}, \varepsilon'_{y3}) = 0$ 和 $V(\varepsilon'_{y1}, \varepsilon_{y3}) = 0$，可以得到：

$$V(\varepsilon_{yo}, \varepsilon'_{yo}) = \frac{1}{2}[V(\varepsilon_{yo}, \varepsilon'_{yo}) + V(\varepsilon'_{yo}, \varepsilon_{yo})]$$

$$= \frac{1}{18}\sum_{m, n = 1}^{3}[V(\varepsilon_{ym}, \varepsilon'_{yn}) + V(\varepsilon'_{ym}, \varepsilon_{yn})] \approx \hat{\sigma}^2(3 + 4\hat{\phi})/9 \tag{2-16}$$

另外，为了减少估计误差，将 ϕ 的估计值限定在某个区间内。在 x_{ym} 和 x'_{ym} 都是气压场变量时，将 ϕ 的估计值限定在 $[0, 0.1]$ 的区间内 (ZF2004)；否则 (如 x_{ym}、x'_{ym} 中某一个是降水变量)，按经验将 ϕ 的估计值限定在 $[-0.1, 0.1]$ 的区间内 (ZF2004)。由于时空连续性，气象要素的日变化一般呈现正的自相关，月平均资料亦是如此。因此，$V(\varepsilon_{y1}, \varepsilon'_{y1})$、$V(\varepsilon_{y2}, \varepsilon'_{y2})$ 和 $V(\varepsilon_{y3}, \varepsilon'_{y3})$ 一般同号，从而对下边界控制为 0 [参考式 (2-7) 和式 (2-8)]。对上边界的控制则基于日变化的气象要素是多维一阶回归过程的假设。具体可参考 ZF2004。

进一步，由于两个气候变量季节平均的协方差场可估计为

$$V(x_{yo}, x'_{yo}) \approx \frac{1}{Y - 1}\sum_{y = 1}^{Y}(x_{yo} - x_{oo})(x'_{yo} - x'_{oo}) \tag{2-17}$$

两个气候变量季节平均的协方差矩阵可分解为

$$V(x_{yo}, x'_{yo}) = [V(x_{yo}, x'_{yo}) - V(\varepsilon_{yo}, \varepsilon'_{yo})] + V(\varepsilon_{yo}, \varepsilon'_{yo}) \tag{2-18}$$

其中，式 (2-18) 左边第一项可以表达为

$$V(x_{yo}, x'_{yo}) - V(\varepsilon_{yo}, \varepsilon'_{yo}) = V(\mu_y, \mu'_y) + V(\mu_y, \varepsilon'_{yo}) + V(\mu'_y, \varepsilon_{yo}) \tag{2-19}$$

那么，就得到了季节平均的协方差与季节内部分协方差的残差协方差矩阵。值得注意的是，这个残差协方差矩阵不仅包含了 μ_y 和 μ'_y 的协方差场，同时也包括了它们与 ε_{yo} 和 ε'_{yo} 的相互关系。在"季节内变率部分"与"慢变部分"独立的条件下这个残差协方差场才是完全表示"慢变部分"的协方差。当这个条件不满足时，使用 $V(x_{yo}, x'_{yo}) - V(\varepsilon_{yo}, \varepsilon'_{yo})$ 做"慢变部分"协方差的估计仍然要好于 $V(x_{yo}, x'_{yo})$。

2.2.2 10 年均值场的方差分解方法

类似于 ZF2004 季均值场的方差分解方法，将一个气候要素 10 年平均的协方差场分解为"年代际可预报"部分的协方差场和"年代际不可预报"部分的协方差场。具体分解方法如下。

假定 $x_{d, y}$ 是去掉年循环后的第 d 个年代中第 y 年 ($y = 1, \cdots, 10$) 的某一气象要素值，定义如下：

$$x_{d,y} = \mu_d + \varepsilon_{d,y} \tag{2-20}$$

$$x'_{d,y} = \mu'_d + \varepsilon'_{d,y} \tag{2-21}$$

式中，μ_d 为与外强迫的变化或缓慢变化的内部动力过程有关的年代际变率部分，简称"慢变部分"；$\varepsilon_{d,y}$ 为与年际变率有关的年代际变率部分，简称"年代际内变率部分"。与季节方差的分解不同，$\varepsilon_{d,y}$ 用 10 年平均高频率波获得。对际内变率部分的协方差估计基于如下的红噪声假设：

$$\varepsilon_{d,y} = \alpha\varepsilon_{d,y-1} + \eta_{d,y} \tag{2-22}$$

$$\varepsilon'_{d,y} = \alpha'\varepsilon'_{d,y-1} + \eta'_{d,y} \tag{2-23}$$

和平稳性假定，即 $E\varepsilon_{d,y}\varepsilon'_{d,y}$ 与 d 与 y 无关（计为 γ）。

$$\begin{aligned}
a &\equiv \frac{1}{9D}\sum_{d=1}^{D}\sum_{y=1}^{9}(x_{d,y+1}-x_{d,y})(x'_{d,y+1}-x'_{d,y}) \\
&\approx E(\varepsilon_{d,y+1}-\varepsilon_{d,y})(\varepsilon'_{d,y+1}-\varepsilon'_{d,y}) \\
&= E\varepsilon_{d,y+1}\varepsilon'_{d,y+1} - E\varepsilon_{d,y+1}\varepsilon'_{d,y} - E\varepsilon_{d,y}\varepsilon'_{d,y+1} - E\varepsilon_{d,y}\varepsilon'_{d,y} \\
&= E\varepsilon_{d,y+1}\varepsilon'_{d,y+1} - E(\alpha\varepsilon_{d,y}+\eta_{d,y+1})\varepsilon'_{d,y} - E\varepsilon_{d,y}(\alpha'\varepsilon'_{d,y}+\eta'_{d,y+1}) - E\varepsilon_{d,y}\varepsilon'_{d,y} \\
&= (2-\alpha-\alpha')\gamma \tag{2-24}
\end{aligned}$$

式中，α 和 α' 分别为年时间序列 $\varepsilon_{d,y}$ 和 $\varepsilon'_{d,y}$ 的自相关系数，它们可用 $x_{d,y}$ 和 $x'_{d,y}$ 对自己的 10 年滑动平均的残差序列的自相关系数来估计。

$$\gamma = a/(2-\alpha-\alpha') \tag{2-25}$$

最后，

$$\begin{aligned}
E(\varepsilon_{do}\varepsilon'_{do}) &= E\left(\frac{1}{10}\sum_{y=1}^{10}\varepsilon_{dy}\frac{1}{10}\sum_{y'=1}^{10}\varepsilon'_{dy'}\right) \\
&= \frac{1}{100}\left\{\sum_{y=1}^{9}\sum_{y'=y+1}^{10}E\varepsilon_{dy}\varepsilon'_{dy'} + \sum_{y'=1}^{9}\sum_{y=y'+1}^{10}E\varepsilon'_{dy'}\varepsilon_{dy} + \sum_{t=1}^{10}E\varepsilon_{dy}\varepsilon'_{dy}\right\} \\
&= \frac{\gamma}{100}\left\{\sum_{y=1}^{9}\sum_{y'=y+1}^{10}\alpha^{(y'-y)} + \sum_{y'=1}^{9}\sum_{y=y'+1}^{10}\alpha'^{(y-y')} + \sum_{t=1}^{10}1\right\} \\
&= \frac{\gamma}{100}\left\{\sum_{y=1}^{9}(10-y)(a^y+b'^y)+10\right\} \tag{2-26}
\end{aligned}$$

$$E(x_{do}x'_{do}) = E\left(\frac{1}{10}\sum_{y=1}^{10}x_{dy}\frac{1}{10}\sum_{y=1}^{10}x'_{dy}\right) = \frac{1}{D}\sum_{d=1}^{D}\left(\frac{1}{10}\sum_{y=1}^{10}x_{dy}\frac{1}{10}\sum_{y=1}^{10}x'_{dy}\right) \tag{2-27}$$

$$E(\mu_d\mu'_d) = E(x_{do}\mu'_{do}) - E(\varepsilon_{do}\varepsilon'_{do})$$

2.2.3 经验正交函数分解方法

经验正交函数（empirical orthogonal function，EOF）分解在数理统计学中的多元分析中称为主分量分析，在气象学中常用来分析各种气象要素场的时空变化特征。其具体做法是将由 m 个空间点 n 次观测构成的变量 $\boldsymbol{X}_{m\times n}$ 看成 m 个空间特征向量和对应的时间权重系数的线性组合：

$$\boldsymbol{X}_{m\times n} = \boldsymbol{V}_{m\times n}\boldsymbol{T}_{m\times n} \tag{2-28}$$

式中，T 为时间系数矩阵；V 为空间特征向量矩阵。

根据特征向量之间的正交性，V 应该满足以下条件：

$$当\ k = l\ 时，\quad \sum_{i=1}^{m} v_{ik}v_{il} = 1 \tag{2-29}$$

$$当\ k \neq l\ 时，\quad \sum_{i=1}^{m} v_{ik}v_{il} = 1 \tag{2-30}$$

式中，v_{ik} 为矩阵 V 的第 i 行第 k 列元素。

对分解等式的两边同时右乘 X 的转置 X'，则有

$$X_{m \times n}X'_{m \times n} = V_{m \times n}T_{m \times n}T'_{m \times n}V'_{m \times n} \tag{2-31}$$

另外，根据奇异值分解原理，一定有

$$X_{m \times n}X'_{m \times n} = V_{m \times n}\Lambda V'_{m \times n} \tag{2-32}$$

式中，Λ 为 XX' 矩阵特征值构成的对角阵。Λ 和 V 可同时求出。V 得出后，即得到满足式（2-28）的时间系数：

$$T_{m \times n} = V'_{m \times n}X_{m \times n} \tag{2-33}$$

因为 V 的各列是相互正交的，V 的列被称为经验正交函数（EOF）。这样就求得了变量 $X_{m \times n}$ EOF 分解公式，即式（2-28）。

这里，由于 ZF2004 方法提供了"可预报"部分的协方差阵，由式（2-32）可以得到"可预报"部分的经验正交函数 EOF，但是不能分解出实际意义上的"可预报"部分 X [只能得到其（协）方差阵]，所以对"可预报"部分时间系数 T 的估计采用的是气象要素整体，即做 ZF2004 分解前包含"可预报"和"不可预报"部分的气象要素场 X 与"可预报"部分对应的空间向量 V 的乘积；对"不可预报"部分时间系数的估计亦同。

EOF 分解这一过程将变量场的主要信息集中由几个典型特征向量表现出来。其中，特征向量表征了某一区域气候变量场的变率分布结构，其空间分布形式代表了该变量场的主体分布结构。而时间系数则反映了空间分布形式与某时间点的实际分布形式相似或相反的程度。若时间系数为正，则该时刻变量的实际分布形式和特征向量空间分布形式相似；反之亦同。并且，时间系数的绝对值越大，相似或相反的程度也越高。

在使用 ZF2004 季均值场的方差分解方法得到"季节可预报部分"和"季节不可预报部分"的（协）方差场后，将利用 EOF 方法得到分别对应"季节可预报"及"不可预报"部分（协）方差场的 EOF 主要模态及其对应的时间系数。这里需要注意的是，在实际计算中，为了保证"可预报"及"不可预报"部分协方差场的阶数不被高估，将使用 truncated EOF 分析方法（Zheng and Frederiksen, 2007）得到这两部分协方差场的估计，具体步骤如下。

1）对气象要素（如降水）季均值场的协方差矩阵进行 EOF 分解；

2）将气象要素（如降水）的月均值场投影至上一步 EOF 分解得到的主要特征向量上，从而得到对应的月均值场的时间系数；

3）对于每一对不同位置上的月均值场的时间系数序列，使用式（2-16）估计其季节平均的"不可预报"部分的协方差矩阵；

4）对第三步估计的"不可预报"部分的协方差矩阵，在其左、右两侧都乘以第一步中 EOF 分解得到的主要特征向量，即完成对气象要素（如降水）季均值场"不可预报部分"协方差场的计算；

5）计算气象要素（如降水）季均值的总体协方差场［式（2-17）］，总体协方差场与"不可预报部分"协方差场的差值，即为气象要素（如降水）季均值场"可预报部分"协方差场的估计［式（2-19）］。

2.2.4　相关分析

（1）时间相关

使用 Pearson 相关系数描述两个变量序列之间的线性相关关系。假设两个变量 $X(x_1, \cdots, x_n)$ 和 $Y(y_1, \cdots, y_n)$，相关系数的计算公式为

$$r = \sum_{i=1}^{n} (x_i - x_\mathrm{o})(y_i - y_\mathrm{o}) / \sqrt{\sum_{i=1}^{n} (x_i - x_\mathrm{o})^2 \sum_{i=1}^{n} (y_i - y_\mathrm{o})^2} \qquad (2\text{-}34)$$

（2）空间相关

使用 Grads 软件中的 scorr（expr1，expr2，xdim1，xdim2，ydim1，ydim2）函数，计算两个变量场 expr1 和 expr2 在全球或某一区域范围内的相关。该函数设 x 为经度，y 为纬度，$\sin(y)$ 对 y 方向取 $\Delta\sin(\Psi)$ 为权重，同时亦对不同的空间各点取适当的权重。

2.2.5　合成分析

与 2.2.3 节介绍的相关分析类似，合成分析方法同样是为了研究两个气候变量场的相关关系问题。

具体做法是将某一气候变量场的数值分为高、低两组，然后在对应该气候变量场高、低值年的另一气候变量场分别做年平均。例如，做对应某一季节降水"可预报第 K 模态"时间序列的 500hPa 高度场合成。方法是先对降水时间序列按数值大小由高到低分为 4 组（或 N 组，按照时间序列的长短选取）。然后，挑出数值高的组别对应年份的 500hPa 高度场数据，并对其做平均，作为对应降水"可预报"时间序列的"正合成"；反之，挑出数值低的组别对应年份的 500hPa 高度场数据，并对其做平均，作为对应降水"可预报"时间序列的"负合成"。

这种方法有助于将两个气候要素场相互关系放大，从而方便分析两者的关系问题，并且，一般作气候要素场的距平合成分析，即对气候要素场的距平场作合成分析。

2.3　降水季节预报流程

使用降水、海温及环流场资料，采用主要统计工具，进行降水季节预报的研究步骤如图 2-2 所示。

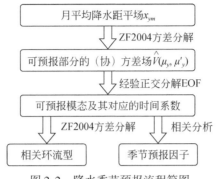

图 2-2　降水季节预报流程简图

根据图 2-2，首先应用某一区域某一季节（3 个月）月平均的降水资料，进行 ZF2004 的方差分解，分别得到降水的"季节可预报"分量的协方差场和"季节不可预报"分量的协方差场。然后，将"可预报"分量的协方差场应用经验正交分解 EOF 方法得到"季节可预报模态"，而后通过将"季节可预报模态"投影在降水的原始场上，得到对应"季节可预报模态"的"可预报时间系数"。根据得到的降水"可预报时间系数"与海表温度 SST、环流场要素（如 500hPa 气压场、850hPa 水汽输送等）做相关分析（对环流场要素最好做 ZF2004 的协方差分解，因为不同于海温，环流场的季节变率较大，ZF2004 的分解方法可以更好地得到与季节可预报有关的环流场信息），从而得到降水的季节预报因子（通常是季节内变化不大的海温要素 SST，或者一些缓慢变化的大气内部动力过程，如一些遥相关现象：太平洋–北美型 PNA；北半球环状模式 NAM 等），或从动力角度分析影响降水的大气环流因子。

2.4　CMIP3 与 CMIP5 模式评估指标

为了客观评估模式的模拟效果，基于 Taylor（2001）的原理，分别给出模式"可预报模态" M_μ 和"不可预报模态" M_ε 的评估公式，如下：

$$M_\mu = \frac{|R|(1+R_{SST})^2}{2\left(\dfrac{\hat{V'}_\mu}{\hat{V}_\mu} + \dfrac{\hat{V}_\mu}{\hat{V'}_\mu}\right)} \tag{2-35}$$

$$M_\varepsilon = \frac{2|R|}{\left(\dfrac{\hat{V'}_\varepsilon}{\hat{V}_\varepsilon} + \dfrac{\hat{V}_\varepsilon}{\hat{V'}_\varepsilon}\right)} \tag{2-36}$$

式中，$\hat{V}_\varepsilon$ 和 $\hat{V}_\mu$ 分别为再分析资料 20CR"不可预报模态"和"可预报模态"的均方差；$\hat{V'}_\varepsilon$ 和 $\hat{V'}_\mu$ 为 CMIP 模式估计的均方差；R 为 20CR 和 CMIP 模式相应模态的相关系数（这里因为 EOF 模态符号的随机性，相关系数值选用计算结果的绝对值）；R_{SST} 为 20CR 和 CMIP 模式在给定区域对应"可预报模态"的海表温度时间序列的相关系数值,这里 EOF 模态–海温的关系定义为"可预报模态"与各个格点海温时间系数的"慢变部分"的协方差值。

对于一组 CMIP 模式的"可预报模态"和"不可预报模态",将采用如下的方法判定与 20CR 的前 N 个主模态对应的 CMIP 模式模态。

1) 对于 20CR"可预报"及"不可预报"的前 N 个主模态,首先在 CMIP 模式前 N 个主模态中寻找与之对应最好的主模态,即找出评分最高的模态。也就是说,先使用以上两个评估公式,计算 CMIP 模式各个主模态(1,2,…,N)与 20CR 第 K($K=1$,2,…,N)个主模态的分值,然后选用最高得分模态作为 CMIP 模式对应 20CR 的"最佳模态号"。

随后针对产生的"最佳模态号"进行下两步标注。

2) 依次针对 20CR"可预报"和"不可预报"模态,对高阶模态进行检索(即考虑 N 以上的模态),如果根据上述两个公式有高阶模态的评分大于第一步选用的某个模态的评分,则将第一步中得到的"最佳模态号"进行更改,并对此进行标注,以便后面的主观检验。

3) 对于评分略低的模态,进行标注,以便后面的主观检验。

对前 3 个步骤得到的对应 20CR CMIP 模式的"最佳模态号"进行主观排查,最终确定"最佳模态号"。

因为这里关注的焦点是 CMIP 模式对"可预报模态"的模拟效果,所以给出一个对"可预报模态"的总体评分公式:

$$\text{Overall Score} \equiv \frac{1}{N}\sum_{n=1}^{N}(M_\mu)_n \tag{2-37}$$

式中,$(M_\mu)_n$ 为根据"可预报模态"评估公式得到的对应 20CR 第 K 个模态($K=1$,2,…,N)的 CMIP 模式的评分值,总体评分即将 N 个模态的评分做了平均。

第3章　统计降尺度技术

3.1　降尺度技术综述

统计降尺度是利用历史资料建立大尺度气候因子（如海平面压强、重力势高度等）和区域气候要素（如温度、降水等）间的统计关系，然后用独立的观测资料检验这种关系，并将其用于 GCM 的输出信息，从而得到区域未来气候变化的信息。它是把大尺度、低分辨率的 GCM 输出信息转化为区域尺度的地面气候变化信息（如气温、降水），从而弥补 GCM 对区域气候变化情景预估的局限性。

目前主要有两种降尺度法：第一种是动力降尺度法，第二种是统计降尺度法。这两种降尺度方法的共同点就是都需要 GCM 模式提供大尺度气候信息。动力降尺度方法其实就是通常所说的区域气候模式，也就是说，利用与 GCM 耦合的区域气候模式 RCM 来预估区域未来气候变化情景，它的优点是物理意义明确，能应用于任何地方而不受观测资料的影响，也可应用于不同的分辨率。但它的缺点是计算量大、费机时；区域气候模式的性能受 GCM 提供的边界条件的影响很大，区域耦合模式在应用于不同的区域时需要重新调整参数。另外，不可能无限提高区域气候模式的分辨率，使之适合地形复杂、气候变化差异大的小尺度气候模拟的需要。尽管统计降尺度必须首先假设统计关系在未来变化的气候情景下适用，动力降尺度要损耗很大的计算量，但是两种方法的分析结果并没有太大区别。在当前的气候条件下，统计降尺度和动力降尺度的分析结果基本是一致的（Murphy，1999）。

3.1.1　统计降尺度技术基本原理

3.1.1.1　统计降尺度基本原理

统计降尺度的基本原理如下：统计降尺度方法利用多年的观测资料建立大尺度气候状况（主要是大气环流）和区域气候要素之间的统计关系，并用独立的观测资料检验这种关系，最后再把这种关系应用于 GCM 输出的大尺度气候信息来预估区域未来的气候变化情景（如气温和降水）。换句话说，就是需要建立大尺度气候预报因子与区域气候预报变量间的统计函数关系式：

$$Y = F(X) \tag{3-1}$$

式中，X 为大尺度气候预报因子；Y 为区域气候预报变量；F 为建立的大尺度气候预报因子和区域气候预报变量间的一种统计关系。一般来说，F 是未知的，需要通过动力方法

（区域气候模式模拟）或统计方法（观测资料确定）来得到。统计降尺度中 X 包含了大尺度气候状态，F 包含了区域或当地的地形、海陆分布和土地利用等地文特征。

3.1.1.2　统计降尺度方法的基本假设

统计降尺度方法基于 3 条基本假设。
1）大尺度气候场和区域气候要素之间具有显著的统计关系；
2）大尺度气候信息能够被 GCMs 很好地模拟；
3）当前得到的统计关系在未来气候变化情景下依然有效。

3.1.1.3　统计降尺度方法主要的优缺点

统计降尺度方法的优点在于它能够将 GCM 中物理意义较好、模拟较准确的气候信息应用于统计模式，有利于减小 GCM 的系统误差；与区域气候模式相比，计算量小、节省机时、能应用于不同的 GCM 模式，且不必考虑边界条件的影响。缺点是需要有足够多的观测资料来建立统计关系，且不能应用于大尺度气候要素与区域气候要素相关性不明显的地区（Mearn et al.，1999）。

3.1.2　常用的统计降尺度方法

统计降尺度方法十分丰富，主要包括转换函数法（transfer function method）、天气分型法（weather pattern method）和天气发生器法（stochastic weather generator）（Kioutsioukis et al.，2008）3 类。近年来的发展趋势表明以上 3 类方法并无严格界限，天气发生器法常被作为转换函数法的输出后端，而天气分型法本身也具有 Markov 发生器随机模拟的特点（刘永和等，2011）。现就这 3 类方法分别进行介绍。

3.1.2.1　转换函数法

在统计降尺度法中应用最为广泛的方法就是转换函数法（范丽军等，2005）。它首先从大尺度观测数据或从 GCMs 输出变量中选择预报因子，并对其进行必要的数据转换（如标准化或偏差校正），然后根据一定的统计规则建立大尺度预报因子和区域变量之间的转换模型。根据建立统计函数的不同类型，分为线性转换函数法和非线性转换函数法。

3.1.2.2　天气分型法

天气分型法（范丽军，2006）是对与区域气候变化有关的大尺度大气环流进行分类，一般可以利用大尺度大气环流信息，如海平面气压、位势高度场、气流指数（U，V，ζ）、风向、风速、云量等对大气环流分型。应用环流分型方法（郭靖，2010）对降水、气温等区域气候变量进行统计降尺度时，首先，应用已有的大尺度大气环流和区域气候变量的观测资料，对与区域气候变量相关的大气环流因子进行分型；其次，计算各环流型平均值、发生的频率和方差分布，以及在各天气型发生情况下，区域气候变量的平均值、发生频率和方差分布；最后，通过把未来环流型的相对频率加权到区域气候状态，得到未来区域气候变量值。

因为降尺度时需要考虑的因子和大尺度格点较多，若使用转换函数法建立模型，过多的因子会增加参数拟合的难度（刘永和等，2011）。而基于天气形势的降尺度方法是一种无参数方法，且计算较为简单，因而可以克服转换函数法参数拟合难的问题。常用的天气分型方法很多，如模糊规则法（Stehlik and Bardossy，2002；Ghosh and Mujumdar，2006；Bardossy et al.，2005）、人工神经网络分型法、气压梯度分型法（Wetterhall et al.，2007）、K 均值分型法（Bogardi et al.，1993；Wilson et al.，1992）、非齐次隐马尔可夫过程等。根据其特性一般将天气分型方法分为两种：一种是主观的分型技术，另一种是客观的分型技术。

3.1.2.3　天气发生器法

天气发生器法是基于一系列统计模型，生成统计特征相似于观测资料的天气变量随机序列的方法，它们可以被看成复杂的随机数发生器。天气发生器通过直接拟合气候要素的观测值，得到统计模型的拟合参数，然后用统计模型模拟生成随机的气候要素的时间序列，这种生成的气候情景的时间序列与观测值很相似。天气发生器法具有能产生任意长度的时间序列、填补缺失值、任意调整气候变率和较高的计算效率等特点，因而被广泛用于多模型概率预测和气候影响评价中（范丽军等，2005；Maraun et al.，2010；Yang et al.，2005）。对于统计降尺度方法来说，天气发生器不再是仅与前一天的天气状况有关，而是以大尺度气候状况为条件的（Wilks，1999a；Katz and Parlange，1996；Wilby，1998；Wilks，1999b）。而以大尺度气候状况为条件的天气发生器在一定程度上克服了其他天气发生器过低估计气候要素年际变率的缺点（Wilks，1989）。与其他方法相比，天气发生器最大的优势在于能够根据观测数据的时间和空间结构生成时间序列或空间域，从而能够很好地考虑变量的时空相关性（范丽军等，2005）。随着人们对气候变化可能影响未来水文极值事件发生频率的关心，以及 GCMs 模拟能力的提高，天气发生器在统计降尺度研究中得到了广泛应用。

对于模拟日降水的发生，有几种基本的天气发生器法：马尔可夫链方法、一阶自回归过程（Richardson，1981；Hughes et al.，1993；Hughes et al.，1999；Lettenmaier，1995）和干天或湿天延续天数计算方法（Wilks，1999a）等。

3.1.3　统计降尺度中的不确定性

尽管目前的统计降尺度可以给出一个似乎可信的模拟结果，但在区域气候研究中仍需要考虑降尺度方法的各种不确定性。总体来看，降尺度不确定性的主要来源如下：①不同GCMs 的不确定性及不同排放情景的不确定性；②预报因子选择的不确定性和降尺度方法的不确定性；③其他不确定性。如图 3-1 所示。

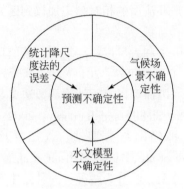

图 3-1 气候变化下模拟不确定性构成示意图

3.1.3.1 GCMs 模式的不确定性

全球气候模式是目前研究人类活动对气候变化影响及生成未来气候变化情景的最有效的方法。随着计算机技术和人们认识水平的提高，全球气候模式已具有一定的模拟全球、半球和纬向平均气候条件的能力，不同气候模式可以给出较一致的气候变化趋势，但是各种气候模式输出的气候情景结果存在较大差异。例如，IPCC 第三次报告给出 80 多个模式的预估结果，虽然都显示在温室气体排放增加的情况下，全球平均气温存在上升的趋势，但是统计结果显示没有 3 个或者 3 个以上模式计算的结果相同，而且存在很大的差异，气温增加范围为 $1.4 \sim 5.8 \, ℃$。气候模式的不确定性主要是因为缺乏对模式中云–辐射–气溶胶相互作用和反馈过程、大气中各种微量气体与辐射之间的关系、水循环过程、陆面过程、海洋模式的逼近程度、海–气–冰之间的相互作用和反馈的认识和了解。

3.1.3.2 统计降尺度方法的不确定性

统计降尺度方法的不确定性主要来源于两个方面，即预报因子选择的不确定性和统计降尺度方法本身的不确定性。

3.1.3.3 水文模型的不确定性

流域水文模型是研究未来气候变化情景下流域内水文变量信息的主要工具。由于水文模型将高度复杂的水文过程概念化与抽象化，采用相对简单的数学公式来描述复杂的水文过程，因此水文模型的精确程度与模型的参数有着直接的关系，但在实际应用中模型的待定参数通常是通过率定得到的，这种通过率定获得的参数间存在着较大的干扰，对所确定的参数的独立性无法准确衡量，同时由于水文现象本身的复杂性和不确定性，所率定的参数不可能适用于所有情况，因此使得模型有不同的适用范围。张建云等（2007）认为，由于人类活动和气候变化的加剧，流域的水文基本规律也在不断地发生变化，用原来的水文序列率定的模型参数不能完全反映现在的流域特性，进而给模拟结果带来一定的误差。

针对以上 3 个方面的不确定性，国外研究者做了一些相关的研究。Giorgi 和 Mearns（2003）通过 REA（reliability ensemble averaging）方法研究了 GCMs 的不确定性。Murphy

等（2004）集合多组参数下全球气候模式 HadcM3 的模拟结果，研究了气候变化的不确定性。Tebaldi 等（2005）应用贝叶斯方法对 GCMs 的不确定性进行了量化。Wilby（2005）研究了水资源模型参数不确定性对气候变化研究的影响。在此基础上，Wilby 等（2006）将 3 种气候变化情景下 4 个 GCMs、2 个统计降尺度模型、2 个水文模型耦合，利用蒙特卡洛随机模拟方法研究了未来 100 年（2000～2100 年）英国泰晤士河枯季径流极值的变化规律，定量评价了 GCMs、统计降尺度模型、水文模型对枯水极值分布模拟的影响。Mujumdar 和 Ghosh（2008）通过 RVM 降尺度方法和 3 个 GCMs 在 2 种排放情景下的组合，应用可能性原理量化了气候变化对印度 Mahanadi 河流域径流影响研究的不确定性。Vidal 和 Wade（2008）应用多种方法评价了 GCMs 和降尺度方法在区域降水预估研究中的不确定性。国内在这方面的研究还比较少，徐影等（2002）通过改进 REA 方法，评估了多种全球模式对东亚区域降水和气温模拟的不确定性。

3.2　DCA 统计降尺度方法

3.2.1　方法与原理

相似法（analog method）于 1995 年由 Zorita 等（1995）引入降尺度技术。相似法的原理是，在历史气象序列中，总能找到一天与未来某一天的大气环流因子及气象情景完全相同。van den Dool（1994）研究指出，这一过程可能需要查阅 1030 年时间长度的序列数据，鉴于历史观测数据的不足，可以运用线性回归方法构造出理想的相似情景。尽管相似法是统计降尺度法中较为简单的方法，然而 Zorita 和 von Storch（1999）比较了相似法与典型相关分析 CCA、环流分型法和人工神经网络法之后，发现在很多方面相似法优于其他方法。

本书对之前应用中的相似降尺度方法进行改进，构建了 DCA（downscaling with constructed analogues）统计降尺度方法。Zorita 等的相似降尺度方法多是在 EOF 等统计方法的基础上优选出与 GCMs 目标模式相似度较高的部分大气环流因子作为目标函数来寻找某一最相似情景，该方法在提高运算可行性的同时，忽略了可能会对降水和气温等气象要素产生影响的其他大气环流因子。而历史观测序列作为所有可能大气环流因子影响下的气象要素输出，可作为降尺度过程中的预报因子来解决这一弊端。

鉴于此，本书改进的 DCA 统计降尺度方法中，取历史时期同季节的大尺度日气象数据序列组建预报因子集，在空间相似性评价的基础上选取 n 个序列（本书中 n 取为 30）作为预报因子构建大尺度情景，使之相似于待降尺度日序列，即

$$Z_{gcm} \approx \hat{Z}_{obs} = Z_{analogues} A_{analogues} \tag{3-2}$$

式中，Z_{gcm} 为 GCM 数据中待降尺度的日气象序列，维数为 $p_{coarse} \times 1$，其中 p_{coarse} 为研究区域覆盖的格点数；$\hat{Z}_{obs}$ 为基于大尺度观测数据构建的相似于 Z_{gcm} 的日气象序列；$Z_{analogues}$ 为包含所选预报因子序列的矩阵，维数为 $p_{coarse} \times n$；$A_{analogues}$ 为基于最小二乘法确定的系数向量，

维数为 $n \times 1$。假定 $\boldsymbol{Z}_{\text{analogues}}$ 为满秩矩阵，则

$$\boldsymbol{A}_{\text{analogues}} = \left[\left(\boldsymbol{Z}'_{\text{analogues}} \boldsymbol{Z}_{\text{analogues}} \right)^{-1} \boldsymbol{Z}'_{\text{analogues}} \right] \boldsymbol{Z}_{\text{gcm}} \tag{3-3}$$

将 $\boldsymbol{A}_{\text{analogues}}$ 应用于与预报因子在时间上一一对应的高分辨率数据序列 $\boldsymbol{P}_{\text{analogues}}$，产出降尺度后的日序列 $\boldsymbol{P}_{\text{downscaled}}$。DCA 统计降尺度方法执行过程中，将 1961~2000 年的历史观测序列作为备选情景库，其中奇数年数据用于方法率定，偶数年数据用于方法验证，率定情景库与验证情景库又分别根据季节划分为不同的季节子库。DCA 统计降尺度方法示意图如图 3-2 所示。

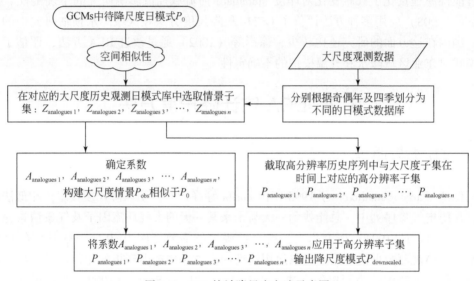

图 3-2 DCA 统计降尺度方法示意图

3.2.2 数据及来源

(1) GCMs 输出数据

当前研究及应用较多的 GCMs 模式有两套：一是政府间气候变化专门委员会（IPCC）第四次评估报告（AR4）中提出的基于 SRES 情景的 GCMs；此后，IPCC AR5 提出了基于 RCP 情景的 GCMs，也是目前最新的 GCMs 模式数据。针对本书的需要，采用了数据较为齐全的 21 个 IPCC-AR5 GCMs 模式在 RCP4.5 排放情景下的集合数据，统一插值到 $0.5° \times 0.5°$ 的网格上。GCMs 数据来自于耦合模式比较计划（http://cmip-pcmdi.llnl.gov/cmip5/data_portal.html）。各模式详细情况见表 3-1。

表 3-1 GCMs 模式简介

GCMs 模式名称	开发研究机构	国家或地区	分辨率（km×km）
ACCESS1.3	澳大利亚联邦科学与工业组织大气研究所（CSIRO），澳大利亚气象局	澳大利亚	145×192

GCMs 模式名称	开发研究机构	国家或地区	分辨率(km×km)
BCC-CSM1.1	中国国家气象局	中国	64×128
BNU-ESM	北京师范大学	中国	64×128
CanESM2	加拿大气候模拟与分析中心（CCCMA）	加拿大	64×128
CCSM4	美国国家大气研究中心（NCAR）	美国	192×288
CMCC-CESM	欧洲地中海气候变化中心（CMCC）	欧洲	48×96
CNRM-CM5	法国国家气象研究中心和欧洲科学计算研究与高级培训中心（CNRM-CERFACS）	法国	128×256
CSIRO-Mk3.6.0	澳大利亚联邦科学与工业组织大气研究所（CSIRO），昆士兰气候变化卓越中心（QCCCE）	澳大利亚	96×192
EC-EARTH	EC-EARTH 组织	欧洲	160×320
FGOALS-g2	中国科学院大气物理研究所，清华大学	中国	60×128
GFDL-CM3	美国国家海洋大气局（NOAA），地球物理流体动力学实验室（GFDL）	美国	90×144
GISS-E2-R	美国国家航空航天局 Goddard 太空研究所	美国	90×144
HadGEM2-AO	Hadley 气候中心	英国	145×192
HadGEM2-ES	英国国家空间研究所	英国	145×192
INMCM4	德国数值计算研究所	德国	120×180
IPSL-CM5A-LR	皮埃尔–西蒙拉普拉斯学院	法国	96×96
MIROC-ESM	东京大学气候系统研究中心，国家环境研究所 Frontier 全球变化研究中心（JAMSTEC）	日本	64×128
MPI-ESM-LR	德国马克斯普朗克气象研究所	德国	96×192
MPI-ESM-MR			96×192
MRI-CGCM3	日本气象研究所	日本	160×320
NorESM1-ME	挪威气候中心	挪威	96×144

（2）地面观测资料

研究采用了中国区域 1961~2000 年的逐日栅格数据，变量包括平均气温、最高气温、最低气温及降水量。与 GCMs 模式结合数据一致，观测数据的空间分辨率为 0.5°×0.5°。数据来源于中国气象科学数据共享服务网（http：//cdc. cma. gov. cn）。

3.2.3 与其他统计降尺度方法对比研究

根据本书中对多种统计降尺度方法的对比研究，ASD 统计降尺度方法在空间分布特征及时间变化趋势的降尺度模拟中，均具备较强能力，因此本节对 ASD 统计降尺度方法与 DCA 统计降尺度方法进行对比研究，选取东部季风区北部的东北三省作为研究区，分析

DCA 统计降尺度方法的模拟能力。

3.2.3.1　ASD 统计降尺度方法

采用 1961～2000 年的逐日观测站点数据和 ERA-40（ECMWF 40 Year Reanalysis）再分析数据建立 ASD 模型。筛选后的预报因子中，大部分站点均选择 500hPa 湿度场和海平面气压场，其中 42 个站点还选择了地面温度和 850hPa 位势高度场。总体来看，对该研究区影响较大的气候因子有海平面气压、850 hPa 位势高度场、500 hPa 湿度场以及地面温度。图 3-3 展示了模型率定期（1961～1990 年）模拟结果的解释方差。由图 3-3 可知，模型率定期选取的区域环流因子可以很好地模拟气温变量，所有站点的解释方差均在 93% 以上，尤其是对平均气温的模拟，解释方差可达到 97%。相比气温，降水的解释方差较低，在 20% 左右，这也突显降水事件发生的随机性，以及在降尺度过程中难以准确捕捉降水过程分布的特性。

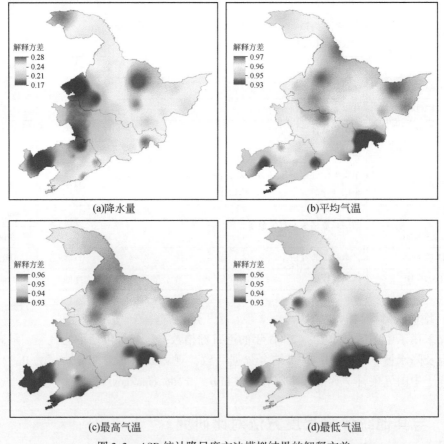

(a)降水量　　　　　　　　　　　(b)平均气温

(c)最高气温　　　　　　　　　　(d)最低气温

图 3-3　ASD 统计降尺度方法模拟结果的解释方差

总体而言，ASD 统计降尺度方法对东北三省地区气温的模拟能力较强，能够基本满足水资源分析的需要，在率定和验证的基础上，采用 ASD 统计降尺度方法，生成了 2020～

2050 年气温和降水未来的变化情景。

3.2.3.2 DCA 统计降尺度方法测试

基于 1961～2000 年历史观测序列和 GCMs 输出数据，构建 DCA 统计降尺度方法，并对其模拟结果进行验证。为方便与 ASD 统计降尺度方法进行比较，将 DCA 输出的格点数据插值到相应站点。图 3-4 展示了模型（1961～2000 年偶数年）模拟结果的解释方差。由图 3-4 可知，DCA 方法对降水量的模拟有较大改进，所有站点的解释方差均在 25% 以上且有 58% 的站点解释方差达到 40%；鉴于 ASD 模型已经具备较好的气温模拟能力，DCA 方法对气温变量的模拟能力提高不大，绝大部分站点的解释方差均在 95% 以上，最高可达到 97.8%。

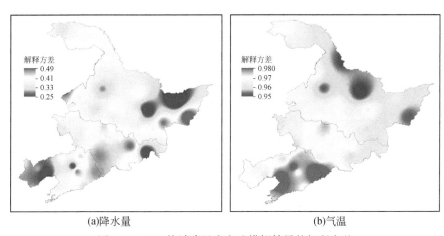

图 3-4　DCA 统计降尺度方法模拟结果的解释方差

DCA 方法模拟的降水量与观测值之间的均方根误差为 0.07～0.27mm/d，模拟与观测之间湿日发生概率的均方根误差为 0.57%～1.43%，连续干日天数的均方根误差为 1.25～2.57d，平均气温的均方根误差为 0.014～0.031℃。DCA 统计降尺度方法能很好地再现气候要素的变化规律，且与观测值之间的偏差较小。综合分析两种方法在降水量和平均气温模拟中的表现，DCA 统计降尺度方法优于 ASD 统计降尺度方法，所以将其应用于之后的统计–动力混合降尺度方法的研究中。

3.3　STNSRP 模型

3.3.1　STNSRP 模型简介

STNSRP（Spatial-Temporal Neyman-Scott Rectangular Pulses）模型主要包含 3 个模块（Burton et al.，2008），即模拟、拟合及分析（图 3-5）。模拟模块主要是基于模型初始参数生成降水时间序列；拟合模块则是通过优化算法率定模型参数，从而使得模拟生成的降水序列的统计特征与实测值吻合；分析模块是为模型获取各站点观测或模拟的不同时间尺度的降水统计量（如日平均雨量、小时雨量的方差）。一般来说，STNSRP 模型运行包含 4 个步骤：通过分析模块获取实测降水的统计量；通过拟合模块率定模型；运行模拟模块，生成降水序列；再次运行分析模块，验证模型模拟的结果。

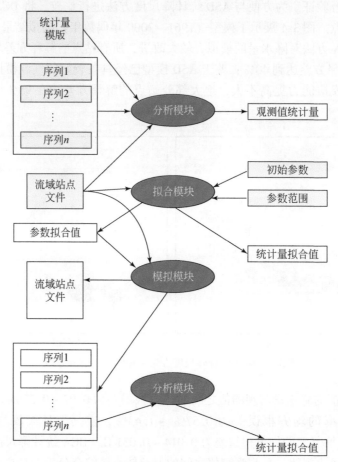

图 3-5　STNSRP 模型结构示意图

　　蓝色椭圆代表模型模块；矩形框代表数据文件，其中黄底的矩形框表示运行模型需要用户输入的数据。

3.3.2　STNSRP 模型原理

STNSRP 模型原理如图 3-6 所示。

1）暴雨事件（图中的红圈）服从独立泊松分布，相邻暴雨事件的平均间隔时间用参数 λ^{-1} 表示；

2）每个暴雨事件内部生成数量随机、空间上服从泊松分布的雨胞（raincell）（图 3-6

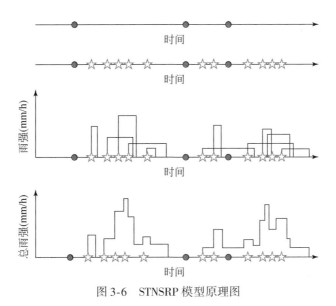

图 3-6　STNSRP 模型原理图

中的五角星），个数用参数 ν 表示，雨胞假设为圆形，空间分布密度用 ρ 表示，半径服从指数分布，用 γ^{-1} 表示，雨胞之间的时间间隔独立且服从指数分布，每个暴雨事件促发的雨胞之间的平均时间间隔用参数 β^{-1} 表示；

3）同一暴雨事件内部的雨胞的历时和雨强相互独立，且服从指数分布，雨胞的平均历时和平均雨强分别用参数 η^{-1} 和 ε^{-1} 表示；

4）为考虑各站点地形因素的影响，引入尺度因子（scale factor）Φ，取值为各站点平均降水量的分位数；

5）每个暴雨事件的雨强等于其内部生成的所有雨胞在其生命周期内的雨强之和。

3.3.3　STNSRP 模型参数

模型参数见表 3-2，具体描述如下。

表 3-2　STNSRP 模型参数列表

参数	定义	单位
λ^{-1}	Mean waiting time between adjacent storm origins	h
β^{-1}	Mean waiting time for raincell origins after storm origin	h
η^{-1}	Mean duration of raincell	h
ν	Mean number of raincell per storm	—
ε^{-1}	Mean intensity of a raincell	mm/h
γ^{-1}	Mean radius of raincells	km
ρ	Spatial density of raincell centres	1/km^2
Φ	A vector of scale factors，Φ_m，one for each raingauge，m	—

表 3-2 所列的 8 个参数，对于单站点模型，采用其中 5 个参数即可，包括 λ、β、η、ν、ε；对于多站点模型，需引进空间分布参数 γ、ρ 和 Φ。STNSRP 模型各参数初始值设置见表 3-3。

表 3-3　STNSRP 模型参数区间

参数	下限	上限	单位
λ	0.001	0.05	1/h
β	0.02	0.5	1/h
η	0.1	12	1/h
ν	0.1	30.0	—
ε	0.01	4	h/mm
γ	0.2	500	1/km
ρ	0.0	2.0	1/km^2

STNSRP 模型中提供以下（表 3-4）统计量供选择，对单站点模型（5 参数）和多站点模型（7 参数）进行参数率定。

表 3-4　STNSRP 模型中的统计量

缩写	统计量	单位
mean	降水均值	mm
var	方差	mm^2
covar	协方差（单站点为自协方差，auto covariance；多站点为互协方差，cross covariance）	mm^2
corr	相关系数，单站点为自相关系数，多站点为互相关系数（cross correlation）	—
pdry	干日概率（当日降水量小于指定降水阈值）	—
pdd	相邻干日事件的转换概率	—
pww	相邻湿日事件转换概率	—
skew	偏态系数	—

STNSRP 模型中，在对各统计量进行拟合时（图 3-5 中的拟合模块），需要对各统计量设置拟合权重（fitting weight），表 3-5 是各统计量权重的经验取值（Burton et al.，2008）。

表 3-5　STNSRP 模型中各统计量拟合权重

统计量	阈值（mm）	步长（h）	权重	
			单站点	多站点
mean	—	24	6	5
pdry	1.0	24	7	6
var	—	24	1	2

续表

统计量	阈值（mm）	步长（h）	权重	
			单站点	多站点
corr	—	24	6	3
skew	—	24	1	2
pdry	0.1	1	7	5
var	—	1	1	3
skew	—	1	1	3
xcorr	—	24	—	2

3.3.4 模型率定与验证

选取太湖流域6个气象观测站的日降水量（P）数据序列，该资料由中国气象局国家气象信息中心气象资料室提供（已经过初步质量控制）。太湖流域地处长三角地区，属亚热带季风气候区，如图3-7所示。所选站点分布较为均匀，可以较好地反映流域的气候变化特征。考虑到资料的可靠性和完整性，数据选用时段为1960.01.01～2012.12.31，对于个别缺乏数据的年份，采用临近站点空间内插法补齐。从统计意义上看，这样长的时间序列可以获得比较可靠的分析结果。

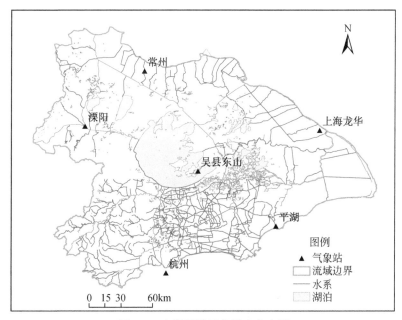

图3-7　太湖流域气象站点分布图

3.3.4.1 单站点模型

采用 STNSRP 模型中的单站点模块（single site model）应用于太湖流域 6 个气象站点，对各站点单独进行参数率定，如前所述，单站点模型包括 5 个参数，即 λ、β、η、ν、ε，因此至少需要选取 5 个统计量进行参数率定，本研究选取 6 个站点 1971～2000 年的日降水数据进行模型参数率定，参数初始值见表 3-6（Kilsby et al.，2007）。

表 3-6　单站点模型参数初始值

参数	初始值	单位
λ（lambda）	0.01	1/h
β（beta）	0.1	1/h
η（eta）	2.0	1/h
ν（nu）	5	—
ε（xi）	1.0	h/mm

常州站降水统计量结果见表 3-7，图 3-8 为常州站模型参数拟合结果。由图 3-8 可以看出，5 个参数拟合值均落在设置的参数区间内，说明选取的初始参数值及各参数上下限适用于常州站。分别选取表征降水历时和降水强度的参数来说明模型拟合效果，λ^{-1} 表示相邻降水事件的平均时间间隔，从图 3-8 中可以看出，7 月、8 月、9 月 3 个月 λ 值呈现连续

表 3-7　常州站降水统计量结果

统计量	1 月	2 月	3 月	4 月	5 月	6 月	7 月	8 月	9 月	10 月	11 月	12 月
mean（mm）	1.09	1.90	2.30	3.14	3.38	5.25	5.84	3.52	3.80	2.14	1.88	0.96
var（mm^2）	11.16	20.81	27.61	56.20	83.31	161.73	244.03	101.13	143.30	49.10	43.68	10.89
pdry	0.82	0.74	0.72	0.69	0.73	0.70	0.69	0.74	0.74	0.81	0.82	0.87
corr	0.14	0.21	0.14	0.04	0.13	0.18	0.16	0.05	0.10	0.26	0.19	0.28
skew	5.67	3.46	3.48	3.87	4.50	3.39	4.51	4.27	5.98	5.75	6.34	5.37

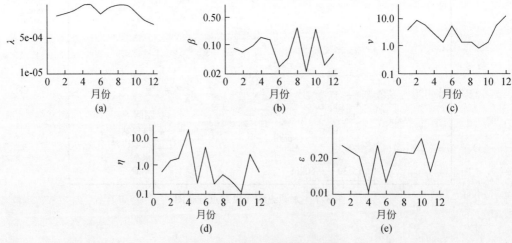

图 3-8　常州站模型参数拟合结果

增加趋势，且是全年 12 个月中数值最大的 3 个月，说明这 3 个月相邻降水事件时间间隔（λ^{-1}）最短，即降水频发，这与太湖流域梅雨、暴雨季节一致；ε^{-1} 表示雨胞的降水强度，从图 3-8 中同样可以看出，6 月的 ε^{-1} 值最大（除 4 月），7~9 月数值非常接近且在全年中较大，从而进一步说明模型拟合的降水强度符合太湖流域的降水特性。

基于拟合的模型参数，模拟生成常州站 30 年降水日值数据，对比分析 1971~2000 年实测数据，结果如图 3-9 所示。由图 3-9 可以看出，基于拟合参数生成的 30 年日降水数据的 5 个统计量与实测、拟合的统计量较为吻合，构建的模型可以较好地反映常州站降水统计特性。

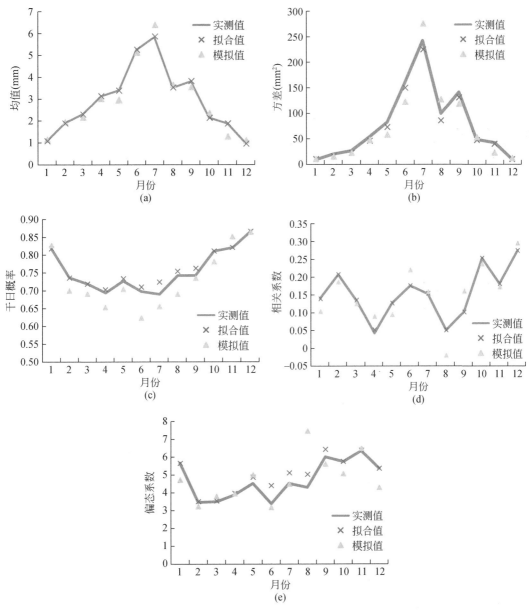

图 3-9　单站点模型常州站实测、拟合和模拟结果对比图

杭州站降水统计量结果见表3-8。图3-10为杭州站模型参数拟合结果。由图3-10可以看出，5个参数拟合值均落在设置的参数区间内，说明选取的初始参数值及各参数上下限适用于杭州站。与常州站类似，分别选取表征降水历时和降水强度的参数来说明模型的拟合效果。λ^{-1}表示相邻降水事件的平均时间间隔，从图3-10中可以看出，6月、7月、8月、9月4个月λ值是全年12个月份中数值最大的4个月，说明这4个月相邻降水事件时间间隔（λ^{-1}）最短，即降水频发，这与太湖流域梅雨、暴雨季节一致；ε^{-1}表示雨胞的降水强度，从图3-10中同样可以看出，5月和8月的ε^{-1}值最大，说明模型拟合的降水强度符合太湖流域降水特性，即暴雨主要集中在夏季。

表3-8　杭州站降水统计量结果

统计量	1月	2月	3月	4月	5月	6月	7月	8月	9月	10月	11月	12月
mean（mm）	2.37	2.99	4.47	4.23	4.74	7.72	5.15	5.04	4.86	2.82	2.02	1.53
var（mm²）	30.20	40.22	65.09	71.29	102.19	262.44	174.15	171.09	143.29	64.26	39.76	20.96
pdry	0.72	0.66	0.57	0.62	0.64	0.58	0.68	0.67	0.68	0.76	0.79	0.82
corr	0.23	0.31	0.21	0.16	0.11	0.26	0.19	0.12	0.26	0.38	0.27	0.36
skew	3.72	3.24	2.60	3.50	3.23	3.31	4.11	4.47	3.85	4.44	5.30	4.66

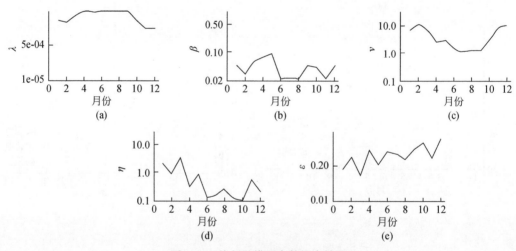

图3-10　杭州站模型参数拟合结果

基于拟合的模型参数，模拟生成杭州站30年降水日值数据，对比分析1971~2000年实测数据，结果如图3-11所示。由图3-11可以看出，基于拟合参数生成的30年日降水数据的5个统计量与实测、拟合的统计量较为吻合，构建的模型可以较好地反映杭州站降水统计特性。

溧阳站降水统计量结果见表3-9。图3-12为溧阳站模型参数拟合结果。由图3-12可以看出，5个参数拟合值均落在设置的参数区间内，说明选取的初始参数值及各参数上下限适用于溧阳站。同样选取表征降水历时和降水强度的参数来说明模型拟合效果。λ^{-1}表示

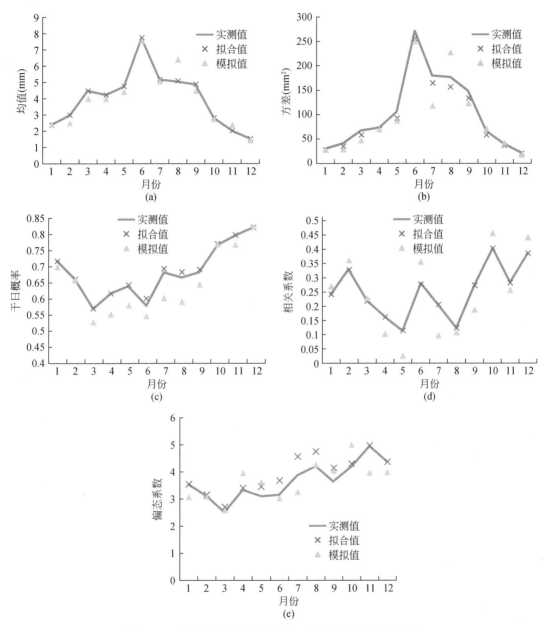

图 3-11　单站点模型杭州站实测、拟合和模拟结果对比图

相邻降水事件的平均时间间隔，从图 3-12 中可以看出，溧阳站与常州、杭州两站的结果类似，夏季降水频发；由 ε^{-1} 值可以看出，模型模拟的强降水事件主要集中在 6 月、7 月、8 月 3 个月，说明单站点模型模拟的降水年内分配与强度均符合太湖流域实际降水特性。

表 3-9　溧阳站降水统计量结果

统计量	1 月	2 月	3 月	4 月	5 月	6 月	7 月	8 月	9 月	10 月	11 月	12 月
mean（mm）	1.63	2.13	3.35	3.03	3.46	6.50	5.15	4.09	3.62	2.37	1.84	1.07
var（mm²）	18.01	24.91	47.05	63.81	75.65	211.42	180.14	133.67	127.30	55.49	34.16	12.34
pdry	0.78	0.74	0.67	0.71	0.72	0.65	0.69	0.72	0.75	0.79	0.80	0.86
corr	0.22	0.24	0.21	0.05	0.13	0.22	0.26	0.08	0.25	0.25	0.25	0.38
skew	4.06	3.58	3.00	5.24	3.86	3.32	4.39	5.08	5.42	6.12	5.77	5.54

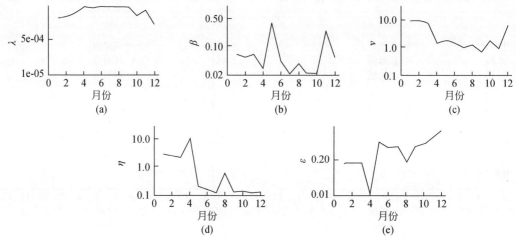

图 3-12　溧阳站模型参数拟合结果

　　基于拟合的模型参数，模拟生成溧阳站 30 年降水日值数据，对比分析 1971～2000 年实测数据，结果如图 3-13 所示。由图 3-13 可以看出，基于拟合参数生成的 30 年日降水数据的 5 个统计量与实测、拟合的统计量较为吻合，构建的模型可以较好地反映溧阳站的降水统计特性。

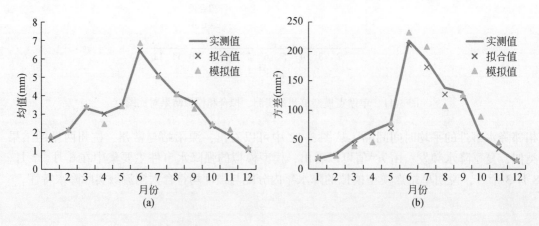

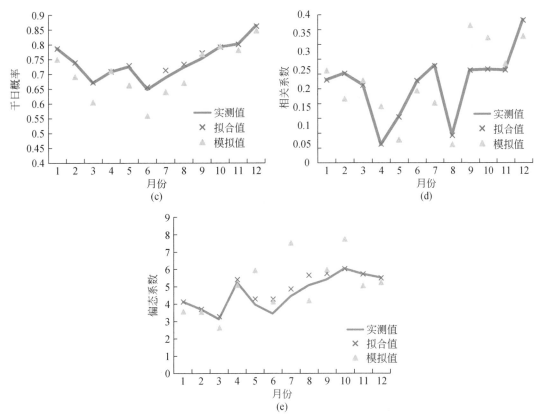

图 3-13　单站点模型溧阳站实测、拟合和模拟结果对比图

平湖站降水统计量结果见表 3-10。图 3-14 为平湖站模型参数拟合结果。由图 3-14 可以看出，5 个参数拟合值均落在设置的参数区间内，说明选取的初始参数值及各参数上下限适用于平湖站。同样选取表征降水历时和降水强度的参数来说明模型拟合效果。从图 3-14 中可以看出，平湖站的 λ^{-1} 和 ε^{-1} 值反映出模型模拟的强降水事件主要集中在 6 月、7 月、8 月 3 个月，均符合太湖流域降水特性。

表 3-10　平湖站降水统计量结果

统计量	1 月	2 月	3 月	4 月	5 月	6 月	7 月	8 月	9 月	10 月	11 月	12 月
mean（mm）	1.95	2.46	3.64	3.51	3.94	6.00	4.78	5.01	4.56	2.35	1.65	1.34
var（mm²）	22.74	32.35	47.42	60.56	96.41	179.29	171.23	240.54	216.02	59.41	26.03	18.31
pdry	0.75	0.71	0.61	0.65	0.67	0.62	0.72	0.70	0.73	0.79	0.81	0.84
corr	0.23	0.21	0.18	0.07	0.10	0.26	0.22	0.10	0.12	0.20	0.25	0.29
skew	3.71	3.62	2.88	4.07	4.48	3.68	4.43	8.03	8.92	5.27	4.94	5.36

基于拟合的模型参数，模拟生成平湖站 30 年降水日值数据，对比分析 1971～2000 年实测数据，结果如图 3-15 所示。由图 3-15 可以看出，基于拟合参数生成的 30 年日降水数

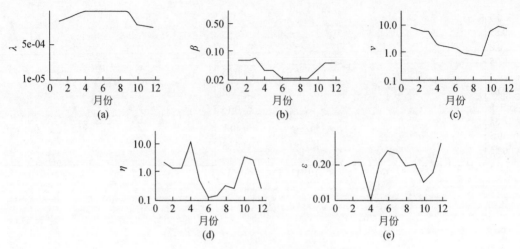

图 3-14　平湖站模型参数拟合结果

据的 5 个统计量与实测、拟合的统计量较为吻合，构建的模型可以较好地反映平湖站的降水统计特性。

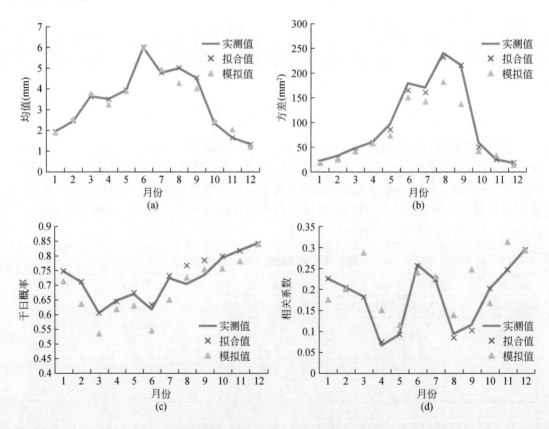

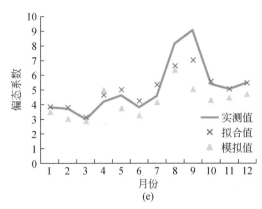

图 3-15 单站点模型平湖站实测、拟合和模拟结果对比图

上海龙华站的降水统计量年内变化见表 3-11。图 3-16 为上海龙华站模型参数拟合结果。由图 3-16 可以看出，5 个参数拟合值均落在设置的参数区间内，说明选取的初始参数值及各参数上、下限适用于上海龙华站。分别选取表征降水历时和降水强度的参数来说明模型拟合效果。从图 3-16 中可以看出，7 月、8 月、9 月 3 个月 λ 值呈现连续增加趋势，且是全年 12 个月中数值最大的 3 个月，说明这 3 个月相邻降水事件时间间隔（λ^{-1}）最短，即降水频发，这与太湖流域梅雨、暴雨季节一致；6～9 月的 ε^{-1} 值与前面 4 个站点类似，即强降水主要集中在夏季，该模型可以用于上海龙华站的降水模拟。

表 3-11 上海龙华站降水统计量结果

统计量	1 月	2 月	3 月	4 月	5 月	6 月	7 月	8 月	9 月	10 月	11 月	12 月
mean（mm）	1.67	1.95	3.10	2.91	3.28	5.91	4.46	5.70	4.34	2.11	1.55	1.11
var（mm²）	19.12	22.84	39.61	49.99	76.44	182.57	160.07	245.23	157.34	53.99	28.07	14.35
pdry	0.77	0.75	0.66	0.70	0.71	0.64	0.72	0.71	0.73	0.81	0.82	0.85
corr	0.20	0.20	0.16	0.04	0.10	0.19	0.21	0.13	0.21	0.17	0.19	0.22
skew	4.00	3.44	2.93	4.94	4.07	3.68	4.93	4.29	4.60	5.68	6.22	5.23

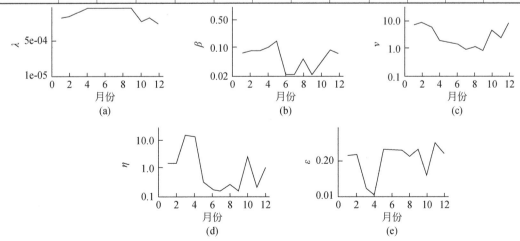

图 3-16 上海龙华站模型参数拟合结果

图 3-17 是基于拟合的模型参数，模拟的上海龙华站 30 年降水日值数据与 1971～2000 年实测数据的对比分析图。由图 3-17 可以看出，模拟的降水序列的统计特性与实测、拟合的降水统计特性较为一致，构建的单站点模型可以较好地反映上海龙华站的降水特性。

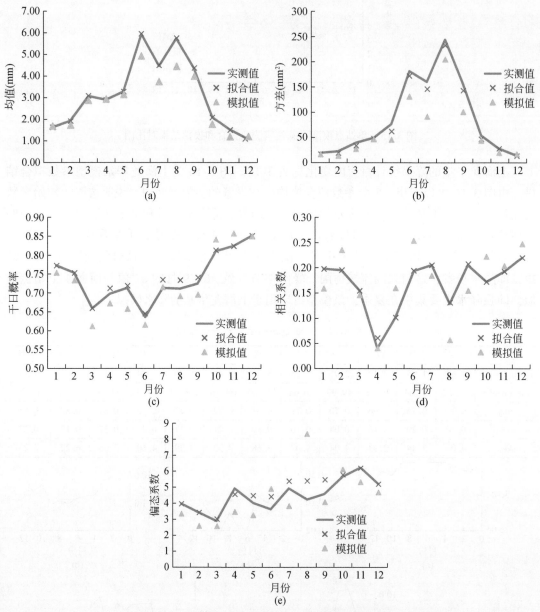

图 3-17　上海龙华站实测、拟合和模拟结果对比图

吴东站（吴县东山）降水统计量年内变化见表 3-12。模型参数拟合结果如图 3-18 所示。由图 3-18 可以看出，5 个参数拟合值均落在设置的参数区间内，说明选取的初始参数值及各参数上下限适用于吴东站。与其他站点类似，强降水事件主要集中在夏季。

表 3-12 吴东站降水统计量结果

统计量	1月	2月	3月	4月	5月	6月	7月	8月	9月	10月	11月	12月
mean（mm）	1.82	2.23	3.50	2.92	3.39	6.43	5.05	4.71	3.20	2.26	1.62	1.18
var（mm²）	20.97	27.47	52.77	51.87	74.02	222.26	160.44	189.79	90.13	52.08	25.76	13.95
pdry	0.77	0.73	0.64	0.68	0.71	0.63	0.71	0.71	0.74	0.80	0.81	0.85
corr	0.24	0.21	0.16	0.03	0.10	0.20	0.16	0.13	0.24	0.27	0.22	0.31
skew	3.78	3.44	4.30	5.64	3.80	3.49	3.60	4.93	4.91	5.24	4.87	4.25

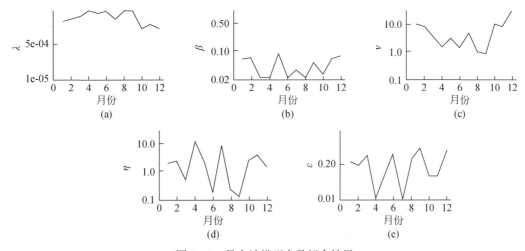

图 3-18 吴东站模型参数拟合结果

图 3-19 是基于拟合的模型参数，模拟的吴东站 30 年降水日值数据与 1971～2000 年实测数据的对比分析图。由图 3-19 可以看出，模拟的降水序列的统计特性与实测、拟合的降水统计特性较为一致，构建的单站点模型可以用于吴东站的降水模拟。

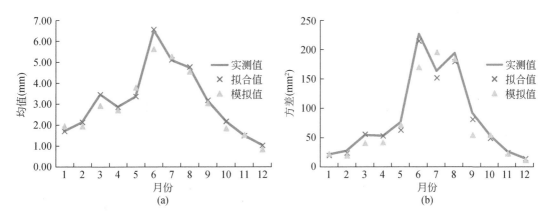

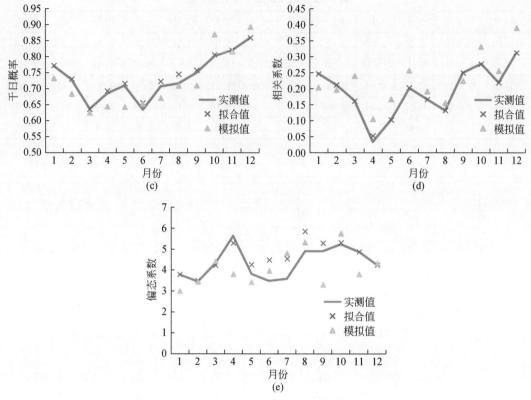

图 3-19　吴东站实测、拟合和模拟结果对比图

综上所述，STNSRP 模型对太湖流域单站点降水模拟的效果均较为满意，特别是对强降水事件的模拟，展现其良好的模拟能力，说明基于点过程的 Neyman-Scott 方法较传统的 Markov-Chain 法可以更好地反映降水的变化特性。本研究中，由于所采用的 6 个站点均处于太湖流域内部，所以设置了统一的参数区间，模拟结果表明这一设置合理可靠，拟合、模拟的参数均落在相应参数区间内，为多站点模型的构建提供了参考依据。

3.3.4.2　多站点模型

基于单站点的降水模型难以反映不同站点之间降水的空间相关性，因此在 STNSRP 模型中引入空间分布参数 γ、ρ 和 Φ，充分考虑降水空间相关这一特性，对流域内各站点进行联合预估，在此基础上，可以通过空间插值获取缺资料/无资料站点的尺度因子 Φ，并在保证该站点降水统计特性符合所处区域的前提下，对缺资料/无资料站点进行降水模拟，进而提高降水模拟精度。

STNSRP 多站点模块模型参数初始值见表 3-13（Burton et al.，2008）。

表 3-13　多站点模型参数初始值

参数	初始值	单位
λ（lambda）	0.0005	1/h
β（beta）	0.1	1/h
η（eta）	0.03	1/h
ε（xi）	0.1	h/mm
γ（gamma）	1.0	1/km
ρ（rho）	1.0	$1/km^2$

在前期工作中发现，由于太湖流域山区和平原区地理特征差别较大，降水特性差异显著，STNSPR 模型中用于反映多站点地形因素对降水影响的尺度因子 Φ 若取值单一，则会影响模型模拟的效果，因此通过修正模型，将各站点 Φ 设置为降水均值的函数，随着时间的变化，年内取值见表 3-14。各参数拟合结果如图 3-20 所示。

表 3-14　各站点尺度因子 Φ 取值

站点	1 月	2 月	3 月	4 月	5 月	6 月	7 月	8 月	9 月	10 月	11 月	12 月
常州	0.48	0.64	0.96	0.91	1.11	2.11	1.85	1.25	1.03	0.74	0.59	0.32
杭州	0.79	1.00	1.49	1.41	1.58	2.57	1.72	1.68	1.62	0.94	0.67	0.51
平湖	0.65	0.82	1.21	1.17	1.31	2.00	1.59	1.67	1.52	0.78	0.55	0.45
上海龙华	0.56	0.65	1.03	0.97	1.09	1.97	1.49	1.90	1.45	0.70	0.52	0.37
吴县东山	0.61	0.74	1.17	0.97	1.13	2.14	1.68	1.57	1.07	0.75	0.54	0.39
溧阳	0.54	0.71	1.12	1.01	1.15	2.17	1.72	1.36	1.21	0.79	0.61	0.36

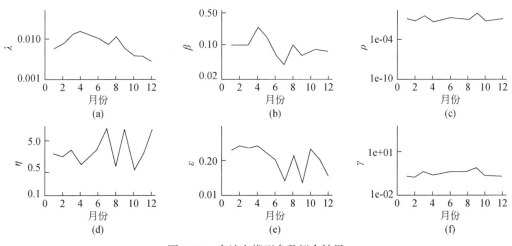

图 3-20　多站点模型参数拟合结果

从图 3-20 可以看出，其余 6 个参数拟合值均落在设置的参数区间内，说明选取的初始参数值及各参数上下限适用于太湖流域，拟合的参数可以对太湖流域内多站点进行联合预估。

以常州站为例来说明多站点模型的模拟效果。基于拟合的多站点模型参数，模拟生成常州站30年降水日值数据，对比分析1971～2000年实测数据，结果如图3-21所示。由图3-21可以看出，基于拟合参数生成的30年日降水数据的5个统计量与实测、拟合的统计量基本吻合，方差和偏态系数较实测值偏小，但年内变化过程与实测值保持一致，其他5个站点的模拟结果与常州站类似，说明构建的多站点STSNRP模型可以较好地反映太湖流域的降水特性。

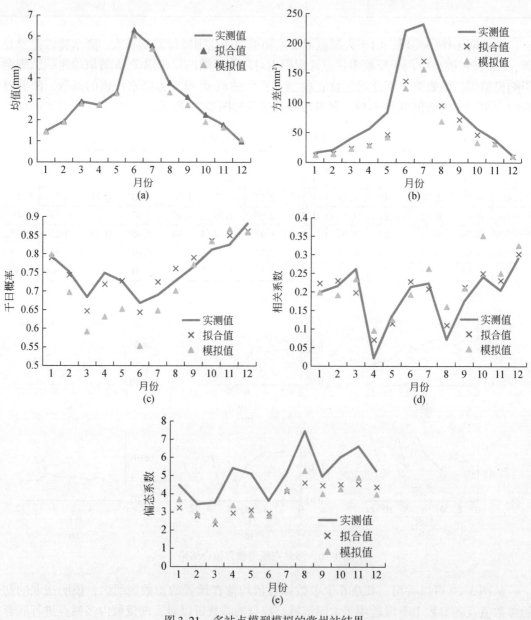

图 3-21　多站点模型模拟的常州站结果

对比单站点模型和多站点模型，虽然单站点模型的模拟效果要略好于多站点模型，尤其是方差和湿日概率，但其对数据的完整性要求较高，在缺资料地区无法使用，而多站点模型可以通过各站点间的空间相关性，更好地反映出流域内降水的时空分布特征，也可以通过对 Φ 值的空间插值，模拟生成缺资料站点/地区的降水序列，优势明显。因此，本研究在未来降水情景构建中采用多站点模型。

3.3.5 未来降水情景构建

采用英国 HadleCM3 气候模式提供的基准期和未来时期的气候情景，根据 STNSRP 多站点的模拟结果分析了太湖流域 21 世纪 30 年（2021~2050 年）的降水变化。

表 3-15 是 21 世纪 30 年降水相对于基准期（1971~2000 年）的变化。同样，B2 的变化量级也小于 A2 的变化量，A2 情景下 21 世纪 30 年的降水相对于气候基准时段增加了 6.39%，B2 情景下则只增加了 3.31%。

表 3-15　A2、B2 情景下 21 世纪 30 年降水相对于基准期的变化

情景	增量（mm/d）	变化比例（%）
A2	0.205	6.39
B2	0.106	3.31

基于 STNSRP 多站点模型模拟的 1971~2000 年逐日降水，利用皮尔逊Ⅲ型概率分布曲线计算了各个站点 10d、30d、60d、90d 降水的 2a、10a、20a、50a、100a、200a、500a、1000a 重现期，结果见表 3-16 和表 3-17。STNSRP 模型基于 1971~2000 年降水所估算的重现期降水值分布形势与实测的结果相近，但在多数测站略高于基于实测值的估算结果，这是由所采用的 GCM 模式降水极端值高于实测值引起的。根据式（3-4）计算了各站点重现期降水变化百分率：

$$p = 100 \times (r_{\text{fut}} - r_{\text{bs}})/r_{\text{bs}} \tag{3-4}$$

式中，p 为变化百分率；r_{fut} 为基于 21 世纪 30 年模拟降水预估的重现期降水值；r_{bs} 为基于 Bs 模拟降水预估的重现期降水值。

表 3-16　对应于各持续期各重现期的 SRES A2 情景下 21 世纪 30 年极端降水值

（单位：mm）

站名	历时	重现期							
		1000a	500a	200a	100a	50a	20a	10a	2a
常州	10d	529.18	502.84	466.54	437.69	407.42	363.11	327.19	209.60
	30d	531.50	522.50	509.91	501.04	488.47	462.91	450.34	346.66
	60d	782.70	763.22	735.58	714.44	687.25	636.39	605.80	456.67
	90d	1048.48	1012.58	961.18	919.66	875.12	813.93	759.52	557.56

续表

站名	历时	重现期							
		1000a	500a	200a	100a	50a	20a	10a	2a
溧阳	10d	548.51	515.40	470.50	435.49	399.42	329.99	303.27	204.32
	30d	725.93	684.55	629.24	587.02	541.85	462.70	424.92	305.34
	60d	1183.65	1107.05	1004.11	924.71	843.82	721.30	641.55	419.73
	90d	1423.75	1333.86	1214.05	1121.97	1028.65	906.82	807.83	555.63
吴县东山	10d	437.05	413.61	381.83	357.04	331.46	298.17	269.62	187.46
	30d	612.29	586.05	549.98	522.57	491.20	452.23	415.57	296.82
	60d	1011.28	955.36	879.96	820.13	759.82	671.09	603.48	408.72
	90d	1160.72	1102.31	1022.81	960.60	896.08	801.94	730.02	522.94
上海龙华	10d	456.42	432.92	400.78	376.41	349.29	306.18	281.16	198.84
	30d	709.24	674.66	627.17	590.35	549.96	469.81	436.49	314.98
	60d	932.76	884.48	818.94	767.57	714.28	646.28	583.07	402.30
	90d	1244.10	1179.54	1091.92	1023.23	952.04	856.37	772.06	534.51
杭州	10d	703.52	662.66	609.93	568.58	523.91	456.13	404.95	242.60
	30d	1199.60	1140.62	1057.99	991.18	919.27	805.42	717.64	419.05
	60d	1588.83	1496.59	1370.03	1270.30	1166.11	1008.16	894.21	553.15
	90d	1680.70	1595.75	1479.28	1387.38	1290.63	1152.40	1039.57	700.64
平湖	10d	746.71	687.29	608.46	549.31	487.88	408.16	346.48	196.35
	30d	697.07	670.50	633.32	604.87	570.52	501.20	472.09	344.46
	60d	942.73	899.65	840.46	793.44	743.87	673.46	615.92	433.06
	90d	1117.70	1070.14	1004.68	952.77	898.05	823.54	757.58	554.59

表 3-17　对应于各持续期各重现期的 SRES B2 情景下 21 世纪 30 年极端降水值

（单位：mm）

站名	历时	重现期							
		1000a	500a	200a	100a	50a	20a	10a	2a
常州	10d	838.01	784.31	710.57	652.41	591.70	507.66	437.00	225.51
	30d	742.66	715.00	676.33	645.08	611.27	558.25	518.45	339.62
	60d	934.95	897.17	844.58	802.02	756.34	685.66	632.91	437.00
	90d	1197.42	1145.93	1072.99	1014.51	951.93	868.37	794.03	540.12
溧阳	10d	676.57	622.49	550.65	496.17	441.41	350.69	308.87	189.45
	30d	732.23	690.83	634.74	591.92	546.16	469.60	432.19	311.82
	60d	1166.90	1090.03	987.06	907.79	827.24	712.52	635.14	418.34
	90d	1359.17	1284.90	1184.38	1106.01	1024.95	916.76	829.72	575.26

站名	历时	重现期							
		1000a	500a	200a	100a	50a	20a	10a	2a
吴县东山	10d	591.97	545.36	483.64	436.74	389.67	330.41	282.67	172.82
	30d	757.58	718.09	663.97	622.69	576.34	516.68	465.24	302.40
	60d	1012.30	959.64	887.82	830.13	771.73	695.07	626.81	419.47
	90d	1210.52	1155.75	1080.24	1020.09	956.54	871.68	796.81	559.26
上海龙华	10d	778.39	717.32	635.50	572.73	509.10	423.01	347.89	177.90
	30d	1000.71	935.24	847.11	779.66	707.76	593.36	529.39	324.25
	60d	1080.10	1022.02	942.49	880.98	814.35	740.35	660.84	422.97
	90d	1604.40	1504.68	1369.72	1264.65	1156.08	1019.71	896.12	549.33
杭州	10d	594.87	562.79	518.73	484.40	447.55	401.70	358.52	230.17
	30d	1154.28	1087.86	996.07	922.85	845.47	742.91	655.21	395.43
	60d	1557.38	1446.48	1297.44	1182.57	1065.38	914.95	798.49	505.21
	90d	1786.59	1679.00	1533.28	1420.06	1303.44	1166.89	1036.05	696.03
平湖	10d	1357.63	1200.87	1000.67	853.96	714.23	546.97	420.23	169.79
	30d	1036.78	974.20	893.01	828.37	759.98	669.69	586.43	335.68
	60d	1130.86	1069.58	985.69	919.81	850.71	768.98	688.51	442.62
	90d	1435.45	1359.03	1254.37	1174.62	1085.85	984.46	882.35	574.74

根据式（3-5）计算各站点未来重现期降水量：

$$r = r_{bs,o} + r_{bs,o} \times p/100 \qquad (3-5)$$

式中，r 为未来重现期降水；p 为变化百分率；$r = r_{bs,o}$ 为基于 1971~2000 年观测降水估算的重现期降水值。

3.3.6 小结

本研究基于 NSRP 原理，充分考虑降水的空间相关结构，发展多站点降尺度模型，使降尺度结果，尤其使极端降水在区域上符合实际的空间特征，降低未来气候变化情景的不确定性。

采用太湖流域 6 个气象站点 1971~2000 年实测降水序列数据，分别对 STNSRP 的单站点和多站点模块进行参数率定，结果显示拟合的参数均落在预设区间内，模拟的各站点降水序列及其统计参数（均值、方差等）均符合实际特征。针对太湖流域山区和平原区地理特征差别较大、降水特性差异显著的特点，引入反映多站点地形因素对降水影响的尺度因子 Φ，并设置为站点降水均值的函数，可以同时反映降水空间和时间上的变化，模拟效果较为满意。

采用英国 HadleCM3 气候模式结果，将 1971~2000 年设为基准期，采用多站点模型生成太湖流域未来 30 年（2021~2050 年）降水情景，结果表明，A2 情景下 21 世纪 30 年的降水相对于气候基准期增加了 6.39%，B2 情景下增加较少，仅为 3.31%。

第4章 动力-统计混合降尺度技术

4.1 动力-统计降尺度方法比较：以淮河流域为例

4.1.1 研究区概况

全球气候变化已经成为全世界广泛关注的全球性环境问题，也是影响世界各国政治经济稳定的核心问题之一。全球气候变化必然对中国整个地区的环境产生影响。作为东部季风区的八大流域之一，淮河流域介于长江和黄河两流域之间，属于南北气候过渡带，降水量年际变化较大，年最大降水量为年最小降水量的 3～4 倍。降水量的年内分配也极不均匀，汛期（6～9 月）降水量占年降水量的 50%～80%。淮河流域多年平均径流深为230mm，多年平均径流深分布状况与多年平均降水量相似。未来气候变化背景下淮河流域的降水、温度和径流变化对整个地区及中国东部的气候产生较大的影响。淮河流域站点信息及分布分别见表4-1和图4-1。

表4-1 淮河流域站点信息

站号	站名	经度（°）	纬度（°）	站号	站名	经度（°）	纬度（°）
54836	沂源	118.09	36.11	57290	驻马店	114.01	33.00
54843	潍坊	119.05	36.42	57297	信阳	114.03	32.08
54852	莱阳	120.42	36.56	58027	徐州	117.09	34.17
54857	青岛	120.20	36.04	58040	赣榆	119.07	34.50
54916	兖州	116.51	35.34	58102	亳州	115.46	33.52
54936	莒县	118.50	35.35	58138	盱眙	118.31	32.59
57083	郑州	113.39	34.43	58203	阜阳	115.49	32.55
57091	开封	114.23	34.46	58215	寿县	116.47	32.33
57181	宝丰	113.03	33.53	58221	蚌埠	117.23	32.57
57193	西华	114.31	33.47	58251	东台	120.19	32.52

图 4-1　淮河流域气象站点分布及 ERA-40 再分析资料网格点图

4.1.2　数据

本章用到的数据主要有观测站点数据、ERA-40 再分析数据、动力降尺度数据和统计降尺度数据。考虑各个数据资料的时间长度，书中统一选取 1961～1998 年作为当代的研究时段，2046～2065 年作为未来的研究时段。下面分别介绍各种数据。

（1）观测站点数据和 ERA-40 再分析数据

整个流域内选取 20 个国家基本/基准气象观测台站（图 4-1），变量为平均气温和平均降水量，数据来源于中国气象局国家气象信息中心。用 1961～1998 年逐日序列进行降尺度模型的参数率定和验证。

再分析数据选取 ERA-40 逐日数据，分别描述大气环流及地表，850hPa、700 hPa 及500 hPa 高度的大气湿度状况，变量有 11 个，分别是 850hPa 位势高度（zg850）、700 hPa位势高度（zg700）、500 hPa 位势高度（zg500）、850 hPa 纬向风（ua850）、地面纬向风（uas）、850 hPa 温度（ta850）、500 hPa 温度（ta500）、地面温度（tas）、850 hPa 湿度（hus850）、500 hPa 湿度（hus500）、海平面气压（slp）。

（2）动力降尺度数据

动力降尺度数据由中国气象局国家气候中心提供，由区域气候模式（RegCM3）单向嵌套日本 CCSR/NIES/FRCGC 的 MIROC3.2_hires 全球模式的输出结果，对东亚和中国区域进行了 A1B 温室气体排放情景下 1951～2100 年，水平分辨率为 25km 的气候变化模拟试验。本书选取当代 1961～1998 年和 A1B 情景下未来 2046～2065 年覆盖整个淮河流域（111°E～123°E，30°N～38°N）的日平均降水和日平均气温的模拟结果，为便于比较数据输出统一插值在 1.0°×1.0° 网格点上。

（3）统计降尺度数据

采用 ASD 统计降尺度方法，根据 ERA-40 再分析资料和站点观测数据建立统计关系，分别把这种关系用于 IPCC AR4 释放的全球气候模式 MIROC3.2_ hires 1961 ~ 1998 年和 SRES A1B 温室气体排放情景下 2046 ~ 2065 年，从而得到当代和未来的统计降尺度数据，输出变量有日平均降水和日平均气温，为便于比较数据输出统一插值在 $1.0° \times 1.0°$ 网格点上。

4.1.3 ASD 统计降尺度和 RegCM3 动力降尺度结果比较

（1）动力降尺度模拟验证

RegCM 系列模式在中国区域被广泛应用于当代气候模拟、植被改变和气溶胶的气候效应试验以及气候变化的预估上。从空间上看，与观测结果相比，在整个淮河流域模拟的年平均气温偏差为 –1 ~ 1℃，夏季气温偏高 1.0 ~ 3.0℃；而模拟的降水量偏多。图 4-2 给出了整个流域 1961 ~ 1998 年区域面积平均的模拟值与观测值的比较。从年内的变化看，模式 RegCM3 能够模拟出流域内降水和温度变量的年内变化趋势。从图 4-2（a）上看，与观测值相比，模式模拟的年平均和冷季（冬季和春季）降水量偏多，特别是春季，偏多 1.2mm/d 左右；而模拟的暖季（夏季和秋季）降水偏少。对于平均气温 [图 4-2（b）]，模式模拟的年平均和季节平均气温都偏高 0 ~ 1.0℃，秋季升温最不明显，夏季升温最显著。

从空间上看，模式 RegCM3 较好地模拟了淮河流域当代气候的空间分布、汛期降水及雨带随时间的北移。对于年内降水的模拟存在一定的误差，模拟值较观测值偏大；对气温的模拟效果最好，与观测之间的偏差低于 1.0℃。总体上看，区域气候模式 RegCM3 能较好地在流域尺度上再现当代气候的空间分布和年内变化特征。

（2）统计降尺度模型率定和验证

在 ASD 中，使用两种方法进行预报因子的选择，一是基于反向逐步回归方法，另一种是偏相关分析方法。而统计降尺度方法中预报因子的选择原则有 4 个：①选择的预报因子要与所预报的预报量有很强的相关性；②它必须能够代表大尺度气候重要的物理过程和大尺度气候变率；③所选择的预报因子必须能够被 AOGCM 较准确地模拟，从而纠正 AOGCM 的系统误差；④应用于统计模式的预报因子间应该是弱相关或无关的。遵循上述原则，选取反向逐步回归的预报因子选择方法，选出适合淮河流域日降水量、日平均温度、日最高和最低温度进行降尺度时所用到的预报因子变量（表 4-2）。因温度与大尺度预报因子之间存在直接的联系，所以进行气温降尺度时模型为无条件（unconditional）过程；而降水量与大尺度预报因子（如湿度和气压等）之间需要通过中间变量（一般为干、湿日发生概率）建立联系，所以降尺度降水量时模型为条件（conditional）过程（本书中最大预报因子数量设为 5 个）。

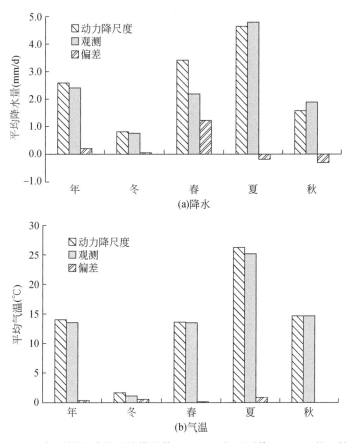

(a)降水

(b)气温

图 4-2　年平均和季节平均模拟值（RCM）与观测值（OBS）的比较

表 4-2　预报因子的选择以及解释方差（R^2 相当于解释方差）

站号	站名	降水量		最高气温		最低气温		平均气温	
		预报因子	R^2	预报因子	R^2	预报因子	R^2	预报因子	R^2
54836	沂源	1, 3, 6, 7, 11	0.209	3, 4, 6, 10, 11	0.936	1, 2, 4, 5, 6	0.946	1, 3, 5, 6, 10	0.957
54843	潍坊	1, 3, 6, 8, 11	0.199	2, 3, 4, 7, 11	0.933	1, 3, 6, 8, 11	0.944	1, 3, 6, 7, 11	0.962
54852	莱阳	1, 3, 6, 8, 11	0.223	2, 3, 6, 7, 11	0.943	1, 3, 4, 5, 6	0.925	1, 3, 5, 6, 10	0.962
54857	青岛	1, 3, 6, 7, 11	0.193	2, 3, 5, 8, 11	0.934	1, 3, 5, 6, 11	0.951	1, 3, 5, 8, 11	0.954
54916	兖州	1, 3, 6, 7, 11	0.206	2, 3, 4, 6, 11	0.941	1, 2, 4, 5, 6	0.948	1, 3, 5, 6, 10	0.962
54936	莒县	1, 3, 7, 8, 11	0.213	2, 3, 4, 8, 11	0.931	1, 2, 3, 4, 11	0.934	1, 3, 5, 11	0.957
57083	郑州	1, 3, 6, 7, 10	0.184	2, 3, 7, 10, 11	0.925	1, 2, 3, 5, 6	0.945	1, 2, 3, 6, 7	0.950
57091	开封	1, 3, 6, 8, 11	0.220	2, 3, 6, 7, 11	0.931	1, 3, 5, 6, 8	0.951	1, 3, 5, 6, 11	0.959
57181	宝丰	1, 3, 6, 7, 11	0.187	2, 3, 4, 7, 10	0.924	1, 2, 4, 5, 6	0.941	1, 3, 5, 6, 11	0.955
57193	西华	1, 3, 6, 8, 11	0.189	3, 4, 6, 7, 11	0.932	1, 4, 5, 6, 8	0.946	1, 3, 6, 7, 11	0.961
57290	驻马店	1, 2, 3, 6, 11	0.195	2, 3, 4, 6, 11	0.917	1, 4, 5, 6, 9	0.948	1, 2, 3, 5, 6	0.945

续表

站号	站名	降水量		最高气温		最低气温		平均气温	
		预报因子	R^2	预报因子	R^2	预报因子	R^2	预报因子	R^2
57297	信阳	1, 2, 3, 6, 11	0.189	2, 3, 6, 7, 11	0.922	1, 3, 5, 6, 10	0.951	1, 3, 6, 9, 10	0.952
58027	徐州	1, 2, 3, 6, 11	0.205	3, 4, 6, 7, 11	0.939	1, 2, 4, 5, 6	0.953	1, 3, 5, 6, 7	0.958
58040	赣榆	1, 3, 6, 8, 11	0.198	3, 4, 5, 8, 11	0.935	1, 3, 4, 6, 11	0.941	1, 3, 5, 6, 11	0.961
58102	亳州	1, 3, 6, 8, 11	0.206	3, 4, 6, 7, 11	0.936	1, 4, 5, 6, 8	0.948	1, 3, 5, 6, 11	0.961
58138	盱眙	1, 2, 3, 6, 11	0.191	2, 3, 6, 10, 11	0.935	1, 4, 5, 6, 11	0.951	1, 3, 5, 6, 10	0.964
58203	阜阳	1, 2, 3, 6, 11	0.222	2, 3, 4, 6, 11	0.932	1, 2, 4, 5, 6	0.954	1, 3, 5, 6, 11	0.958
58215	寿县	1, 2, 3, 6, 11	0.219	2, 3, 4, 6, 11	0.932	1, 4, 5, 6, 8	0.952	1, 3, 5, 6, 11	0.964
58221	蚌埠	1, 3, 4, 6, 11	0.203	2, 3, 4, 6, 11	0.934	1, 4, 5, 6, 11	0.956	1, 2, 5, 6, 11	0.961
58251	东台	1, 3, 4, 6, 11	0.194	2, 3, 6, 9, 11	0.938	1, 3, 4, 5, 6	0.953	1, 3, 5, 6, 10	0.964

注：预报因子中1代表hus500，2代表hus850，3代表slp，4代表ta500，5代表ta850，6代表tas，7代表ua850，8代表uas，9代表zg500，10代表zg700，11代表zg850

　　统计降尺度方法的优点在于它能够将GCM输出中物理意义较好、模拟较准确的气候信息应用于统计模式，从而纠正GCM的系统误差，而且不必考虑边界条件对预测结果的影响，把大尺度气候信息降到站点尺度上。与动力降尺度（区域气候模式）相比，统计降尺度计算量相当小，节省机时，运用起来简单快捷。

　　ASD利用观测的预报量和ERA-40给出的预报因子进行模型调置，选择最佳因子后进行模型率定，用独立数据对模型进行验证，再生成气候情景下的降尺度结果。

　　采用1961~1990年的逐日观测站点数据和ERA-40再分析数据建立ASD模型，表4-2列出了模型率定期（1961~1990年）各个站点选取的预报因子（设置最大参数为5）及其解释方差。由此可知，模型率定期区域环流因子可以很好地解释日平均气温的方差，所有站点的解释方差均在94%以上。相比气温，降水的解释方差较低，在20%左右，这也突显降水事件发生的随机性，以及在降尺度过程中难以准确捕捉降水过程分布的特性。筛选后的预报因子中，降水的预报因子在所有站点被选中的有500hPa湿度场和海平面气压场，19个站点选中了地面温度和850hPa位势高度场；对于平均气温，所有站点选中的预报因子有500hPa湿度场、海平面气压场。总体上看，对该流域影响较大的气候因子是海平面气压、850 hPa位势高度场、500 hPa湿度场以及地面温度。

　　在率定期，模型模拟的平均降水与观测之间的均方根误差为0.07~0.27mm/d，模拟与观测之间湿日发生概率的均方根误差为0.57%~1.43%，连续干日天数的均方根误差为1.25~2.57d，平均气温的均方根误差为0.014~0.031℃。可以看出，建立的降尺度模型能很好地再现观测气候要素的日变化规律，且与观测之间的偏差较小。

　　选取1991~1998年为模型验证期，用模拟与观测之间各个物理变量的均方根误差来定量评价模型的模拟效果。降水量、平均值的均方根误差为0.61~1.16 mm/d，湿日发生概率的均方根误差为4.56%~9.55%，而连续干日天数的模拟均方根偏差为2.96~5.54d；平均气温的均方根误差为0.178~0.772℃，模型对于气温的模拟优于降水。

统计关系建立后，还需要用独立的观测资料对该统计降尺度模型进行可靠性检验，本书选取 1991～1998 年的数据验证模型，表 4-3 给出了各个站点上模式模拟与观测之间各个物理变量的均方根误差（RMSE），并将其作为定量评价模型效果的依据。平均降水的均方根误差为 0.7～1.4mm，湿日发生概率的均方根误差为 4.9%～9.0%，连续干日天数的均方根误差为 3.1～5.5d，温度平均值的均方根误差为 0.16～0.76℃，最高温度平均值的均方根误差为 0.61～1.13℃，最低温度平均值的均方根误差为 0.53～1.14℃。从均值来看，模型对平均温度的模拟较好，而对最高温度和最低温度的模拟效果相当，说明对极值的模拟较差。该模型对湿日发生概率估计过高，一年中的大部分月份模拟的湿日百分比比观测值偏大，但是能够很好地模拟出湿日百分比的变化趋势，每个月份浮动范围不大且较一致。而模拟的连续干日天数却偏少，反映出模拟降水过程的分布较均一化。

表 4-3 验证期偏差

站号	站名	降水平均值（mm/d）	湿日发生概率（%）	连续干日天数（d）	温度平均值（℃）	最高温度平均值（℃）	最低温度平均值（℃）
54836	沂源	0.898	6.960	3.400	0.366	0.874	0.934
54843	潍坊	0.879	6.390	3.570	0.763	0.696	1.140
54852	莱阳	0.913	4.910	3.150	0.509	0.650	0.915
54857	青岛	1.190	6.970	3.360	0.413	0.891	0.640
54916	兖州	1.400	6.980	4.440	0.258	0.816	0.704
54936	莒县	0.929	6.210	4.100	0.326	0.726	0.610
57083	郑州	0.918	6.850	4.760	0.665	1.130	0.894
57091	开封	0.947	7.920	5.500	0.327	1.060	1.090
57181	宝丰	0.799	6.590	4.160	0.281	0.997	0.686
57193	西华	0.949	7.940	4.860	0.242	1.130	1.100
57290	驻马店	1.160	8.970	4.090	0.615	1.040	0.532
57297	信阳	1.090	7.750	4.310	0.162	0.989	0.535
58027	徐州	0.805	6.920	4.680	0.384	0.819	0.832
58040	赣榆	1.110	6.740	4.900	0.472	0.809	0.898
58102	亳州	0.873	7.870	4.950	0.260	1.010	1.020
58138	盱眙	0.793	6.160	3.690	0.323	0.685	0.706
58203	阜阳	0.916	6.890	4.120	0.528	0.938	0.889
58215	寿县	0.913	7.830	4.610	0.256	0.756	0.687
58221	蚌埠	1.310	7.800	4.680	0.344	0.796	0.658
58251	东台	1.090	8.080	3.810	0.331	0.614	0.560

　　图 4-3 给出了验证期（1991~1998 年）观测（OBS）、模式 MIROC（GCM）和统计降尺度（ASD）之间月平均和年平均的比较。从图 4-3（a）可以看出，ASD 模拟的年平均降水要多于 GCM；但是从整个年内变化看，尽管 ASD 与 GCM 对降水的模拟不存在完全的一致性，但是大部分月份二者模拟的降水一致偏高或偏低。从图 4-3（b）可以看出，与观测相比，GCM 模拟的气温一致偏高，而 ASD 模拟的气温低于 GCM 1.0℃左右。整个流域内，ASD 与观测间的偏差要小于 GCM 与观测间的偏差。

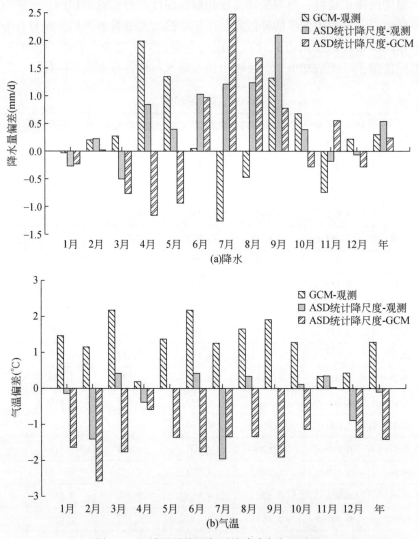

图 4-3　区域月平均和年平均降水与气温度化

　　图 4-4 给出了验证期（1991~1998 年）观测、全球气候模式 MIROC 和统计降尺度 ASD 年平均降水和气温的空间分布。从图 4-4 中可以看出，模式 MIROC 和 ASD 对淮河流域年平均气温和降水模拟效果较好，大致呈由南向北逐渐降低的趋势，与观测相吻合。与观测相比，MIROC 和统计降尺度结果都模拟到降水的西北-东南向空间分布，模拟的降水

整体偏多 1.0mm/d 左右，而模拟的气温却偏低 1.0℃ 左右，但是 ASD 没有模拟到西北区域的低值区。

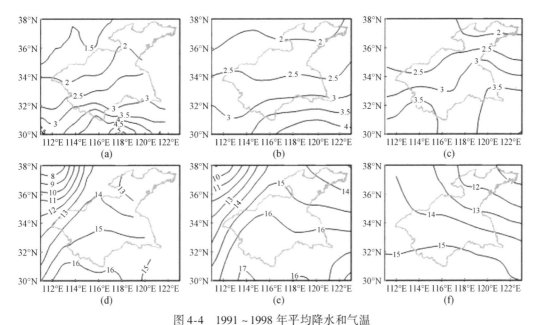

图 4-4　1991 ～ 1998 年平均降水和气温

（a）～ （c） 分别为观测降水量、MIROC 模式降水量、ASD 统计降尺度降水量，单位为 mm/d；（d）～ （f） 分别为
观测平均气温、MIROC 模式平均气温、ASD 统计降尺度平均气温，单位为℃

以上分析结果表明，利用 ASD 建立的统计降尺度模型能够很好地模拟当代降水量和温度的年内和空间变化特征，由此生成的未来气候变化情景是比较可靠的。因此，ASD 可用来模拟淮河流域未来的气候变化情景。

（3） 动力降尺度与统计降尺度的适用性比较

为了在同等条件下比较动力降尺度与统计降尺度在淮河流域的适用性及优缺点，选取了同一个全球气候模式 MIROC3.2_ hires 同时驱动 RegCM3 和 ASD，生成当代 1961 ～ 1998 年的气候数据，下面选取验证期（1991 ～ 1998 年）作为比较期。图 4-5 给出了观测（OBS）、动力降尺度（RCM）和统计降尺度（ASD）降水的时间变化序列。尽管对于气候模式而言，模拟结果中的年份并不能与实际年份逐一对应，但是在某种程度上也可以反映出模型的模拟能力。从图 4-5 可以看出，两种降尺度结果基本都能再现观测的降水变化，RCM 与 OBS 间的相关系数是 0.656，ASD 与 OBS 间的相关系数是 0.712，均通过 99% 的显著性检验。尽管 RCM 中包含了大气运动的整个物理机制，但是并没有表现出特别好的模拟能力，ASD 的模拟性能总体优于 RCM，与其他学者得到的研究结果一致。相比较，ASD 可以捕捉到降水在年内各个季节间变化的特征，且对夏季降水的峰值捕捉得更好。对于平均温度，两个模拟都给出与观测相近的变化趋势。

从降水的空间分布上看（图 4-6），两个降尺度结果给出的降水偏差分布相似，北边降水偏多，南边降水偏少，整个流域境内 ASD 模拟的降水偏多于 RCM。但是对于气温，

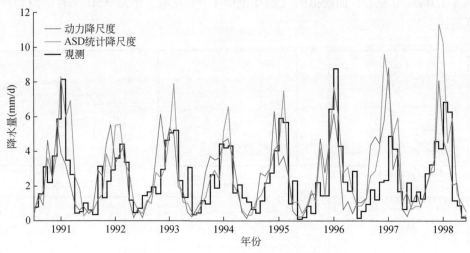

图 4-5 两个降尺度结果与观测的时间序列

除西北区域外，ASD 模拟的整个流域气温一致偏低，而 RCM 模拟的气温大部分地区都偏高，但与观测之间的偏差小于 ASD。

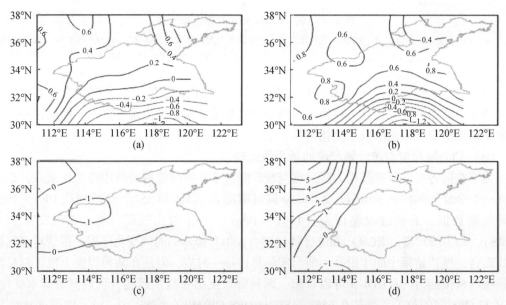

图 4-6 两个降尺度结果与观测间的偏差比较

（a）与（b）分别为动力降尺度与观测值的降水偏差、ASD 统计降尺度与观测值的降水偏差，单位为 mm/d；
（c）与（d）分别为动力降尺度与观测值的气温偏差、ASD 统计降尺度与观测值的气温偏差，单位为℃

以上分析表明，RCM 和 ASD 在淮河流域都表现出较好的模拟能力，两个结果对降水和气温的模拟与观测比较相近，但 ASD 对降水的时间变化和峰值的模拟优于 RCM，而 RCM 对气温的模拟偏差较小。但是总体来看，ASD 给出的当代气候情景更接近于观测结果。

（4）未来气候变化情景比较分析

为了更好地比较两种方法的优缺点，并预估流域未来的气候变化情景，选取了两种降尺度方法同时由同一个模式 MIROC3.2_ hires 驱动生成未来 21 世纪中期（2046～2065 年）SRES A1B 情景下的气候变化情景。由于气候变化的不确定性及全球气候模式和 ASD 降尺度本身的局限性，生成的两个气候变化情景存在一定的差异，特别是对于未来的降水量变化。

图 4-7 给出 GCM、RCM 和 ASD 预估年平均和季节平均的区域平均未来变化值。从图 4-7（a）可以看出，未来 21 世纪中期整个淮河流域年平均和冬季、春季、秋季降水一致增加，3 个结果给出一致的变化趋势。夏季时，GCM 和 ASD 模拟的降水增加，增幅为 9% 和 39%；而 RCM 结果相反，降水减少了 10% 左右。除秋季外，ASD 模拟的降水比 GCM 和 RCM 偏多。降水在冬季和夏季变化增幅较大。对于气温［图 4-7（b）］，3 个结果指出未来 21 世纪中期年平均气温一致升高，且 ASD 模拟的气温低于 GCM 和 RCM 1.0℃左右。在冬季、春季和夏季，3 个结果表现出一致的升温趋势；在秋季，GCM 和 RCM 模拟的温度是上升的，而 ASD 模拟的气温却有下降趋势。尽管两种降尺度方法由同一个气候模式驱动，但是 RCM 模拟的降水和气温与 GCM 更接近，这与 RCM 包含了实际大气运动的物理过程，而 ASD 只是简单的统计关系有一定的关系。

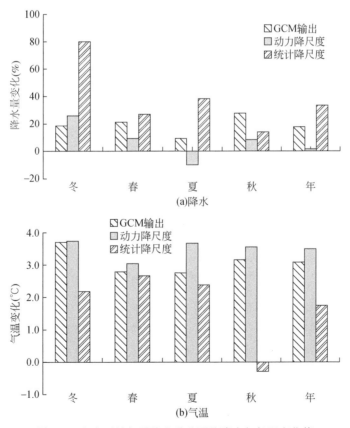

图 4-7　未来区域年平均和季节平均降水与气温变化值

　　图4-8和图4-9分别给出了未来全球气候模式、动力降尺度和统计降尺度预估的降水和气温空间变化。由于具有较高的分辨率，与GCM相比，动力降尺度和统计降尺度更细致地描述了淮河流域降水和气温的变化。从图4-8可以看出，3个结果的年平均降水和冬季降水在整个流域是一致增加的，且北边降水增加多于南边。而统计降尺度预估的夏季降水是增加的，与动力降尺度的结果相反。与GCM相比，统计降尺度预估的结果偏高，而动力降尺度预估的结果却偏低。这可能与统计模型是逐一在站点上计算，而动力降尺度是在区域上开展计算有关。

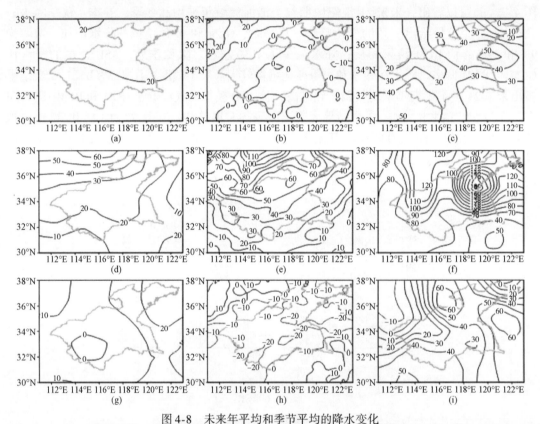

图4-8　未来年平均和季节平均的降水变化

（a）～（c）分别为全球气候模式、动力降尺度、统计降尺度的年平均降水变化；（d）～（f）分别为全球气候模式、动力降尺度、统计降尺度的冬季平均降水变化；（g）～（i）分别为全球气候模式、动力降尺度、统计降尺度的夏季平均降水变化。单位为%

　　从图4-9可以看出，3个结果都表现出一致的升温趋势，且北边升温要高于南边。动力降尺度表现出与全球气候模式相似的空间分布特征，且升温幅度比较一致，年平均为3.0～4.0℃；而ASD的升温幅度比较小。两个降尺度结果在夏季时升温更显著，而全球气候模式冬季升温更高。与全球模式相比，动力降尺度结果由于具有较高的分辨率，因此给出了更多的区域信息。未来21世纪中期，全球气候模式年、冬季和夏季平均分别升温3.1℃、3.7℃和2.8℃，而动力降尺度结果升温3.5℃、3.7℃和3.7℃，统计降尺度结果

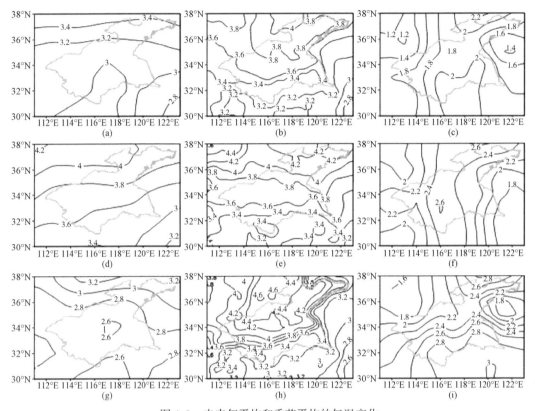

图 4-9　未来年平均和季节平均的气温变化

（a）~（c）分别为全球气候模式、动力降尺度、统计降尺度的年平均气温变化；（d）~（f）分别为全球气候模式、动力降尺度、统计降尺度的冬季平均气温变化；（g）~（i）分别为全球气候模式、动力降尺度、统计降尺度的夏季平均气温变化。单位为℃

升温 1.7℃、2.2℃和 2.4℃。由此可以看出，动力降尺度的升温幅度与全球模式更接近，而统计降尺度升温较低。

　　研究结果表明，无论选取哪一种降尺度方法，未来 21 世纪中期淮河流域的气温是一致上升的，北边升温更显著，且动力降尺度模拟的冬季和夏季升温更显著，秋季温度的变化趋势存在不确定性。整个流域未来年平均降水和冬季降水是一致增加的，北边降水增加多于南边。两种方法对夏季降水的预估存在一定的不确定性。与全球气候模式相比，统计降尺度预估的降水偏多，而动力降尺度却偏少。

4.1.4　小结

　　本章比较分析了动力降尺度–区域气候模式（RegCM3）和统计降尺度（ASD）两种方法在淮河流域的适用性和优缺点。同时选取 MIROC3.2_ hires 驱动动力降尺度（RegCM3）和统计降尺度 ASD，生成未来（2046~2065 年）SRES A1B 情景下的气候变化情景。区域气候模式（RegCM3）由 MIROC3.2_ hires 在当前和未来气候条件下的输出结果驱动，建立未来的气候变化情景。统计降尺度模型（ASD）应用站点实测数据和 ERA-40 再分析资料建立预报量和预报因子间的统计关系，然后应用于 MIROC3.2_ hires 的输出结果，生成了未来的气候变化情景。主要结论如下。

1）模式 RegCM3 能较好地模拟淮河流域当代气候的空间分布，但年内降水的模拟存在一定的误差，模拟的平均气温与观测值较接近。

2）建立的统计降尺度 ASD 模型能很好地模拟当代淮河流域的气候特征，模拟的降水偏多，气温偏低。模型对降水的解释方差为 20% 左右，对气温的解释方差可以达到 94% 以上。所选取的对该流域影响较大的气候因子有海平面气压、850 hPa 位势高度场、500 hPa 湿度场以及地面温度。研究表明，由 ASD 生成的未来气候变化情景是比较可靠的。

3）动力降尺度与统计降尺度结果的比较表明，两种降尺度结果对降水的模拟比较相近。动力降尺度模拟的平均气温优于统计降尺度。相比较，统计降尺度给出的当代气候变化情景略优于动力降尺度。

4）未来 21 世纪中期（2046~2065 年）IPCC SRES A1B 背景下，淮河流域存在明显的变暖、变湿趋势，冬季升温和降水增加更显著，且冬季升温对年均升温的贡献更大。动力降尺度模拟的气温比统计降尺度偏高 1~2℃。两种降尺度方法对夏季降水的预估存在一定的不确定性。与全球气候模式相比，统计降尺度预估的降水偏多，而动力降尺度却偏少。

由于人类对气候系统变化认知水平的限制和目前预测水平的局限，对未来气候变化预估结果存在很大不确定性，流域尺度上气候变化影响评估结果则具有更大的不确定性。尽管本书选取了两种降尺度方法开展预估，但是二者仍存在一定的差异。从两种方法的预估结果中可以看出，未来淮河流域可能的气候变化，升温趋势是必然的，可以为决策部门提供一定的参考。在下一步工作中仍需要分析降水的不确定性及其可能的原因，尽可能评估其他降尺度方法在流域尺度上的适用性，选取效果最佳的方法开展气候变化对水循环与水资源的影响。

4.2　动力-统计混合降尺度技术：以我国东部八大季风区为例

如前所述，目前主要有两种降尺度法：一种是动力降尺度法；另一种是统计降尺度法，Wilby 等（2002）对此方法的应用做了较为详细的介绍。这两种降尺度法的共同点就是都需要 GCM 模式提供大尺度气候信息。动力降尺度法其实就是通常所说的区域气候模式，也就是说，利用与 GCM 耦合的区域气候模式 RCM 来预估区域未来气候变化情景，它的优点就是物理意义明确，能应用于任何地方而不受观测资料的影响，也可应用于不同的分辨率。但它的缺点就是计算量大，费机时；区域模式的性能受 GCM 提供的边界条件的影响很大，区域耦合模式在应用于不同的区域时需要重新调整参数。另外，人们不可能无限地提高区域模式的分辨率，使之适合地形复杂气候变化差异大的小尺度气候模拟的需要。而统计降尺度的提出恰好能弥补动力降尺度法在这些方面的不足。鉴于此，本书开展了统计–动力混合降尺度技术的研究。

4.2.1 统计降尺度方法

基于前面的研究结果，DCA 统计降尺度方法的模拟能力，尤其是对降水量的模拟而言，要优于 ASD 统计降尺度方法，因此选取 DCA 统计降尺度方法构建统计–动力混合降尺度技术。

4.2.2 动力降尺度数据

动力降尺度数据由中国气象局国家气候中心提供，由区域气候模式（RegCM4.0）单向嵌套 BCC_ CSM1.1（Beijing Climate Center _ Climate System Model version 1.1）全球气候系统模式的输出结果，对中国区域进行了 RCP4.5 和 RCP8.5 排放情景下 1950~2099 年，空间分辨率为 0.5°×0.5°的气候变化模拟试验。本书选取当代 1961~2000 年和 RCP4.5 排放情景下未来 2020~2050 年覆盖整个东部季风区的日尺度平均降水和平均气温的模拟结果。

4.2.3 混合降尺度方法在东部季风区的模拟效果评价

选取 1961~2000 年中的奇数年建立区域观测数据与大尺度 RegCM 数据之间的统计关系，构建基于 DCA 方法的混合降尺度模型，选取偶数年对该模型的模拟效果进行验证。选取 21 个 GCMs 模式集合结果的 DCA 降尺度输出以及观测值与混合降尺度输出作对比，评价其模拟效果。

图 4-10 给出基于 GCMs 统计降尺度和基于 RCM 混合降尺度对东部季风区多年平均降水的模拟及其与观测值之差。从图 4-10 中可以看出，观测的年平均降水由东南向西北逐渐减少，基于 GCMs 和基于 RCM 的 DCA 降尺度对降水的这种递减趋势模拟得均较好。但与观测值相比，基于 GCMs 模拟的降水由东南向西北偏多，基于 RCM 模拟的降水偏少于 GCMs。

图 4-11 和图 4-12 分别给出基于 GCMs 和基于 RCM 对东部季风区多年冬、夏季平均降水的模拟和观测及两者的差。从图 4-11 和图 4-12 中可以看出，两个模拟结果对冬、夏季降水的模拟基本表现出了观测中北方夏季多雨、冬季干旱，南方夏季多雨、冬季少雨的特点。

观测中，冬季降水由东南向西北逐渐减小，降水的极值中心位于长江流域的南侧，珠江和东南诸河的交界处。基于 GCMs 模拟也大致呈这种趋势，但模拟的东南部高值区数值偏高，位置东移，而西部–北部大部分地区降水则偏多 1 倍甚至 2 倍以上，南部地区则偏少。而基于 RCM 的 DCA 方法则模拟到极值中心的量级和位置，与观测之间的偏差较小，为–50%~50%。

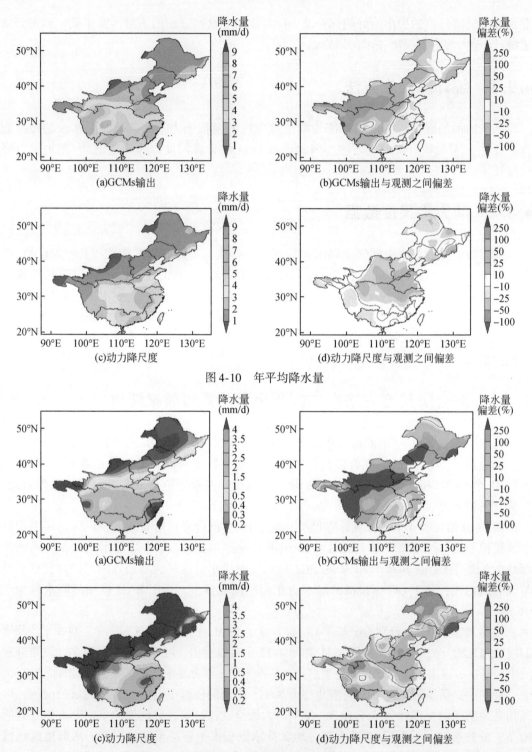

图 4-10　年平均降水量

图 4-11　冬季平均降水量

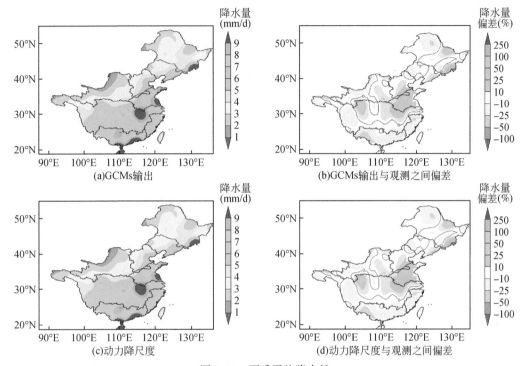

图 4-12　夏季平均降水量

　　夏季是我国降水最多的季节，其降水量占全年降水的大部分份额。观测中，降水分布与年平均降水类似，大致呈由东南向西北递减的趋势，珠江流域存在降水高值中心。基于 GCMs 模拟的南部高值中心较弱，而西部存在高值中心，西部和北部降水偏多，大部分地区降水偏少，特别是淮河流域偏少 5mm/d。基于 RCM 的模拟与观测降水较为接近，大部分地区模拟的降水偏差为-25%～25%，淮河流域降水偏多，与 GCMs 模拟的正好相反。

　　图 4-13 给出了观测及两种降尺度模拟的八大流域年平均气温的分布及模拟与观测的差。从图 4-13 中可以看到，DCA 统计降尺度和混合降尺度对中国东部季风区气温分布状态模拟效果较好，大致呈由南向北逐渐降低的趋势，符合实际情况。与观测相比，基于 GCMs 模拟的等值线比较平滑，在大部分区域上表现为冷偏差，偏差值为 1～3℃，部分地区如长江中上游、松花江流域东部等达到 4℃以上。

　　混合降尺度与统计降尺度相比有较大改进，一方面对气温空间分布的模拟更加准确，如长江上游、松花江北部；另一方面，混合降尺度结果在很大程度上消除了 GCMs 在中国大部分地区气温模拟中出现的冷偏差，大部分地区的模拟偏差为-1～1℃，而黄河流域上游、长江流域中上游的气温偏差为 1～4℃。

　　此外，也分析了两模拟结果的差异。可以看出，基于 GCMs 的模拟在大部分区域较混合降尺度结果模拟偏低 1～4℃，黄河和长江流域中上游偏低值最高为 6℃以上。混合降尺度改善了全球模式中大部分地区存在的冷偏差，但是却放大了长江流域上游的暖偏差，这也可能和地形有一定的关系。

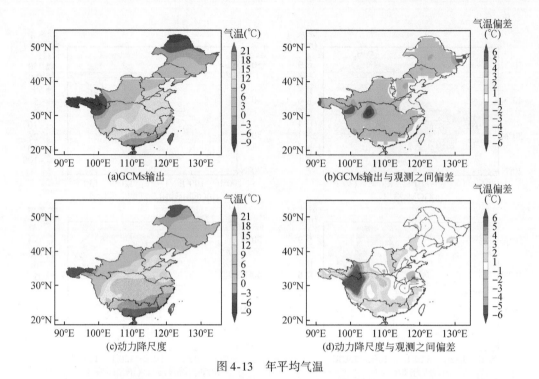

图 4-13　年平均气温

　　图 4-14 和图 4-15 分别给出两个模拟结果对八个流域多年冬、夏季平均气温的模拟和观测及两者的差。从图中可以看到，两个模拟结果对中国多年冬、夏季平均气温分布状态

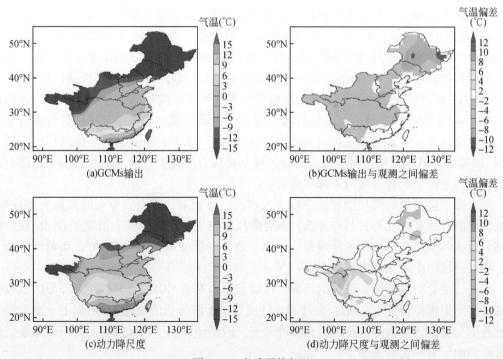

图 4-14　冬季平均气温

的模拟效果较好，除具有上述年平均分布特点外，明显表现出冬季南北方气温梯度大于夏季等特征。

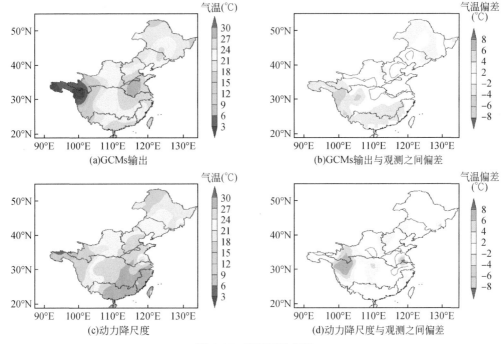

图 4-15 夏季平均气温

与年平均模拟类似，基于 GCMs 模拟的冬、夏季平均气温的等值线比较平滑。基于 GCMs 模拟的冬季气温从东南沿海的 15℃ 以上逐渐降低到长江流域上游及松花江北部的 −9℃ 以下，南北气温梯度为 30℃ 以上。基于 RCM 的混合降尺度模拟也呈此趋势，但模拟松花江流域北部、长江和黄河流域上游低温较基于 GCMs 的统计降尺度要小，而珠江流域高温较统计降尺度要大，这一点从两者的差值图也可以看出，但是与实际情况更相符。总体上看，混合降尺度与统计降尺度相比，消除了 GCMs 对冬季气温模拟的冷偏差，大部分地区的气温偏差为 −1 ~ 1℃，黄河和长江流域上游偏差为 2 ~ 6℃。

基于 GCMs 模拟夏季气温的分布与观测值有所不同，其在淮河流域模拟出一个高温极值中心，这在观测中不存在。此外，松花江流域较观测值偏高 2 ~ 4℃，长江流域和珠江流域偏低 4℃ 左右。而基于 RCM 模拟的夏季气温与观测值更接近，除长江和黄河流域上游外，八个流域大部分地区偏差为 −2 ~ 2℃。

图 4-16 给出了观测值及两种降尺度模拟的八大流域验证期年平均最高气温的分布及模拟与观测的差。从图 4-16 中可以看出，两模式对最高气温的模拟呈现出与对气温模拟相类似的特征。观测的最高气温大致呈由南向北逐渐降低的趋势。与观测值相比，基于 GCMs 模拟的等值线比较平滑，绝大部分区域上表现为冷偏差，偏差值为 1 ~ 3℃，长江流域上游达到 6℃ 以上。基于 RCM 模拟的最高气温与观测的空间分布更相近，模拟的大部分地区偏差为 1℃ 左右，长江流域上游偏差较大，达到 6℃ 以上。

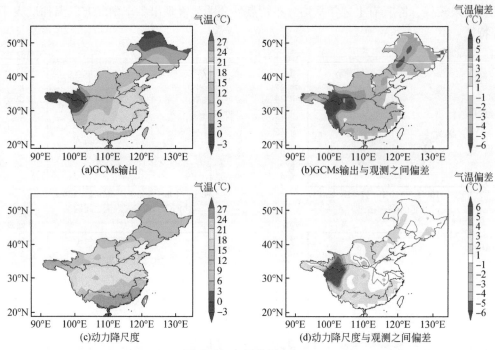

图 4-16　年平均最高气温

　　图分别给出两个模拟结果对八个流域多年冬、夏季平均最高气温的模拟和观测及两者之差。从图 4-17 和图 4-18 中可以看出，两个模拟结果对中国多年冬、夏季平均最高气温

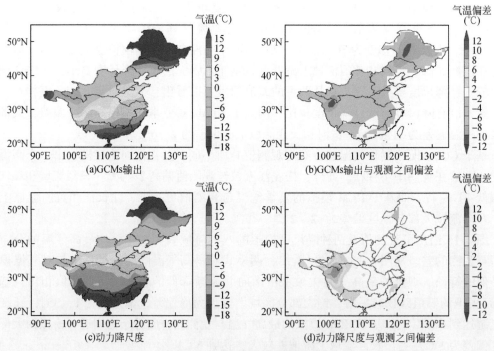

图 4-17　冬季平均最高气温

分布状态的模拟效果较好。基于 GCMs 模拟的大部分地区偏低 2 ~ 6℃,而基于 RCM 的模拟结果与观测值更为接近,大部分地区的模拟偏差为 -2 ~ 2℃,长江上游的暖偏差达到 6℃以上。

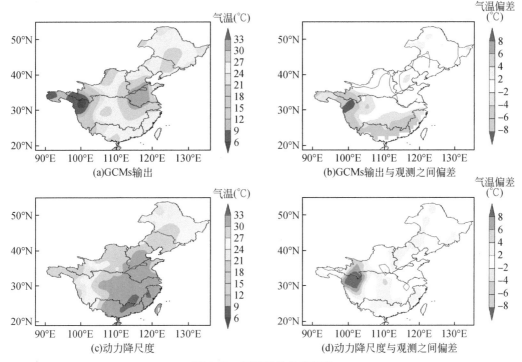

图 4-18　夏季平均最高气温

从夏季平均分布图上可以看出,基于 GCMs 的统计降尺度对夏季平均的最高气温模拟较好,与观测值相比,大部分流域偏差为 -2 ~ 2℃,长江上游和长江以南地区偏低 2 ~ 6℃。而混合降尺度模拟的南边气温偏高,长江上游暖偏差达到 8℃以上。与统计降尺度相比,混合降尺度模拟的南部地区偏高,而在淮河流域和松花江流域偏差最小。

图 4-19 给出了观测值及两种降尺度模拟的八大流域验证期年平均最低气温的分布及模拟与观测值之差。无论是观测值分布图上,还是模拟值分布图上都可以看出,最低气温大致呈由南向北逐渐降低的趋势。与观测值相比,基于 GCMs 模拟的绝大部分区域表现为冷偏差,偏差值为 1 ~ 3℃。基于 RCM 模拟的最低气温与观测值的空间分布更相近,模拟的大部分地区偏差为 -1 ~ 1℃,长江流域上游偏差较大,达到 6℃以上。

图分别给出两个模拟结果对八个流域多年冬、夏季平均最低气温的模拟和观测值及两者之差。从图 4-20 和图 4-21 中可以看出,两个模拟结果对八个流域多年冬、夏季平均最低气温分布状态的模拟效果较好。基于 GCMs 模拟的冬季最低气温大部分地区偏低 2 ~ 6℃,而基于 RCM 的模拟结果与观测值更为接近,大部分地区的模拟偏差为 -2 ~ 2℃,长江上游的暖偏差达到 6℃以上。

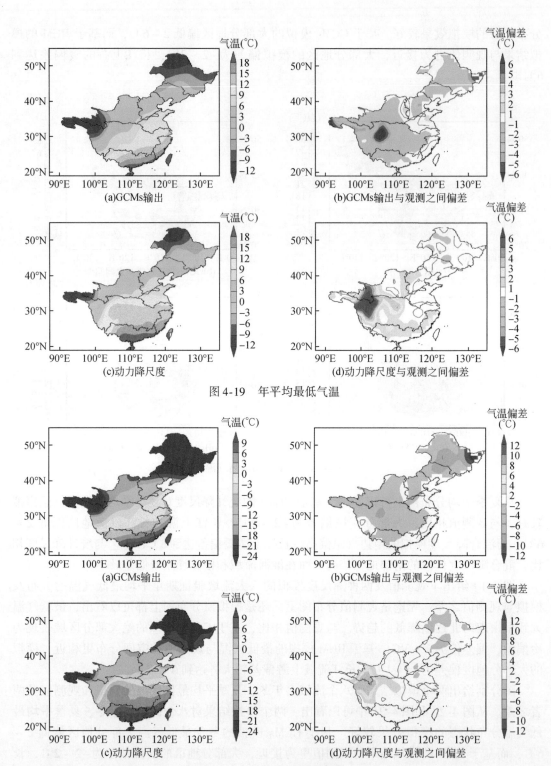

图 4-19　年平均最低气温

图 4-20　冬季平均最低气温

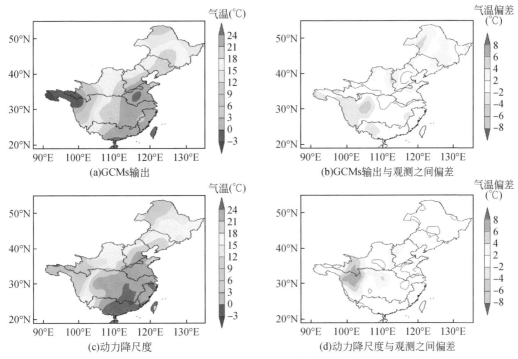

图 4-21　夏季平均最低气温

对于夏季平均的最低气温，基于 GCMs 和基于 RCM 的模拟值都与观测值相接近，偏差为 -2 ~ 2℃，但是偏差较大区域都位于长江流域上游，基于 GCMs 的模拟中存在冷偏差 2 ~ 6℃，基于 RCM 的模拟中存在暖偏差 2 ~ 6℃。很明显，基于 GCMs 模拟的最低气温在长江流域及其以南地区偏低，而北方偏高。

以上分析结果表明，相比于基于 GCMs 的 DCA 统计降尺度方法，混合降尺度方法更好地模拟了基准期的平均温度、最高温度和最低温度的变化情况，同时较好地模拟了降水的统计特征，由此生成的未来气候变化情景是比较可靠的，可用来模拟东部季风区未来的气候变化情景。

4.2.4　未来情景预估

建立起日降水量、日平均温度、日最高和最低温度的统计降尺度模型后，应用预报量和预报因子之间的统计关系对动力降尺度模式 RegCM4.0 输出的大尺度气候数据进行统计降尺度，以建立未来 2020 ~ 2050 年的气候变化情景。

降水作为一个重要的气候变量，对经济、生态和人民生活等都产生重要影响，相对于气温，未来降水的不确定性更大，其如何变化是大家更为关注的一个问题。图 4-22 给出未来年平均、冬季平均、夏季平均的降水空间变化。从图 4-22 可以看出，在 RCP4.5 情景下，基于 GCMs 模拟的未来年平均降水量在大部分地区都将增加，增加值为 5% ~ 25% 。长江流域以南地区降水是减少的，减少值为 5% ~ 10% 。而混合降尺度预估的降水空间变化与 GCMs 比较相近，但是混合降尺度预估的降水增加或减少要大于统计降尺度。

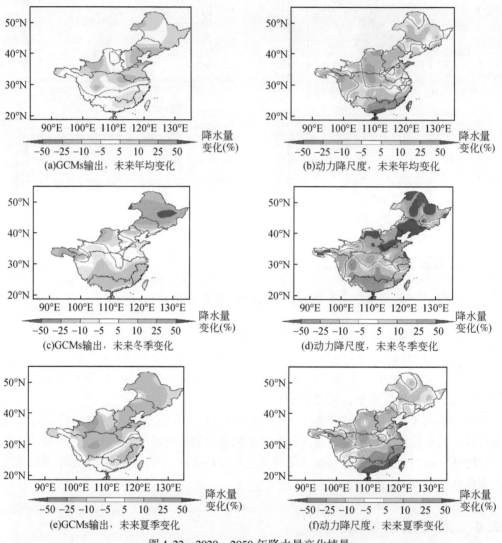

图 4-22   2020 ~ 2050 年降水量变化情景

基于 GCMs 模拟的冬季降水在大部分地区是减少的，而松花江流域、黄河中游、长江上游的降水是增加的。基于 RCM 预估的长江以南大部分地区降水也是减少的，松花江流域降水是增加的。两个预估结果的差异在辽河流域、海河流域和淮河流域，预估的降水变化趋势相反。基于 GCMs 和基于 RCM 预估的松花江流域和辽河流域的降水变化趋势是相反的，而其他大部分地区降水变化趋势相一致。基于 RCM 预估的南方降水减少要多于GCMs。

温室气体含量增加引起的最直接的气候效应就是地面气温的升高。图4-23~图4-25分别给出未来年、冬和夏季平均气温、最高气温和最低气温的变化分布。从图4-23中可以看出，在RCP4.5情景下，基于GCMs和基于RCM预估的整个区域内年、冬和夏季平均气温的变化表现为一致增加。年平均和冬季平均变化均是南方地区增温明显。基于RCM模拟的年平均升温幅度在中部地区较基于GCMs的模拟要低，而南方和北方则偏高。

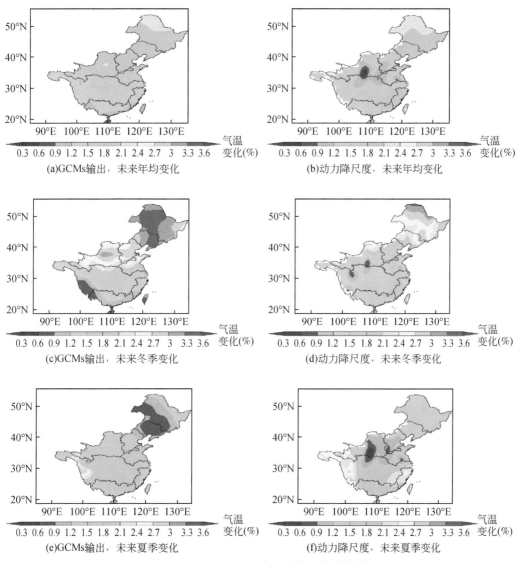

图 4-23   2020~2050 年平均气温变化情景

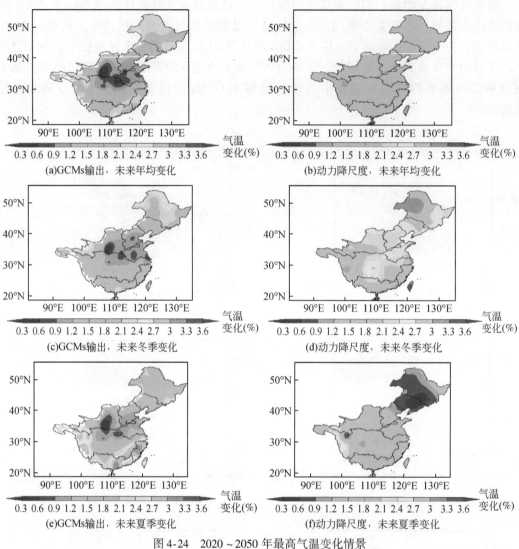

图 4-24　2020～2050 年最高气温变化情景

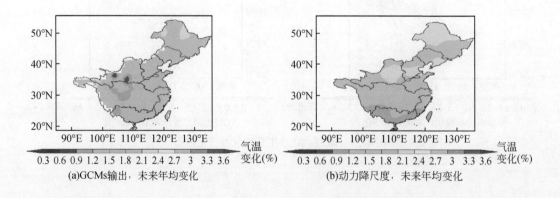

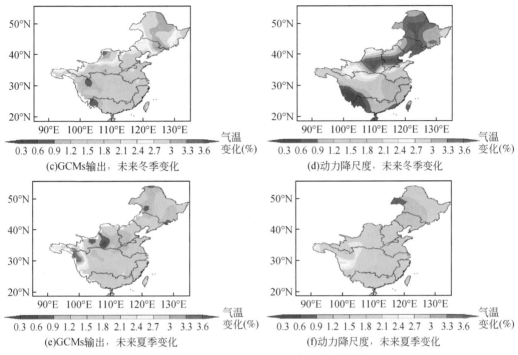

图 4-25 2020～2050 年最低气温变化情景

　　基于 GCMs 和基于 RCM 预估的冬季气温变化分布比较相似，由北向南升温幅度逐渐变小。但是基于 GCMs 预估的温度变化要高于混合降尺度 1.0℃左右。基于 GCMs 和基于 RCM 预估的夏季气温变化却是由北向南逐渐升温的，基于 GCMs 预估的松花江流域气温低于混合降尺度 0.5℃左右，黄河中游却偏高 1.0℃左右。

　　基于 GCMs 和基于 RCM 预估的最高气温变化与平均气温有一定的相似之处。两个结果的差异在中部地区。年平均和冬季平均都是北方升温高于南方，而夏季变化却正好相反。基于 GCMs 模拟的冬季升温要高于基于 RCM 的模拟，基于 GCMs 模拟的夏季升温却较低。

　　对于最低温度，基于 GCMs 和基于 RCM 预估的年平均、冬和夏季变化分布比较相似，与年平均气温和最高气温也有一定的相似之处，都是年和冬季时北方升温较高，而夏季时南方升温较高，且基于 GCMs 模拟的温度高于基于 RCM 的模拟，特别是在夏季，偏高 1.0℃左右。

4.3　小　　结

　　本章将动力降尺度模式 RegCM4.0 与统计降尺度方法 DCA 相结合，构建混合降尺度方法，并运用于东部季风区八大流域，预估了未来 RCP4.5 情景下 2020～2050 年气候变化情景，主要结论如下。

1）验证期，混合降尺度方法对温度变量（平均温度，最高温度，最低温度）的模拟都较为满意，而对降水的模拟略差。

2）与观测结果和基于 GCMs 模式集合的 DCA 统计降尺度方法相比较，混合降尺度方法能够更好地给出变量的空间分布特征及南北变化的梯度，更优于基于 GCMs 的模拟结果。总体上看，混合降尺度给出的空间分布与观测值更接近，建立的气候变化情景应该更可靠。

3）未来 2020～2050 年 RCP4.5 情景下，混合降尺度模拟的降水变化存在一定的不确定性，与基于 GCMs 的模拟结果存在一定的差异，部分流域表现出相反的变化趋势。对于温度变量，基于 GCMs 和基于 RCM 预估的结果都是一致升温的，且年平均和冬季时北方升温高于南方，而夏季时正好相反。但是混合降尺度的升温幅度要低于统计降尺度，未来年平均的平均温度、最高温度、最低温度分别升高 1.68℃、1.75℃、1.65℃。混合降尺度的优点在于能够更详细地给出局地的气候变化情况。

综上所述，中国东部季风区八大流域在未来 2020～2050 年的持续增温趋势是不可避免的，而降水量变化存在较大的不确定性，尚需要结合更多的 GCM 和更多的降尺度技术开展更深入细致的研究工作。

第5章 气候变化情景下气象要素的随机模拟

5.1 贝叶斯模型平均方法概述

根据概率论中的贝叶斯定理（Bayes' theorem），当观测到事件 B 之后，发生事件 A 的条件概率为

$$P(A \mid B) = \frac{P(B \mid A)P(A)}{P(B)} \tag{5-1}$$

现将 B 替换为随机变量 Y 的观测数据集 y^{obs}，并用其概率密度函数（probability density function，PDF）$p(y)$ 替换概率 P，将 A 替换为关于 Y 的某一模型 M_k，$k = 1，\cdots，K$，则得到模型 M_k 的后验概率为

$$P(M_k \mid y^{\text{obs}}) = \frac{p(y^{\text{obs}} \mid M_k)P(M_k)}{\sum\limits_{k=1}^{k} p(y^{\text{obs}} \mid M_k)P(M_k)} \tag{5-2}$$

并满足 $\sum_{k=1}^{K} P(M_k \mid y^{\text{obs}}) = 1$；$p(y^{\text{obs}} \mid M_k)$ 为 y^{obs} 在模型 M_k 下的似然函数。随机变量 Y 的后验预测 PDF 则为

$$p(y \mid y^{\text{obs}}) = \sum_{k=1}^{k} p(y \mid M_k)P(M_k \mid y^{\text{obs}}) = \sum_{k=1}^{k} w_k p(y \mid M_k) \tag{5-3}$$

式中，$w_k \equiv P(M_k \mid y^{\text{obs}})$ 起到权重的作用，称为模型 M_k 的后验权重。式（5-3）即为贝叶斯模型平均（Bayesian model averaging，BMA）的表达式，是作为用多个统计模型进行联合推断和预测的方法而提出的。Raftery 等（2005）将其作为数值集合预报的后处理方法，用于生成海表温度的概率预报；Sloughter 等（2007）将其应用于单站日降水的概率预报；Yang 等（2012）结合广义加性模型（generalized additive models，GAM）推广到区域多站日降水的概率预报。

在本书中，BMA 方法用于 CMIP5 多模式模拟输出的统计降尺度。假设局地气候要素的"真实"值为 y，需要降尺度的第 k 个 GCM 的模拟输出为 f_k，首先建立针对 f_k 的降尺度模型 M_k：$p(y \mid f_k)$，可理解为在 f_k 成为最佳 GCM 模拟的条件下 y 的 PDF。经过 BMA 多模型平均之后，生成经过率定的、高集中度（sharpness）的多模型降尺度预测 PDF 为

$$p(y \mid f_1，\cdots，f_K) = \sum_{k=1}^{K} w_k p(y \mid f_k) \tag{5-4}$$

式中，w_k（$k = 1，\cdots，K$）为 f_k 成为最佳模拟的后验概率，起到权重的作用。

记第 k 个降尺度模型的均值为 $\mu_k \equiv E[y \mid f_k]$，方差为 $\sigma_k^2 \equiv \text{Var}[y \mid f_k]$，BMA 预测分

布的后验均值和方差则为

$$\mu = E[y \mid f_1, f_2, \cdots, f_K] = \sum_{k=1}^{K} w_k \mu_k \tag{5-5}$$

$$\sigma^2 = \mathrm{Var}[y \mid f_1, f_2, \cdots, f_K] = \sum_{k=1}^{K} w_k (\mu_k - \mu)^2 + \sum_{k=1}^{K} w_k \sigma_k^2 \tag{5-6}$$

可见，如果将 BMA 预测分布的方差作为降尺度预测不确定性的量度，那么它包含了两部分的贡献：式（5-6）右边第一项为来自各降尺度模型之间的不确定性，第二项为来自各个降尺度模型自身的不确定性。

后验权重 w_k 的估计可以遵循贝叶斯法则，首先给出 f_k 的先验概率 $P(f_k)$，然后按式（5-2）计算，也可用极大似然法估计。式（5-4）的对数极大似然函数为

$$\ell(w_1, \cdots, w_K) = \sum_{s, t} \ln p(y_{st} \mid f_1, \cdots, f_K) \tag{5-7}$$

式中，(s, t) 为观测数据集的空间和时间指标。式（5-7）的极值解不能解析地表示出来，可用数值方法，如期望–最大化（expectation-maximization，EM）（McLachlan and Krishnan，2008）算法求得数值解。一旦得到 BMA 降尺度预测 PDF 之后，即可估计或预测气候要素分布的百分位点，或用来进行气候情景的随机模拟。

5.2 日平均温度的统计降尺度模型

5.2.1 广义加性模型

为了得到 BMA 降尺度预测 PDF，首先需要针对某一特定 GCM 的模拟输出 f_k，建立流域范围内气候要素的降尺度模型 $p(y \mid f_k)$。降尺度模型要能够正确描述气候要素时间–空间变率的统计特征，为此，采用 GAM（Hastie and Tibshirani，1990）作为统计降尺度模型的基本框架。自线性模型之后，回归分析的一个重要的里程碑是广义线性模型（generalized linear models，GLM）（McCullagh and Nelder，1989），与传统的线性模型相比，GLM 不限于正态分布的随机变量，而是适用于指数分布族，包括了正态分布、gamma 分布、Poisson 分布等诸多常用分布，以及适合描述降水的 Tweedie 分布，GAM 又是 GLM 的半参数推广。GAM 可以同时包括参数回归和非参数回归，协变量可以以线性或非线性的形式影响响应变量，只保留了可加的基本要求。更重要的是，GAM 中非参数回归部分无需事先指定协变量的函数形式，而是采用样条基函数回归的方法，同时在模型拟合时引入某种惩罚项来决定其平滑程度，最终由观测样本决定协变量的函数形式。因此，不同于线性模型等传统的模型驱动的参数方法，GAM 属于数据驱动的半参数方法，能够更客观地反映协变量与响应变量之间的关系。GAM 是统计回归分析的又一重要成就，是对观测事实进行分析与归因的有力工具。

假设响应变量 Y 来自指数分布族，GAM 使用连接函数将 Y 的均值与协变量的线性函数或非线性平滑函数联系起来，得到的回归表达式如下：

$$g(\mu) = \beta_0 + \beta_1 x_1 + f(x_2, x_3) + f(x_4) + \cdots \tag{5-8}$$

式中，$\mu \equiv E[Y]$；g 为光滑单调的连接函数；β_0、β_1 为常数；x_i 为协变量；$f(\cdot)$ 为协变量的一维或二维平滑函数，可以用样条基函数来表示。模型拟合通过罚似然极大化（penalized likelihood maximization）来实现，平滑函数的光滑程度可通过广义交叉验证（generalized cross validation，GCV）等方法来确定（Wood，2006）。

5.2.2 日平均温度的联合均值–方差 GAM 降尺度模型

日平均温度（tm）是地面 2m 气温观测的日平均值，可以假设服从正态分布。建立流域范围的降尺度模型时，tm 的空间变化趋势可以用经度（lon）和纬度（lat）的二维平滑函数 f（lon，lat）来表示；在平流层内，气温随高度近似线性地垂直递减，因此气温观测点的海拔高度（alt）可以作为模型的线性回归项。tm 在时间上随季节周期性变化，可以用儒略日 $t = 1, \cdots, 366$ 的一维周期性平滑函数 $f(t)$ 来表征。由于 tm 序列具有较强的自相关性，模型中引入了 tm 的三阶自回归项 tm（$t-1$）、tm（$t-2$）和 tm（$t-3$），分别表示 1~3d 前的 tm。以上这些协变量均来自流域的自然特征和 tm 的观测。为了对 GCM 模拟结果进行降尺度，将对 tm 有一定预测作用的模式输出变量，包括 2m 气温（tas）、地表温度（ts）、海平面气压（psl）和 10m 风速（uas、vas）从格点插值到观测站点上作为降尺度模型的线性回归项。对于正态分布的 GAM，连接函数 g 通常为恒等变换，即 $g(\mu) = \mu$。将这些代入式（5-8），得到日平均温度统计降尺度模型为

$$\mu(s, t) = \beta_0 + f[\text{lon}(s), \text{lat}(s)] + f(t) + \beta_1 \cdot \text{alt}(3) + \beta_2 \cdot \text{tm}(s, t-1)$$
$$+ \beta_3 \cdot \text{tm}(s, t-2) + \beta_4 \cdot \text{tm}(s, t-3) + \beta_5 \cdot \text{tas}(s, t) + \beta_6 \cdot \text{ts}(s, t)$$
$$+ \beta_7 \cdot \text{psl}(s, t) + \beta_8 \cdot \text{uas}(s, t) + \beta_9 \cdot \text{vas}(s, t) \tag{5-9}$$

式中，(s, t) 为观测点的空间和时间指标；s 为站点标识；t 为儒略日；β_i 为线性回归项的系数；$f(\cdot)$ 为一维或二维平滑函数；$\mu(s, t) \equiv E[\text{tm}(s, t)]$。来自 GCM 输出的协变量均为月平均值，即在同一点上，当 t 来自同一年月时，协变量取值相同。因此，式（5-9）在空间–时间上同时起到降尺度的作用。

正态分布的 GAM 通常假设方差 ϕ 为常数，即 $\phi(s, t) = \text{const.}$。但实际上，tm 的变率随地点和季节均发生变化。为了正确反映 tm 变率的时空变化特征，需要同时针对方差建立 GAM。$\phi(s, t)$ 服从 χ^2 分布，其"观测值"为式（5-9）模型的拟合残差平方，即 $d(s, t) \equiv [\text{tm}(s, t) - \mu(s, t)]^2$。由于 χ^2 分布是 gamma 分布的特例，因此可以建立基于 gamma 分布的 GAM。为了简化起见，协变量只包括时空变量。最后得到如下模型：

$$\ln[\phi(s, t)] = \beta_0 + f[\text{lon}(s), \text{lat}(s)] + f[\text{alt}(s)] + f(t) \tag{5-10}$$

式中，$\phi(s, t) = E[d(s, t)]$，并采用对数连接函数。式（5-9）和式（5-10）一起构成了日平均温度的联合均值–方差 GAM（Iooss and Ribatet，2009）。方差模型式（5-10）的拟合依赖于均值模型式（5-9）的拟合残差，而均值模型又以方差模型的拟合值为权重来进行拟合，因此联合模型通过迭代算法使其扩展伪对数似然（extended quasi-log-likelihood）函数极大化来求解。

通过分析 Pearson 残差，可以检验联合均值–方差 GAM 用于降尺度的效果。正态分布的日平均温度联合均值–方差 GAM 的 Pearson 残差定义为

$$r(s, t) = \frac{y(s, t) - \hat{\mu}(s, t)}{\hat{\sigma}(s, t)} \tag{5-11}$$

式中，$\hat{\mu}$、$\hat{\sigma}$ 为均值和标准差的拟合值。由定义可知，观测样本 Pearson 残差的平均值为 0，方差为 1。通过计算并分析 Pearson 残差的各种条件平均值，如在一定空间或时间条件下的 Pearson 残差平均，即可检验降尺度模型是否正确反映了气候要素在时间和空间上的分布特征。

5.2.3 应用实例

下面以淮河流域为例，说明联合均值–方差 GAM 的拟合效果及残差分析结果。日平均温度观测样本时间范围为 1971~2000 年共 31 年，共有 108 个不同的站号，但由于站点迁移的原因，包括了 257 个不同的三维空间位置。选用 GISS-E2-R 模式对同期 Historical 情景的模拟输出并插值到站点上，生成 GCM 协变量。图 5-1 显示了模型拟合结果中非线性平滑项的函数形式，其中图 5-1（a）、图 5-1（b）为均值模型式（5-9）中表示空间分布的二维平滑函数和表示季节变化的一维平滑函数，图 5-1（c）、图 5-1（d）为方差模型式（5-10）中相应的函数。这些函数均为距平值，即均值为 0，因此所表示的是日平均温度在空间和时间上的分布特征和趋势；图 5-1（a）、图 5-1（c）中的黑点为观测点。由图 5-1 可见，淮河流域日平均温度 tm 的分布均值空间上从西南向东北方向递减，一年中在 7 月达到最高；而 tm 的方差在空间上变化不明显，中部略高，东西部略低，一年中却在均值最高的 7 月达到最低。可见，tm 的均值和方差在时空分布上的不同趋势，特别是随季节变化所表现出来的相反趋势，只有通过联合均值–方差模型才能予以恰当的描述。

图 5-2 是联合均值–方差降尺度模型的 Pearson 残差分别按经纬度、高程、儒略日和年份求得的条件平均。为了保证较高的可信度，残差序列选自观测历史超过 20 年而没有迁移的 57 个站点。图 5-2（a）中圆的半径长短表征各观测点残差平均的绝对值的大小，红色和蓝色分别表示其值的正负号，虚线表示该点的残差平均在其 95% 的置信区间之内，而实线表示已超出其 95% 的置信区间。图 5-2（b）~图 5-2（d）中的两条虚线给出了残差平均 95% 的置信区间；在进行区间估计时均考虑了各观测点之间的空间相关性。在图 5-2（a）~图 5-2（c）中，降尺度模型 Pearson 残差的条件平均基本都处于相应的 95% 的置信区间之内（允许有 5% 的残差平均在其外），且没有表现出明显的变化趋势。但在图 5-2（d）中，残差平均表现出一定的上升趋势，在最后几年均高于上限，这说明降尺度模型所依据的 GISS-E2-R 模式对淮河流域在 20 世纪 90 年代后期的快速增温趋势没能予以充分的反映，来自模式的协变量对这一趋势没有足够的指示作用。总体而言，联合均值–方差降尺度模型能够较好地表现淮河流域日平均温度随空间和季节变化的统计特征，但对于年际以上的变化则有赖于 GCM 的模拟能力。

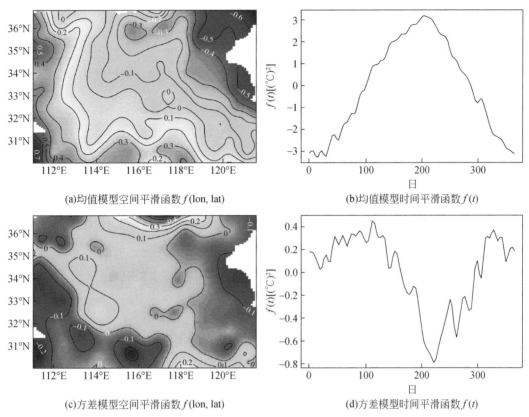

(a)均值模型空间平滑函数 f(lon, lat)

(b)均值模型时间平滑函数 $f(t)$

(c)方差模型空间平滑函数 f(lon, lat)

(d)方差模型时间平滑函数 $f(t)$

图 5-1　淮河流域日平均温度联合均值–方差 GAM 降尺度模型的均值模型和方差模型

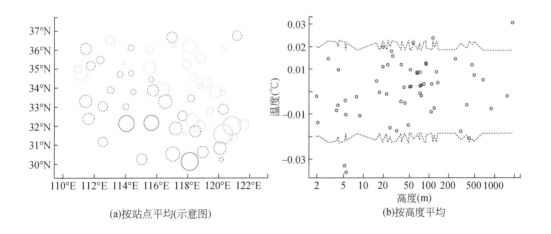

(a)按站点平均(示意图)

(b)按高度平均

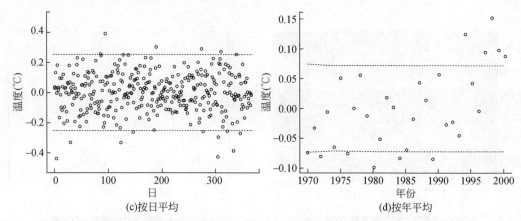

图 5-2　淮河流域日平均温度联合均值–方差 GAM 降尺度模型的 Pearson 残差条件平均及其 95% 的置信区间

(a) 中虚圆表示在此区间内，(b) ～ (d) 中虚线之间表示在此区间内

5.3　日降水量的统计降尺度模型

5.3.1　日降水的 Poisson-gamma 复合分布描述

在日分辨率尺度上对降水进行降尺度时，因其不连续和偏态等分布特征，相对于温度等其他气候要素来说要困难得多。Tweedie 分布族（Tweedie，1984）可同时描述降水的发生概率和降水量的分布密度，为建立日降水的降尺度模型提供了极大的方便。设一日内发生了 N 次降水事件，N 服从均值为 λ 的 Poisson 分布。每次降水事件的降水量 R_i（$i = 1$，$\cdots$，N）服从 gamma 分布 $\text{Gam}(-\alpha, \gamma)$。日降水量 Y 由 N 次降水量 R_i 相加得到，即

$$Y = R_1 + R_2 + \cdots + R_N \tag{5-12}$$

则 Y 服从 Poisson-gamma 复合分布，属于 Tweedie 分布族。Tweedie 分布族的数学形式较为复杂，其概率密度函数可写为

$$\ln f_p(y; \mu, \phi) = \begin{cases} -\lambda & \text{当 } y = 0 \\ -y/\gamma - \lambda - \ln y + \ln W(y, \phi, p) & \text{当 } y > 0 \end{cases} \tag{5-13}$$

式中，$\gamma = \phi(p-1)\mu^{p-1}$；$\lambda = \mu^{2-p}/[\phi(2-p)]$。$W$ 则可表示为无限和的形式：

$$W(y, \phi, p) = \sum_{j=1}^{\infty} \frac{y^{-j\alpha}(p-1)^{\alpha j}}{\phi^{j(1-\alpha)}(2-p)^j j! \, \Gamma(-j\alpha)} \tag{5-14}$$

式中，$\alpha = (2-p)/(1-p)$。可见，Tweedie 分布族包含了 $(\lambda, \gamma, \alpha)$ 或等价的 (μ, ϕ, p) 3 个参数，后者分别为位置、尺度和形状参数。

形状参数 p 决定了 Tweedie 分布族的分布特征。当 $1 < p < 2$ 时，Tweedie 分布族即为 Poisson-gamma 复合分布，分布函数的支撑为非负实数，p 决定了 Poisson-gamma 复合分布的形式；特别是随机变量 Y 可取 0 值，对应于无降水情形。此时无降水的离散概率为

$$P(Y = 0) = \exp(-\lambda) = \exp\left[-\frac{\mu^{2-p}}{\phi(2-p)}\right] \tag{5-15}$$

因此，Tweedie 分布族能够描述非负取值的随机变量，如月或日降水量。图 5-3 给出了不同 p 值的 Tweedie 分布密度函数的例子，其中几何符号表示 $Y = 0$ 的离散概率。Tweedie 分布族的均值 $E[Y] = \mu$，方差 $Var[Y] = \phi\mu^p$。当 p 为常数时，Tweedie 分布属于指数分布族，μ 仍为分布均值，ϕ 即散布（dispersion）参数，因此可以建立服从 Tweedie 分布的随机变量的 GLM 和 GAM，从而使建立日降水的统计降尺度模型成为可能（Dunn，2004；Yang et al.，2012）。

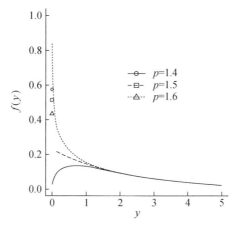

图 5-3　Tweedie 分布密度函数的例子

几何符号表示 $Y = 0$ 的离散概率。各例中分布的均值和方差分别固定为 1 和 3

5.3.2　日降水量的 GLM 降尺度模型

当 Tweedie 分布族的形状参数 p 为常数时，才能够建立 Tweedie 分布的 GLM 或 GAM。参数 p 不能在 GLM 或 GAM 框架内拟合得到，而要在模型拟合之后，再改变 p 值使模型的对数似然函数极大化。由于 Tweedie 分布族的方差与 3 个分布参数均有关，如果先仿照日平均温度的降尺度模型建立联合均值–散布 GAM，再针对形状参数 p 进行优化，将使得模型和计算都过于复杂。因此，这里采用另一种策略建立针对流域的日降水量统计降尺度模型。

首先选定 GCM 模拟输出的影响流域局地降水的环流形势场，这里选取云覆盖率（clt）、可降水（prw）、海平面气压（psl）以及 850 hPa、500 hPa 和 250 hPa 上的相对湿度（hur）、气温（ta）、风速（ua、va）和位势高度（zg）。格点范围覆盖整个流域。显然，如果用所有格点上的所有变量作为降尺度模型的协变量，就会出现共线性（colinearity）的问题。因此，首先对各变量格点场一起进行主成分分析（PCA），选取可解释 90% 以上总方差的前若干个主成分分量作为协变量。这些分量是流域内各点日降水量的共同协变量。对流域内每一观测站点均建立如下基于 Tweedie 分布的 GLM 降尺度模型：

$$\ln[\mu_s(t)] = \beta_{0s} + \beta_{1s} \cdot \mathrm{PC.1}(t) + \beta_{2s} \cdot \mathrm{PC.2}(t) + \cdots + \beta_{ks} \cdot \mathrm{PC.}k(t) \qquad (5\text{-}16)$$

式中，下标 s 为式（5-16）GLM 对每一个站点 s 的日降水量观测序列拟合；t 为整个观测序列的时间指标；PC. 1，PC. 2，…，PC. k 为 k 个作为协变量的主成分分量。由于这些主成分分量仍然是基于 GCM 的月值输出生成的，对应于同一年月内的日降水观测，这些分量的取值是不变的，因此式（5-16）模型的主要作用是根据 GCM 输出结果对 s 处的月降水量从时间上降尺度到日分辨率。需要指出的是，用式（5-16）模型进行预测时，首先要将新的 GCM 输出变量在上述 k 个主成分的方向（正交经验函数，EOF）上进行投影，得到 k 个新的分量作为协变量输入，代入式（5-16）进行预测。

指数分布族的方差为 $\mathrm{Var}[Y] = \phi V(\mu)$，$V(\mu)$ 称为方差函数，ϕ 为散布参数。GLM 的 Pearson 残差则定义为

$$r(s,\ t) = \frac{y(s,\ t) - \hat{\mu}(s,\ t)}{\sqrt{V[\hat{\mu}(s,\ t)]}} \tag{5-17}$$

对于 Tweedie 分布，$V(\mu) = \mu^p$。由此可知，式（5-16）模型的 Pearson 残差样本均值为 0，方差为 ϕ。

尽管各观测站点使用相同的主成分序列作为协变量，但拟合得到的模型参数集（β_{0s}，β_{1s}，…，β_{ks}；ϕ_s，p_s）随站点 s 而不同，从而反映了流域内日降水量的空间变率。为了能像日平均温度的降尺度模型那样，在流域内任一经纬度位置上对日降水量的分布进行估计，对每一参数均拟合平稳 Gaussian 空间过程模型（Cressie，1993），从而能够在流域内任一位置进行克里金（kriging）插值，得到该位置上完整的参数集，代入式（5-16）后即可对该点的日降水量分布进行估计和预测。因此，空间降尺度是通过对式（5-16）模型参数集的克里金插值来实现的。

5.3.3　应用实例

仍然以淮河流域为例，选用 GISS-E2-R 模式对 1970～2000 年 Historical 情景的模拟月值输出进行主成分分析，取前 20 个主成分分量作为式（5-16）GLM 的协变量。对观测时间在 5 年以上的 200 个站点的日降水量序列分别拟合式（5-16）GLM 模型，得到 200 个相应的模型参数集。其中，分布参数 p、ϕ 经克里金插值的空间分布如图 5-4 所示。由图 5-4 可知，p 的分布大致由西北向东南呈现增加趋势，而 ϕ 的分布明显表现出北高南低的趋势。

将观测时间超过 20 年的 57 个站点的 GLM 降尺度模型的 Pearson 残差序列分别按经纬度、高程、儒略日和年份求得条件平均，得到类似于日平均温度残差分析（图 5-2）的图 5-5。与图 5-2 不同的是，由于对每个站点都各自拟合 GLM，对于每个站点来说，其 Pearson 残差平均已不是条件平均，而是整个 GLM 的 Pearson 残差样本平均，因此近似为 0，如图 5-5（a）和图 5-5（b）所示。由图 5-5（c）、图 5-5（d）可见，这 20 个作为预测因子的主成分分量对于淮河流域日降水量的季节变化和年际变化均有较好的指示作用。

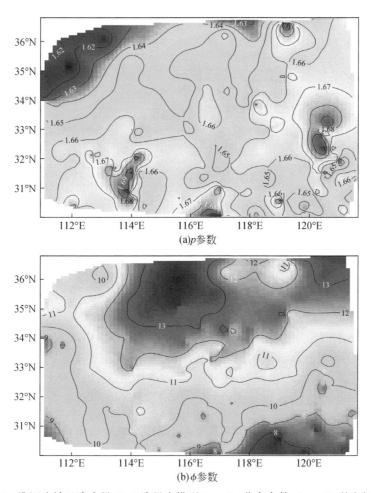

(a)p参数

(b)ϕ参数

图 5-4　淮河流域日降水量 GLM 降尺度模型 Tweedie 分布参数（p，ϕ）的空间分布
十字符号标识观测站点位置（共 168 个不同的位置）

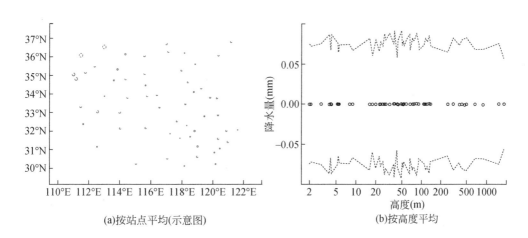

(a)按站点平均(示意图)　　　　　　(b)按高度平均

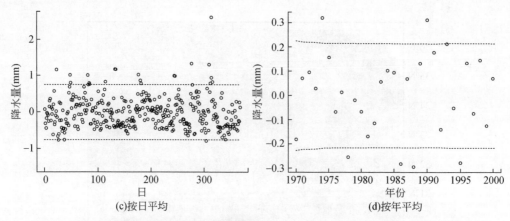

(c)按日平均   (d)按年平均

图 5-5　淮河流域日降水量 GLM 降尺度模型的 Pearson 残差条件平均及其 95% 的置信区间

（a）中虚圆表示在此区间内，（b）～（d）中虚线之间表示在此区间内

5.4　统计降尺度的 BMA 多模型集成

从 CMIP5 中选用 15 个模拟效果较好、变量输出齐全的 GCM（表 5-1），先针对每个 GCM 分别建立日平均温度和日降水量的降尺度模型，然后进行 BMA 多模式集成。BMA 权重 w 通过极大化式（5-7）的对数似然函数来确定。采用一种加速收敛的 EM 算法（Varadhan and Roland，2008）可快速得到式（5-7）的全局最优解。

表 5-1　用于统计降尺度 BMA 多模式集成的 15 个 GCM

编号	模式	研发中心	所属机构
1	BCC-CSM1.1	BCC	Beijing Climate Center, China Meteorological Administration
2	BNU-ESM	GCESS	College of Global Change and Earth System Science, Beijing Normal University
3	CanESM2	CCCma	Canadian Centre for Climate Modelling and Analysis
4	CNRM-CM5	CNRM-CERFACS	Centre National de Recherches Meteorologiques / Centre Europeen de Recherche et Formation Avancees en Calcul Scientifique
5	GFDL-CM3	NOAA GFDL	Geophysical Fluid Dynamics Laboratory
6	GFDL-ESM2G		
7	GISS-E2-R	NASA GISS	NASA Goddard Institute for Space Studies
8	HadGEM2-ES	MOHC（additional realizations by INPE）	Met Office Hadley Centre（additional HadGEM2-ES realizations contributed by Instituto Nacional de Pesquisas Espaciais）
9	IPSL-CM5A-LR	IPSL	Institut Pierre-Simon Laplace
10	MIROC5	MIROC	Atmosphere and Ocean Research Institute（The University of Tokyo），National Institute for Environmental Studies, and Japan Agency for Marine-Earth Science and Technology

续表

编号	模式	研发中心	所属机构
11	MIROC-ESM-CHEM	MIROC	Japan Agency for Marine-Earth Science and Technology, Atmosphere and Ocean Research Institute (The University of Tokyo), and National Institute for Environmental Studies
12	MIROC-ESM		
13	MPI-ESM-LR	MPI-M	Max Planck Institute for Meteorology (MPI-M)
14	MRI-CGCM3	MRI	Meteorological Research Institute
15	NorESM1-M	NCC	Norwegian Climate Centre

以淮河流域为例, 先针对每个 GCM 的 1970~2000 年 Historical 模拟月值输出建立日平均温度和日降水量的降尺度模型, 然后计算各模式的 BMA 权重, 用于多模式集成。图 5-6 (a)、图 5-6 (b)分别给出了对日平均温度和日降水量进行统计降尺度的 15 个 GCM 的 BMA 权重 w。对日平均温度来说, 权重集中到了 3 个模式上, 其余模式的权重近似为 0; 但对于日降水量来说, 权重的分配较为分散, 只有 5 个模式的权重近似为 0。这说明各模式用于日平均温度的统计降尺度时差异较大, 用于日降水量的统计降尺度时差异较小。因此, BMA 权重还起到了对多降尺度模型进行筛选的作用。

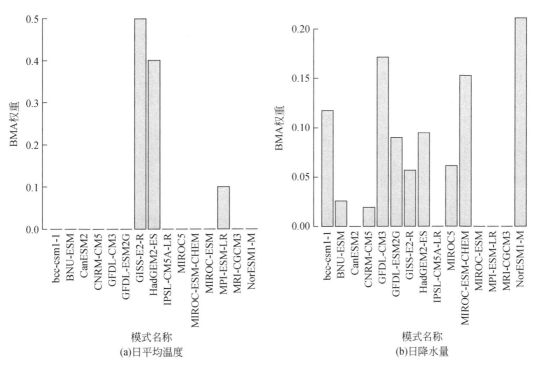

图 5-6 淮河流域日平均温度和日降水量统计降尺度的多模型 BMA 权重

5.5 基于多模式统计降尺度模型的随机模拟方法

5.5.1 基本原理和步骤

根据前述贝叶斯多模型统计降尺度方法，可以基于单个 GCM 的情景模拟输出（如对未来各种 RCP 排放情景的模拟输出），生成统计降尺度模型的协变量后输入到模型中进行降尺度预测，也可以再将多模型预测结果进行 BMA 集成。基于指数分布族的 GLM 或 GAM 建立的统计降尺度模型将观测变量的分布均值作为最佳预测结果［式（5-9）、式（5-16）］，往往无法反映分布的全貌。然而，在水文应用中，特别是用于防洪减灾的风险预估时，气候变量的极值往往起到决定性的作用，而这是分布均值所无法表现的。为了再现气候的极端情形，特别是在流域内符合气候变量时空分布特征的极端情形，需要根据由统计降尺度模型拟合得到的气候变量 PDF 进行随机模拟，生成气候变量的降尺度样本，从中提取气候极值的有效信息。

根据水文应用的需要，气候变量的降尺度样本要在分辨率至少为 $0.5° \times 0.5°$ 的覆盖流域的网格点上生成。在高分辨率网格点上的气候变量无疑是存在空间相关性的，在任一时刻都应作为格点场按照其联合分布 PDF 进行模拟。前面建立的日平均温度和日降水量的统计降尺度模型，均暗含了观测序列空间独立的假设。根据降尺度模型在格点上预测得到的降尺度 PDF，只能看作气候变量的边缘分布 PDF。为了构造气候变量格点场的联合分布 PDF，首先需要选用降尺度模型的服从标准正态分布的残差，拟合残差序列的空间相关模型，然后生成残差格点场的联合正态分布并进行随机模拟，最后根据残差与观测值之间的关系，由残差模拟值求得观测模拟结果。

空间相关模型的基本假设是各观测序列之间的相关系数 ρ 只与观测站点之间的距离 d 有关，而与站点位置无关，其也不随时间变化。将这一假设用于观测点的降尺度模型残差序列，先计算出两两之间的相关系数和相应的距离，然后建立空间相关性的 GAM 模型：

$$\rho_{ij} = f(d_{ij}) + \varepsilon \tag{5-18}$$

式中，ρ_{ij}、d_{ij} 分别为 s_i、s_j 两观测点间残差序列的相关系数和距离；函数关系 f 通过一维平滑样条拟合；ε 为独立同分布的正态分布误差项。根据拟合得到的函数 f，即可预测任意两格点之间的相关系数，从而生成格点场的相关矩阵。但根据式（5-18）模型直接算出的相关矩阵可能不是正定的，因此还需要应用正定化算法（Higham，2002）使其成为真正的相关矩阵。

对于日平均温度的联合均值–方差 GAM 降尺度模型，式（5-11）定义的残差已经服从标准正态分布。根据空间相关矩阵，随机生成标准正态分布的残差格点场，再根据降尺度模型预测 μ、σ^2 的格点场，代入式（5-11），即可反算出日平均温度格点场的模拟结果。对于日降水量的降尺度模型，式（5-17）定义的残差并不服从正态分布，同时相应于无降水日的残差值会大量重叠，因此选用随机化分位数残差（RQ 残差）（Dunn and Smyth，1996）。设 $F(y; \mu, \phi)$ 为某概率分布的累积分布函数，μ 为分布的均值，ϕ 为其他分布参数。如果 F 是连续的，那么 $F(y_i;\mu_i,\phi)$ 在 $[0,1]$ 区间内均匀分布，此时 RQ 残差定义为

$$r_i = \Phi^{-1}[F(y_i;\hat{\mu}_i,\hat{\phi})] \tag{5-19}$$

式中，Φ 为标准正态分布的累积分布函数（CDF）。当 F 不连续时（如对应于无降水日时），定义 $a_i=\lim_{y\uparrow y_i}F(y_i;\hat{\mu}_i,\hat{\phi})$，$b_i=F(y_i;\hat{\mu}_i,\hat{\phi})$，RQ 残差则定义为 $r_i=\Phi^{-1}(u_i)$，其中，u_i 为 $(a_i,b_i]$ 上服从均匀分布的连续随机变量。这样可确保 RQ 残差严格服从标准正态分布。

基于服从标准正态分布的残差建立空间相关模型，并计算出格点场的相关矩阵后，即可进行多变量标准正态分布的随机模拟，得到模拟残差格点场 $\tilde{r}(g,t)$，(g,t) 为格点和时间指标。然后根据式（5-11）反算出日平均温度的模拟格点场：

$$\tilde{y}(g,t)=\hat{\mu}(g,t)+\hat{\sigma}(g,t)\cdot\tilde{r}(g,t) \tag{5-20}$$

或根据式（5-2）反算出日降水量的模拟格点场

$$\tilde{y}(g,t)=F^{-1}\{\Phi[\tilde{r}(s,t)];\hat{\mu}(g,t),\hat{\phi}(g),\hat{p}(g)\} \tag{5-21}$$

式中，$\hat{\mu}(g,t)$、$\hat{\sigma}(g,t)$、$\hat{\phi}(g)$ 和 $\hat{p}(g)$ 为分布参数的降尺度预测格点场。

当基于多个 GCM 模拟输出，分别建立统计降尺度模型并进行 BMA 集成之后，所得到的 BMA 权重 w，即为各个降尺度模型用于当日进行降尺度随机模拟的候选概率。对气候变量在某日的格点场进行模拟时，先根据 w，进行随机抽样，选出某个 GCM 的降尺度模型，再按上述步骤进行格点场的随机模拟。

5.5.2 应用举例

基于前述对淮河流域的统计降尺度结果，按 5.5.1 节所描述的步骤，对淮河流域具有 20 年以上观测历史的 57 个站点的日平均温度和日降水量的 Historical 情景（1970～2000 年）进行 BMA 多模型降尺度随机模拟，各生成包含 100 个序列的随机模拟样本，分析样本的时空统计性质并与观测序列进行比较，以评估 BMA 多模型降尺度模拟的性能。

图 5-7、图 5-8 和图 5-9 分别为按月份、年份和站点计算日平均温度各模拟序列和观测序列的均值（mean）、标准差（SD）、最大值（max）和最小值（min），模拟样本的统计量以箱线图的形式给出，观测序列的统计量用空心圆表示。其中，对日平均温度的季节变化模拟得最好（图 5-7），各统计量的季节变化均能很好地表现出来，特别是图 5-7（a）中均值的模拟与观测结果高度一致。图 5-7（c）中对夏季最高温的模拟略高于观测结果。从年际变化来看，图 5-8（a）观测序列均值有明显的上升趋势，模拟结果没有反映出来，其原因在前面已经提及，即模式模拟结果没能充分反映这一趋势，来自模式模拟输出的协变量对这一趋势没有较好的指示作用。另外，图 5-8（c）中对年最高温度的模拟也普遍高于观测结果，这与图 5-7（c）中的结果实际上是一致的。图 5-8（b）中标准差和图 5-8（d）中最低温度的模拟基本覆盖了观测结果，不具有系统性偏差。从空间变化来

看，图 5-9（a）中均值的空间分布也能很好地模拟出来，图 5-9（b）中标准差的空间变化趋势与观测结果也基本一致，但差异较大，特别是对高海拔的站点（如海拔高度 1840m 的黄山站 58437）。图 5-9（c）中对各站最高温度的模拟仍然偏高，图 5-9（d）中对最低温度的模拟则基本覆盖了观测结果。

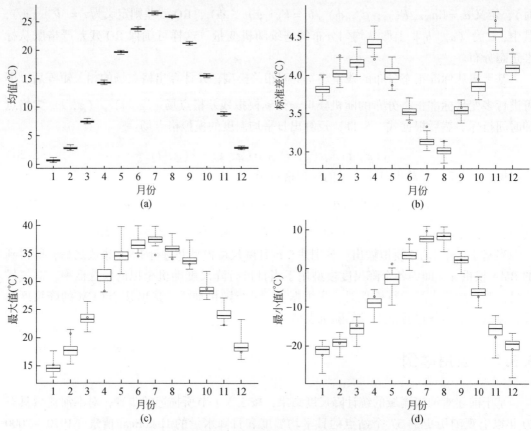

图 5-7　日平均温度按月份计算的均值、标准差、最大值和最小值
箱线图为模拟样本结果，空心圆为观测结果

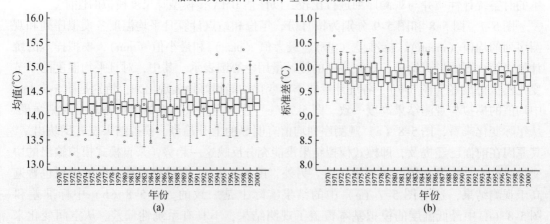

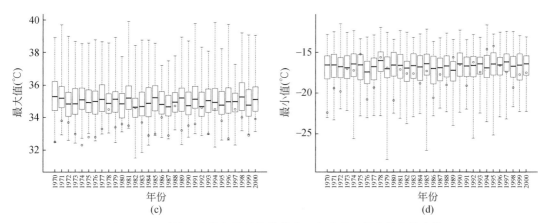

图 5-8　日平均温度按年份计算的均值、标准差、最大值和最小值

箱线图为模拟样本结果，空心圆为观测结果

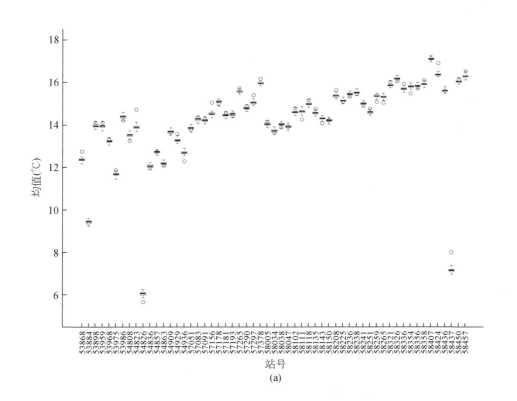

(a)

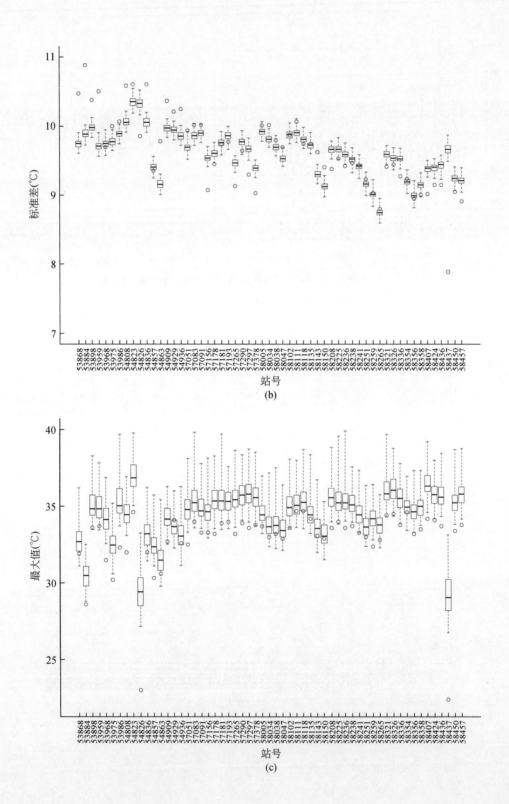

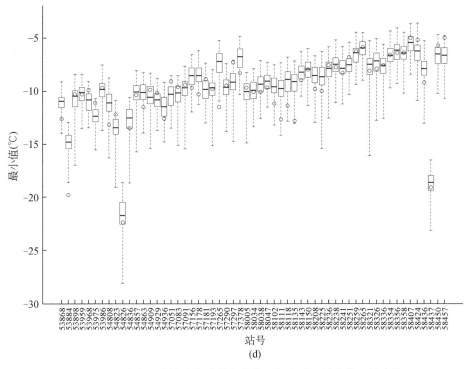

图 5-9　日平均温度按站点计算的均值、标准差、最大值和最小值

箱线图为模拟样本结果，空心圆为观测结果

　　图 5-10、图 5-11 和图 5-12 分别为按月份、年份和站点计算日降水量各模拟序列和观测序列的均值（mean）、标准差（SD）、条件（有雨日）均值（cond. mean）、条件（有雨日）方差（cond. SD）、最大值（max）和有雨日比例（prop. of wet days），模拟样本的统计量以箱线图的形式给出，观测序列的统计量用空心圆表示。其中，日降水量的季节变化仍然是模拟得最好的（图 5-10），各统计量的季节变化均能较好地反映出来，特别是图 5-10（a）中均值的模拟与观测结果高度一致。图 5-10（b）和图 5-10（d）中夏季标准差的模拟略低于观测结果。图 5-10（c）中条件均值的模拟普遍略高于观测结果，作为补偿，图 5-10（f）中有雨日比例的模拟结果则普遍略低于观测结果，从而保证了均值模拟的准确性。图 5-10（e）中对最大日降水的模拟基本涵盖了观测结果。从年际变化来看（图 5-11），观测序列没有表现出明显趋势，模拟样本基本包含了观测序列。和季节变化的模拟一样，图 5-11（c）中条件均值和图 5-11（f）中有雨日比例的模拟与观测结果相比有一定的系统性偏差，并且互补。从空间变化来看（图 5-12），图 5-12（a）中模拟均值的空间分布与观测结果高度一致，其他统计量的空间特征也基本能反映出来，但有一定的偏差。图 5-12（b）和图 5-12（d）中对标准差的模拟偏低。图 5-12（c）中条件均值和图 5-12（f)中有雨日比例的模拟与观测结果相比有互补性的偏差。

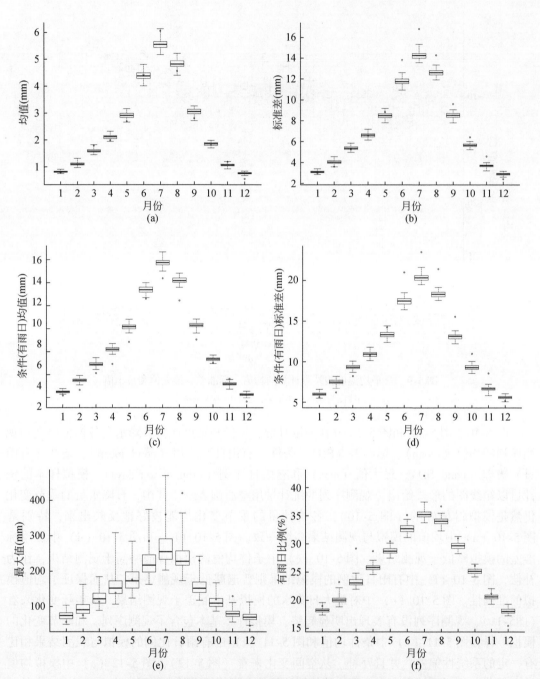

图 5-10　日降水量按月份计算的均值、标准差、条件（有雨日）均值、
条件（有雨日）标准差、最大值和有雨日比例

箱线图为模拟样本结果，空心圆为观测结果

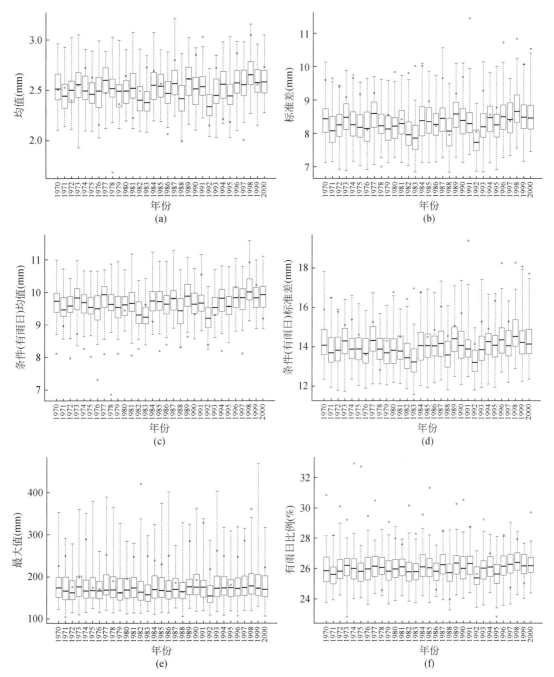

图 5-11　日降水量按年份计算的均值、标准差、条件（有雨日）均值、
条件（有雨日）标准差、最大值和有雨日比例

箱线图为模拟样本结果，空心圆为观测结果

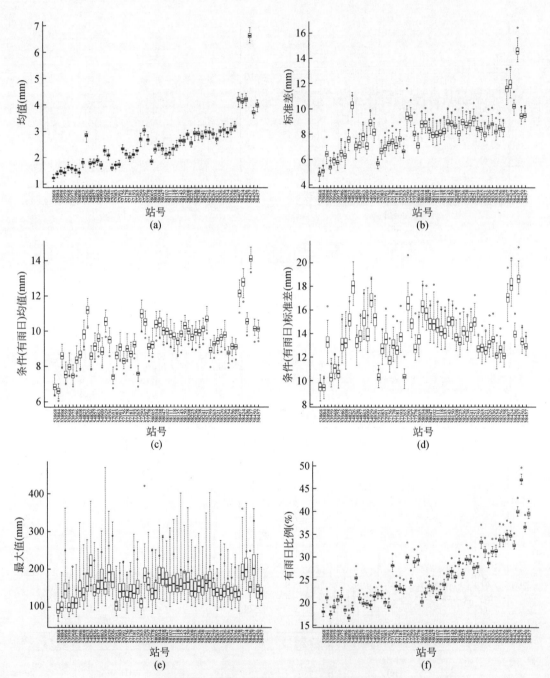

图 5-12　日降水量按站点计算的均值、标准差、条件（有雨日）均值、
条件（有雨日）标准差、最大值和有雨日比例

箱线图为模拟样本结果，空心圆为观测结果

总体而言，BMA 多模型降尺度模拟样本对日平均温度和日降水量的时空统计特征均能较好地反映出来，能够满足水文水资源的评估需要。

5.6 对我国东部季风区主要流域的应用

基于 CMIP5 多模式输出结果，将 BMA 多模型降尺度方法应用于我国东部季风区主要流域（海河、淮河、辽河、太湖、渭河和珠江流域），对日平均温度和日降水量建立降尺度模型，并对 Historical（1970～2000 年）情景和未来（2020～2050 年）低（RCP2.6）、中（RCP4.5）、高（RCP8.5）3 种排放情景在覆盖流域的网格点上进行随机模拟。因珠江流域较大，以 109°E 为界分东西两部分分别进行降尺度和随机模拟。格点空间分辨率为 0.5°× 0.5°。对每一情景的随机模拟均产生包含 50 个序列的样本，同时以百分位数形式给出不确定性估计。降尺度模拟数据以 NetCDF（http：//www.unidata.ucar.edu/software/netcdf/）格式文件提供。

为了对未来气候变化情景经过降尺度后对流域的影响做一粗略的估计，根据各流域在历史和未来时期各情景下日平均温度和日降水量的模拟样本，计算了按时间和流域格点平均的日平均温度样本均值和极端分位值，以及日降水量样本均值和极端高分位值的年累计值和年降水日数，并比较未来时期相对历史时期的变化，分别得到表 5-2 和表 5-3。

表 5-2 时空平均的日平均温度模拟样本均值和极端百分位值 q_p　　　（单位：℃）

排放情景	统计量	海河	淮河	辽河	太湖	渭河	珠江（西）	珠江（东）
Historical	q_5	3.8	9.4	0.8	10.9	3.8	12.7	13.8
	q_{10}	4.9	10.4	2.0	11.9	4.9	13.6	14.8
	均值	9.1	14.0	6.7	15.5	8.8	16.9	18.5
	q_{90}	13.4	17.6	11.3	19.2	12.7	20.2	22.2
	q_{95}	14.5	18.6	12.6	20.1	13.7	21.1	23.1
RCP2.6	q_5	4.3 (11.5%)	9.7 (3.3%)	1.2 (55.6%)	11.1 (1.7%)	4.3 (10.9%)	13.4 (5.2%)	14.5 (4.8%)
	q_{10}	5.4 (8.9%)	10.7 (3%)	2.4 (21.1%)	12.1 (1.6%)	5.3 (8.6%)	14.3 (4.9%)	15.5 (4.5%)
	均值	9.6 (4.8%)	14.3 (2.2%)	7.1 (6.3%)	15.7 (1.2%)	9.2 (4.8%)	17.6 (3.9%)	19.1 (3.6%)
	q_{90}	13.8 (3.3%)	17.9 (1.8%)	11.8 (3.7%)	19.4 (1%)	13.1 (3.3%)	20.9 (3.3%)	22.8 (3%)
	q_{95}	14.9 (3.1%)	18.9 (1.7%)	13.0 (3.3%)	20.3 (0.9%)	14.2 (3.1%)	21.8 (3.2%)	23.8 (2.9%)

排放情景	统计量	海河	淮河	辽河	太湖	渭河	珠江（西）	珠江（东）
RCP4.5	q_5	4.3 (11.5%)	9.7 (3.4%)	1.2 (56.1%)	11.2 (2%)	4.2 (10.1%)	13.4 (5.2%)	14.5 (5.1%)
	q_{10}	5.4 (8.9%)	10.7 (3.1%)	2.4 (21.3%)	12.1 (1.8%)	5.3 (8%)	14.3 (4.9%)	15.5 (4.7%)
	均值	9.6 (4.8%)	14.3 (2.3%)	7.1 (6.4%)	15.8 (1.4%)	9.2 (4.4%)	17.6 (4%)	19.2 (3.8%)
	q_{90}	13.8 (3.3%)	17.9 (1.8%)	11.8 (3.8%)	19.4 (1.1%)	13.1 (3.1%)	20.9 (3.3%)	22.9 (3.2%)
	q_{95}	14.9 (3%)	18.9 (1.7%)	13.0 (3.4%)	20.3 (1.1%)	14.1 (2.8%)	21.8 (3.2%)	23.8 (3%)
RCP8.5	q_5	4.4 (14.3%)	9.8 (4.3%)	1.3 (71.3%)	11.2 (2.4%)	4.3 (12.7%)	13.5 (6.3%)	14.7 (6.1%)
	q_{10}	5.5 (11.1%)	10.8 (3.9%)	2.5 (27.1%)	12.2 (2.2%)	5.4 (10%)	14.4 (5.9%)	15.6 (5.7%)
	均值	9.7 (6%)	14.4 (2.9%)	7.2 (8.1%)	15.8 (1.7%)	9.3 (5.6%)	17.7 (4.8%)	19.3 (4.6%)
	q_{90}	13.9 (4.1%)	18.0 (2.3%)	11.9 (4.8%)	19.4 (1.4%)	13.2 (3.9%)	21.1 (4.1%)	23.0 (3.8%)
	q_{95}	15.0 (3.8%)	19.0 (2.2%)	13.1 (4.3%)	20.4 (1.3%)	14.2 (3.6%)	21.9 (3.9%)	24.0 (3.6%)

注：括号内百分数为相对 Historical 情景的变化

表 5-3　时空平均的日降水量模拟样本均值、极端百分位值 q_p 的年累计值和年降水日数

排放情景	统计量	海河	淮河	辽河	太湖	渭河	珠江（西）	珠江（东）
Historical	均值（mm）	522.3	900.1	533.5	1312.3	499.5	1354.3	1609.1
	q_{90}（mm）	1558.7	2765.7	1640.9	4163.6	1562.8	4217.9	5075.7
	q_{95}（mm）	2960.6	4966.4	2955.7	6801.1	2689.5	6465.6	7945.0
	降水日数(日)	70.8	96.6	73.5	132.0	86.8	150.4	152.6
RCP2.6	均值（mm）	649.2 (24.3%)	1009.5 (12.2%)	645.9 (21.1%)	1451.4 (10.6%)	581.8 (16.5%)	1603.1 (18.4%)	1595.6 (-0.8%)
	q_{90}（mm）	1964.6 (26%)	3115.6 (12.7%)	2001.9 (22%)	4601.6 (10.5%)	1826.8 (16.9%)	4945.6 (17.3%)	5018.6 (-1.1%)
	q_{95}（mm）	3619.6 (22.3%)	5533.0 (11.4%)	3527.4 (19.3%)	7475.3 (9.9%)	3097.0 (15.2%)	7515.5 (16.2%)	7899.5 (-0.6%)
	降水日数(日)	81.0 (14.5%)	99.8 (3.3%)	83.7 (13.8%)	135.6 (2.7%)	92.2 (6.2%)	156.9 (4.3%)	151.8 (-0.5%)

续表

排放情景	统计量	海河	淮河	辽河	太湖	渭河	珠江（西）	珠江（东）
RCP4.5	均值（mm）	663.9 （27.1%）	1007.3 （11.9%）	665.4 （24.7%）	1453.1 （10.7%）	581.8 （16.5%）	1634.8 （20.7%）	1602.0 （−0.4%）
	q_{90}（mm）	2018.0 （29.5%）	3108.3 （12.4%）	2067.5 （26%）	4608.5 （10.7%）	1826.8 （16.9%）	5038.6 （19.5%）	5032.8 （−0.8%）
	q_{95}（mm）	3689.7 （24.6%）	5524.5 （11.2%）	3617.2 （22.4%）	7487.6 （10.1%）	3098.6 （15.2%）	7652.6 （18.4%）	7934.8 （−0.1%）
	降水日数(日)	76.7 （8.4%）	99.8 （3.3%）	79.2 （7.7%）	135.8 （2.9%）	92.4 （6.4%）	157.8 （4.9%）	151.8 （−0.5%）
RCP8.5	均值（mm）	683.7 （30.9%）	1022.5 （13.6%）	674.2 （26.4%）	1478.0 （12.6%）	596.4 （19.4%）	1667.7 （23.1%）	1595.5 （−0.8%）
	q_{90}（mm）	2076.8 （33.2%）	3156.2 （14.1%）	2091.9 （27.5%）	4686.0 （12.5%）	1872.4 （19.8%）	5128.8 （21.6%）	5004.6 （−1.4%）
	q_{95}（mm）	3796.5 （28.2%）	5602.4 （12.8%）	3669.7 （24.2%）	7607.5 （11.9%）	3168.9 （17.8%）	7789.0 （20.5%）	7908.7 （−0.5%）
	降水日数(日)	82.3 （16.3%）	100.3 （3.8%）	84.7 （15.3%）	136.4 （3.3%）	93.1 （7.3%）	158.4 （5.3%）	151.4 （−0.8%）

注：括号内百分数为相对 Historical 情景的变化

从表 5-2 可以看出，未来排放情景下各流域日平均温度的统计量均有增长，高排放的 RCP8.5 情景下相对增幅最大，低排放的 RCP2.6 情景下相对增幅最小；各流域极端低温（q_5、q_{10}）的相对增幅较大，极端高温（q_{90}、q_{95}）的相对增幅较小；而长江以北流域的相对增幅普遍较长江以南流域的相对增幅大。从表 5-3 可以看出，未来排放情景下除珠江流域东部以外，其他流域日降水统计量的年累计值和年降水日数均有增长，珠江流域东部则略有下降。增长的流域中，高排放的 RCP8.5 情景下各统计量的相对增幅均大于其他两种情景，北方流域 RCP2.6 情景下年降水日数的相对增幅大于 RCP4.5 情景下的相对增幅，南方流域则相反但差别不大。比较各情景中均值和极值的相对增幅，均值和 q_{90} 的相对增幅略大一些，尤其是北方流域和珠江流域西部的相对增幅较大。

5.7　小　　结

本章系统地介绍了贝叶斯多模型统计降尺度随机模拟的基本原理、方法和步骤。首先针对每一个 GCM 建立降尺度模型。对于日平均温度，先将选定的 GCM 模拟输出插值到观测站点，然后拟合单一的联合均值–方差 GAM 降尺度模型，即可对日平均温度在整个流域的时空分布特征给出统一的描述；对于日降水量，则先将 GCM 模拟输出进行主成分分析以确定降尺度模型的协变量，然后对流域内每一观测序列均建立 Tweedie 分布的 GLM 降尺度模型，再用 Gaussian 空间过程模型描述降尺度模型参数集的空间分布特征。降尺度模型的拟合效果可以根据模型的 Pearson 残差按不同时空变量的条件平均来衡量。在进行多模型集成时，基于极大似然原则确定各 GCM 降尺度模型的 BMA 权重。本章以淮河流域为例，对上述步骤的每一步应用都作了具体描述，并对结果进行图示说明。

进行随机模拟的关键之处在于根据降尺度模型定义适当的、符合标准正态分布的残差，根据残差再构造空间相关模型，从而计算出流域网格点的协方差矩阵，据此再进行多变量联合标准正态分布的随机模拟，得到残差格点场后再反算出气候要素的格点场。对淮河流域的应用结果表明，随机模拟产生的样本能够很好地再现气候要素观测样本的时空分布统计特征，包括均值和极值的特征，从而为水文水资源的评估应用提供可靠的气候情景输入。

针对历史和未来排放情景，将贝叶斯多模型降尺度和随机模拟方法完整地应用于我国东部季风区的主要流域，生成各排放情景下日平均温度和日降水量格点场的随机模拟样本。初步分析表明，相对于历史排放情景，3 种未来排放情景下各流域日平均温度均有上升，排放越高的情景相对增幅越大，极端低温的相对增幅较均值和极端高温的相对增幅大。各流域年降水量和降水日数除珠江流域东部外均有增加，高排放情景的相对增幅更大，而在珠江流域东部 3 种未来排放情景下年降水量及降水日数均略有减少。

第6章 高精度降水和温度格点数据集比较

6.1 引　言

　　气候变化已经成为一个在全球范围内被社会广泛接受的最紧迫的问题（Mitchell and Jones，2005；Warwick，2012）。正如政府间气候变化专门委员会（IPCC）第四次评估报告（AR4）所指出的，气候变化被认为会对生物、物理和社会经济过程产生重要的影响。这些影响已迫使科学和社会团体去提高对气候变化的原因和后果的认识。温度和降水是气候变化中最活跃、最关键的变量。IPCC第四次评估报告表明，全球平均地表温度在1906～2005年上升（0.74±0.18）℃（IPCC，2007）。所有大陆和多数海洋的观测证据表明，许多自然系统正在受到气候变暖的影响（IPCC，2007）。海平面的上升（Church，2001）、极端气候事件发生的频率（Easterling，2000；Meehl et al.，2000）、人类健康（Patz et al.，2005）和全球作物生产（Rosenzwelg and Parry，1994；Miao et al.，2011；Gao et al.，2012）都与温度变化相关联。此外，降水和大气环流也受到影响（IPCC，2007）。全球年平均降水量在20世纪呈现了1.1mm/10a的上升趋势，而极端降水变化比平均降水量的变化大（IPCC，2007）。降水变化特征（如总量、频率、强度、持续时间、类型）不可避免地对水循环（Vörösmarty，2000；Gao et al.，2009，Miao et al.，2010）和水供应安全产生重大影响。

　　气候数据对于识别和理解区域与全球气候的差异和变化是必不可少的（Feng et al.，2004）。长期的测量数据是探讨气候变化的主要数据源（Yatagai et al.，2009；Miao et al.，2013）。为了量化不同空间尺度上的气象变化，获得气候变化的可能影响，测量数据一般被插值为格点数据。世界许多研究机构已经开发了在不同空间尺度的格点气候数据，并被广泛使用。HadCRUT（Hadley climate research unit temperature）数据是基于大约4000台站观测数据插值生成的5°×5°的分辨率的数据集（Brohan，2006）。HadCRUT数据集显示出自1979年以来全球气温以每10年0.27℃的速率增长（IPCC，2007）。GISTEMP（goddard institute for space studies surface temperature analysis）（Hansen et al.，1999，2001）数据集显示在1901～2005年全球陆地表面温度变化趋势为（0.069±0.017）℃/10a（IPCC，2007）。由于全球一些地区缺乏观测数据，一些数据集融合了卫星数据。例如，GPCP（global precipitation climatology project）发布从1979年1月起实时更新的2.5°×2.5°月值数据集。根据GPCP数据集，在1988～2003年全球平均日降水率为2.61mm/d，而陆地平均日降水率为2.09 mm/d（Adler et al.，2003）。CMAP（climate prediction center's merged analysis of precipitation）融合了观测和卫星产品数据，并生成了2.5°×2.5°分辨率的数据集

（Xie and Arkin，1997），CMAP 估计在 1988～2003 年陆地平均日降水率为 1.95 mm/d （Gruber and Levizzani，2008）。

随着科学知识和计算机技术的发展，粗分辨率数据集已经不太能满足气候研究的需要，这对气象资料集的分辨率提出了更高的要求（New et al.，1999）。高分辨率的数据集既可以为减灾提供更多有用的信息，也可用于初始化数值模式、驱动陆面模式、验证模型等（Joyce et al.，2004）。已经有许多的统计方法被开发，以用来对气象数据进行插值（Hijmans et al.，2005）。现在已经得到了一些具有较高分辨率（0.5°×0.5°）的格点数据集和长的时间序列（Chen et al.，2002；New et al.，1999；Rudolf et al.，2009；Xie et al.，2007）。这些月或日值数据产品为许多领域提供了有用的信息，如气候变化的估计（Phillips and Gleckler 2006；Raziei et al.，2010；Wen et al.，2006；Yu and Zhou，2007）、模型预测（Feng et al.，2011；Miao et al.，2012）、水循环（Marengo et al.，2008）等。

中国是一个农业大国，是世界上人口最多（Piao et al.，2010）且经济快速增长的国家（Hubacek et al.，2007）；此外，中国地形分布具有显著的梯度特征和复杂性。中国的气候变化在时间和空间上存在很大的差异（Gao et al.，2008）。因此，气候变化研究对农业生产和人类生活都具有重要意义，而具有高时空分辨率的温度和降水数据对研究中国气候变化有着重要的作用。由于其重要性，一些高分辨率的网格化气候数据集已经被开发出来。Feng 等（2004）利用在中国的 726 台站的日气象数据开发了一套新的数据集。Xu 等（2009）开发了一套在中国区域的气温数据集，数据集显示中国北方 1961～2005 年年均温以 0.32℃/10a 的线性趋势增长。Zhang 等（2009）构建的另一个数据集表明，在 1951～2007 年中国温度变化速率高达 0.28℃/10a。

由于不同机构和不同数据的生成过程导致数据集之间存在差异，科学界迫切需要更好地了解数据集之间相同的和不同的特点。因此，在最近几年，已经开始对不同网格化气象资料集进行一些比较和研究。Phillips 和 Gleckler（2006）比较了 CRU、GPCP 和 CMAP 降水数据集在空间上的不同特征。Xie 等（2007）比较了 EA（East Asia daily analysis dataset）、CRU（climate research unit）、GPCC（global precipitation climatology centre）、UDEL（University of Delaware）数据集在降水空间分布和时间变化上的特征，该结果表明，数据集之间的差异主要发生在高大的山脉地区。Xu 等（2009）比较了 CN05（national meteorological information center，China meteorological administration）和 CRU 的数据在中国月尺度上的特征，结果表明这两个数据集之间具有基本的相似性。

然而，现有的格点数据集在中国区域内的分析还是比较有限的，并且所涉及的数据集并不是很多。此外，较少的研究能够对中国区域不同数据集的时空差异进行详细和系统的比较。因此，本工作的目的是比较和评估不同高分辨率格点降水和温度数据集在整个中国大陆地区的时空差异。

6.2 数据与方法

表 6-1 列出了在不同数据集的基本信息。本书将用到被广泛使用的 8 个数据集，主要

是对地表温度和降水的分析。数据集包括 EA、CRU、GPCC、UDEL 的产品；由美国国家海洋和大气管理局（NOAA）发布的陆地降水重建产品 PREC/L；由日本气象厅开发的降水产品 APHRO；由中国科学院大气物理研究所生成的产品 IAP；国家气象信息中心的数据集 CN05。

表 6-1　数据集的基本信息

数据集	降水	温度	空间分辨率	时间分辨率	数据源	插值方法	参考文献
EA	√		0.5°（东亚）	日值，1962～2006 年	全球电信系统（GTS），中国气象中心，黄河水利委员中	最优插值法（OI）	Xie et al.，2007
CN05		√	0.5°（中国）	日值，1961～2008 年	中国气象中心	薄板平滑样条法 & 角距离加权法（ADW）	Xu et al.，2009
APHRO	√		0.5°（亚洲）	日值，1951～2007 年	全球历史气候网（GHCN），Jones，Hulme，Mark New 等	角距离加权法（ADW）	Yatagai et al.，2009
CRU	√	√	0.5°（全球）	月值，1901～2009 年	全球电信系统（GIS），东安格利亚大学气候研究中心（CRU），联合国粮食及农业组织（FAO），全球历史气候网（GHCN），等	球面映射插值方法（SPHEREMAP）	New et al.，2000
GPCC	√		0.5°（全球）	月值，1901～2010 年	全球历史气候网（GHCN）	智能插值法	Rudolf et al.，2009
PREC/L	√		0.5°（全球）	月值，1948～2011 年	全球历史气候网（GHCN），美国国家海洋和大气管理局（NOAA）	最优插值法（OI）	Chen et al.，2002
UDEL	√	√	0.5°（全球）	月值，1901～2010 年	全球电信系统（GTS），中国气象中心（CMA），联合国粮食及农业组织（FAO），等等	球面映射插值方法（SPHEREMAP）	Willmott and Matsuura，1995
IAP	√	√	0.5°（中国）	月值，1951～2007 年	中国气象中心（CMA）	普通克里格插值	Zhao et al.，2008

在这项研究中，研究区域是在中国大陆，从时间和空间尺度进行比较。对于时间尺度，主要是对气象变量（温度和降水）的年、季节平均的比较。对于空间尺度，对不同数据集之间在每个格点中的差异和相关性进行了比较。由于 EA 的数据集是由超过 2200 个观

测站插值形成的，CN05 是基于中国的 751 个观测站数据插值形成的。EA 和 CN05 数据集的数据源较丰富，因此在降水和温度对比时，分别将这两个数据作为参考对象。分析时间相关性都是以 1970 ~ 1999 年为基准期的（Chen et al.，2011，Guo et al.，2010，Li et al.，2010，Sun et al.，2011）。

6.3 结　果

6.3.1 在时间尺度上的比较

图 6-1 显示了所有数据集之间年平均降水和年平均温度的比较。对于降水，很明显，这些数据集在 20 世纪 50 年代前和 50 年代后显示出不同的特性。50 年代以前，CRU、UDEL 和 GPCC 年平均降水量的变化率分别是 3.107mm/10a、- 10.998mm/10a 和 -13.773mm/10a。50 年代后，数据集之间的一致性开始增强，这可能与在 20 世纪上半叶仪器观测资料较缺乏，而在 50 年代后，有更多的台站观测资料（Li et al.，2012，Wen et al.，2006）有关。在 50 年代以前，各个数据集的降水变化率各不相同，为 - 0.019 ~ 7.556mm/10a。UDEL 的变化率是最高的，大部分数据集的变化速率是集中在 2.0mm/10a 左右，然而 PREC/L 显示了 -0.019mm/10a 的下降趋势。在 1962 ~ 2006 年，EA 和 APHRO 分别呈现出最高和最低的年降水量。

对于温度，所有数据集都显示出了曲线上升的趋势 [图 6-1（b）]。然而，不同的数据集在不同的时期显示出不同的特征。温度的 1950 年之前的上升速率较小，CRU 和 UDEL 的变化速率分别为 0.116℃/10a、0.146℃/10a。在 1951 ~ 1970 年，IAP 显示出显著下降的趋势（- 0.897℃/10a）。UDEL 和 CRU 略有下降的趋势，变化速率分别为 -0.153℃/10a、-0.107℃/10a。20 世纪 70 年代以后气温升高，大约以 0.3℃/10a 的速率

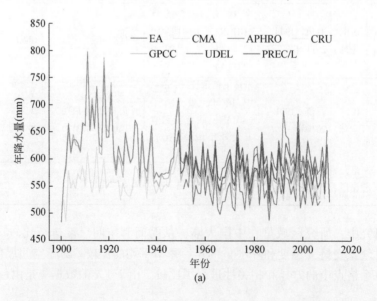

(a)

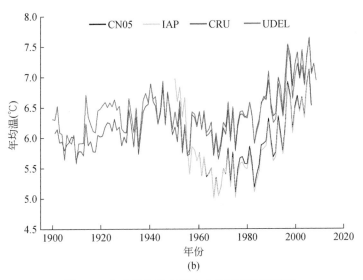

(b)

图 6-1 各个数据集的降水和温度时间序列图

增长。温度变化速率相对于 20 世纪 50 年代以前的变化较为剧烈，这可能与人为强迫的增强有关（Ding et al.，2007）。对于 45 年的多年平均温度，CRU 和 UDEL 的值要大于 CN05 和 IAP 的值。总体而言，所有的数据集表现的自 1960 年开始的温度和降水变化之间的差距较小。所有温度的数据集变现出了在 20 世纪有两个阶段的温度上升期。第一个是 20 世纪 10～40 年代，第二个是 20 世纪 70 年代到现在，并且第二个时期以更快的速度增长。

泰勒图能够同时表现出不同数据集之间相关系数（R）、标准偏差（SD）和均方根差（RMSD）之间的差异（Taylor，2001）。在泰勒图中，通常认为，参考对象和预测点之间的距离越小意味着模拟效果越好。从图 6-2 可以看出，对于降水，具有较高的 R 值，相近

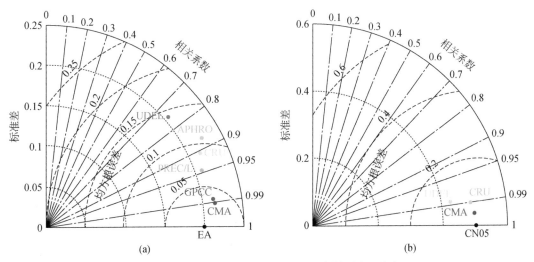

图 6-2 各个数据集的降水和温度在泰勒图中的分布

对比时间段：1962～2006 年

的 SD 和 RMSD 值，这说明数据集之间所表现出的年降水量变化有较大的相似性。所有的相关系数都集中在 0.75～0.99。IAP 和 GPCC 表现出了与 EA 较高的相关性。UDEL 和 APHRO 数据集相对 EA 则有一定的不一致，它们的相关系数都小于 0.9。UDEA 和 APHRO 有较高的 RESE 和 SD，代表在年际变率上相对于其他数据集较不稳定。对于温度，泰勒图显示，CN05 和 CRU 之间的一致性仍然比 CN05 和 UDEL 之间的要好。总体来看，CRU 和 UDEL 在温度的一致性要优于在降水上的表现。

6.3.2 在空间尺度上的对比

所有的数据集在多年平均降水的空间分布特征上都较为一致。所有数据集显示出降水从东南向西北地区逐渐减少的特点。但是，1962～2006 年 45 年平均降水的最高值（MV）和出现的位置有一定的差异。在 APHRO、CRU 和 IAP 中 MV 约为 2500mm，PREC/L 中大约为 3930 mm，GPCC、EA 和 UDEL 中大约为 5000 mm。总的来说，在 EA、PREC/L、UDEL 和 GPCC 中，强降水带主要是出现在西南流域的南部地区，但是在 CRU、IAP 和 APHRO 数据集中则有所不同。

在中国大部分地区，EA 数据集的降水量要高于其他数据集，特别是在青藏高原东部、西北流域的北部地区和中国东南部。对于 CRU、GPCC、PREC/L 和 UDEL，在青藏高原地区具有较为显著的降水量负偏差。季节差异在空间分布上几乎与 45 年多年平均降水相一致。在 4 个季节，EA 在青藏高原东部、西北河流域北部和中国东南部都有较高的降水量。在 CRU、GPCC、PREC/L 和 UDEL 中，整个西南流域和西北流域南部地区则出现了较高的降水值。总体上，在夏季的差值比其他季节更高。中国是世界上最著名的季风区之一（Zhou et al.，2010a）。与亚洲季风相关的水汽输送是中国雨量分布的关键，而中国夏季是多雨的季节。夏季对应了较高的降水量，导致绝对误差比其他季节大。因此，年平均降水误差主要来自于夏季的贡献。

对于温度，所有数据集显示出了相似的空间分布特征。在东部地区，数据集无论是在年平均还是季节尺度上，差异都是比较小的。相对于 CN05，CRU 在西北流域的中部和南部显示出了较高的温度，UDEL 在西南流域表现出较高的温度，而 IAP 在青藏高原地区则具有较低的温度值，特别是在冬季。总体而言，差异较显著的地区主要出现在中国西部，这个地区具有较高的地形梯度。总体而言，冬季的差异所造成的年均值的差异贡献较大。

对于年和季节尺度的降水，与 EA 数据集相比，大多数数据集都显示出东南诸河流域具有较高的相关性，相关系数都比较大（R>0.9 为每个网格）。而总体上 GPCC 和 IAP 的相关系数会高于其他数据集。然而，在 IAP 和 EA 之间，它们利用相同的观测站点数据，而在西北和西南流域它们的相关系数则比较低（R<0.9）。这样的不一致性可能主要是由插值方案的不同导致的（表 6-1）。在西北流域南部，与 EA 比较，不同的数据集显示出了不同的相关性程度。显而易见的是，CRU 和 EA 之间的相关性比其他数据集弱，在大多数流域相关系数低于 0.9，特别是在西北流域。并且冬季的相关系数要比其他季节的低。在冬季，CRU 和 EA 之间的不一致性主要包括了松花江流域、海河流域、辽河流域、黄河流

域与西南和西北流域。在西北流域的一些格点，CRU 由于存在一些零异常值导致相关系数出现空值，零异常值出现的位置是随季节变化的，在冬季，面积比其他季节大。对于温度，CRU 和 UDEL 在西南流域、西北流域南部和珠江上游流域的差异要比其他流域大。在西北流域南部，IAP 出现了较低的相关系数值。

总体而言，温度数据集的一致性要优于降水，表现在温度有较高的相关系数值。很明显，当参考数据集相比时，CRU 和 UDEL 的温度数据的一致性要优于降水。IAP 的温度和降水数据都在西北流域的南部出现了相对较弱的相关性。在季节尺度上，春季降水和温度的一致性都较高。

6.4 讨 论

总体来说，有几个因素可能影响着不同数据集之间在空间时间上的一致性。第一个影响因素是用于构造格点数据的原始数据的来源不同。表 6-1 显示了不同的数据集所涉及的原始数据的来源是不同的。IAP、CN05 和 APHRO 是由来自中国国家气象局（CMA）归档的 700 多个中国气象观测站点的观测数据构建而成的。除了这些观测站点，EA 也使用从中国黄河水利委员会和 GTS（global telecommunication system）提供的超过 700 个水文站的日测量数据。EA 所涉及的观测站点总数超过 1400 个。因此，当与这些只使用 200 多个国际站点数据形成的数据集（CRU、UDEL、PREC/L）进行比较时，EA、IAP 和 APHRO 表现出更精细的空间分布特征。除了在中国的气象观测站，一些数据集因为覆盖的范围超过了中国（如 GPCC、CRU、EA 等）外，邻国观测站点的信息也会对数据集的生成有影响。因此，对于 45 年多年平均降水，EA 和 APHRO 的最高值位于中国西南部，IAP 则发生在中国东南部。并且对观测站点数据的时间一致性也会造成一定的影响。此外，在中国西部和西北地区，气象台站分布稀疏，导致这些地区有较大的差异，尤其是在青藏高原。20世纪 50 年代之前，差异较大，而在 50 年代后数据集一致性得到了提高（对于降水和温度）。这很大程度上是由于缺乏观测站点而导致在 20 世纪上半叶观测质量具有较大的不确定性（Li et al.，2012；Wen et al.，2006）。

第二个影响因素是质量控制（quality control，QC）方案。用于构建数据集的原始数据有不同的来源，且气象记录往往含有不均一性，质量控制是消除不合格的观测数据的一个重要步骤。几个非气候因素可导致数据的不均一性：测量方法的改变、台站的搬迁、周围环境随时间的变化等（Ducre-Robitaille et al.，2003）。不同的 QC 方案被应用于校正时间序列的一致性和数据集的质量。在 CRU 中，所有的数据进行两阶段的质量控制过程。在 APHRO 中，质量控制过程排除了国家边界之外的数据。在 PREC/L 中，错误的、可疑的或冗余月降水量数据将被删除。这些不同的 QC 过程不可避免地影响到不同数据集之间的相似性。

第三个影响因素是地形校正（orographic correction，OC）。地形校正是关系到数据集质量的另一个重要因素。简单地对台站数据进行插值可能导致对降水量的低估，尤其是在山区；并且地形的复杂性可能导致温度在插值后误差成倍地增加（Zhao et al.，2008）。在中国西部和西北部，还有由于缺乏台站观测且地形的复杂性导致出现了较大的不确定性。对于降水，在 EA 中，PRISM（parameter-elevation regressions on independent slopes model）的月降水气候态被用于校正地形因素的影响。与其他数据集相比，EA 在高大的山脉和中国东南丘陵地区出现了较大的降水量。

第四个影响因素是插值技术的不同。插值技术，包括插值目标和算法会影响网格数据集的表现（Chen et al.，2002）。插值目标主要包括绝对气象值、相对气候态的距平值，以及观测数据与气候态的比率值。在本书中，PREC/L、CRU 和 GPCC 插值对象是相对于气候态的距平值，IAP 直接对观察值进行插值，EA 和 APHRO 则对观测数据与气候态的比率值进行插值。此外，在以前的研究中也表明，不同的插值算法会对结果产生影响（Chen et al.，2002）。EA、IAP 和 APHRO 的降水在中国西部利用了相同的原始数据，但依然存在着较大的差异。CN05 和 IAP 虽然使用了相同的温度数据，但差异也依然存在。这些差异可能主要来自插值算法的不同（表6-1）。对于 IAP，是利用克里金方法对原始数据进行插值而形成的。CN05 是首先使用薄板样条平滑方法对气候态进行插值，然后利用角度–距离权重法（angular distance weighting，ADW）对距平值进行插值，两者相加获得最终的数据（Xu et al.，2009）。CRU 采用与 CN05 相同的插值过程。然而，CRU 和 CN05 之间也存在一些差异。这主要是由不同的原始数据、不同的基准期选择（CRU，1961～1990 年；CN05，1971～2000 年）和不同的插值范围（Xu et al.，2009）造成的。

近年来，许多研究表明，城市化影响了站点的观测值（Jones et al.，1999）。中国是一个发展中国家，自改革开放以来经历了快速的城市化和经济增长过程（Zhou et al.，2004）。有研究认为，中国城市化在过去半个世纪对地表温度的变化趋势有显著影响（Li et al.，2004，Ren et al.，2008，2010）。作为格点数据集的基础，台站观测记录在一定程度上受到城市化的影响（Ren et al.，2005）。因此，台站数据的选取和均一化在构建网格数据集过程中应该作为一个重要步骤被加以考虑。

6.5 小　　结

对不同的温度和降水格点数据集之间的一致性和差异性进行了比较。结果表明，所有的数据集可以显示出，降水和温度在时间变化和空间格局的基本特点。但是，不同的数据集之间依然存在差异。在时间尺度上，EA 的降水值较其他数据集大，而 APHRO 则显示了较低的降水量。温度上，相对于 IAP 和 CN05，UDEL 显示出较高的温度。在空间尺度上，无论是温度还是降水，最显著的差异都发生在中国的北部地区，特别是西南流域的西南地区和西北流域的南部地区。对于降水，与 EA 相比，所有的数据集在中国大部分地区显示出了较低的降水量。与 EA 最接近的是 IAP 和 GPCC，而 EA 和 CRU 之间的差值是最大的。对于温度，与 CN05 相比，CRU 在中国中部和西北流域南部显示出较高的温度，UDEL 在西南流域表现出较高的温度，IAP 在青藏高原显示出较低的温度。总体而言，各数据集之间年平均降水量的差异主要来自夏季，而年平均温度差异主要来自冬季。原始数据源的差异、质量控制方案的不同、地形校正和插值技术的不同是造成数据集差异的主要原因。这些结果给气候变化的研究提出了新的挑战。在驱动水文模式、评估全球气候模式和区域气候模式（RCM）中，所谓的"观测数据集"发挥着重要作用。然后在这些所谓的"观测数据集"中哪个才是可以相信的？事实上，我们没有能力知道"真值"，需要做的是降低"观测数据集"中的不确定性。例如，同时利用多个数据源（如站点数据、卫星观测数据、代用资料等）可以提高数据集的可靠性，特别是在一些观测站点稀疏的地区。了解原始数据中的随机和系统误差、修正中国地形因素对数据集的影响可以提高插值精度，使得数据集具有较大的可靠性。

第7章 CMIP3 与 CMIP5 年代际多模型气候变化模拟与预估比较

7.1 CMIP5 在中国区域精度评估

本书选取最新发布的 IPCC-AR5 模式数据结果，以观测数据集 EA 和 CN05 作为降水和气温的参照对象。对模式结果在中国区域进行精度评估。由于不同模式空间分辨率不同，为了比较的一致性，将所有模式结果重采样成与观测数据一致的 0.5°。分析的时间为 1966~2005 年。所涉及的模式相关信息见表 7-1。

表 7-1   本研究中 CMIP5 模式相关信息

序号	模式	所属机构，国别	分辨率
1	BCC-CSM 1.1	中国气象局、中国	2.8°×2.8°
2	BCC-CSM1.1（m）	中国气象局，中国	1.1°×1.1°
3	BNU-ESM	北京师范大学，中国	2.8°×2.8°
4	CanESM2	加拿大气候建模和分析中心，加拿大	2.8°×2.8°
5	CNRM-CM5	国家天气研究中心，法国	1.4°×1.4°
6	CSIRO-Mk3.6.0	澳大利亚联邦科学及工业研究组织，澳大利亚	1.9°×1.9°
7	CCSM4	美国大气研究国家中心（NCAR），美国	0.9°×1.3°
8	FIO-ESM	国家海洋局第一海洋研究所，中国	2.8°×2.8°
9	GFDL-CM3	大气物理流体动力学实验室，美国	2.0°×2.5°
10	GFDL-ESM2G	大气物理流体动力学实验室，美国	2.0°×2.5°
11	GISS-E2-H	美国航天局戈达德太空研究所，美国	2.0°×2.5°
12	GISS-E2-R	美国航天局戈达德太空研究所，美国	2.0°×2.5°
13	HadGEM2-ES	英国气象局哈德利中心，英国	1.3°×1.9°
14	IPSL-CM5A-LR	法国皮埃尔–西蒙–拉普拉斯研究所，法国	1.9°×3.8°
15	IPSL-CM5A-MR	法国皮埃尔–西蒙–拉普拉斯研究所，法国	1.3°×2.5°
16	MRI-CGCM3	气象研究所，日本	0.6°×0.6°
17	MPI-ESM-LR	马普所，德国	1.9°×1.9°

续表

序号	模式	所属机构，国别	分辨率
18	MPI-ESM-MR	马普所，德国	1.9°×1.9°
19	MIROC-ESM	国立环境研究所，日本	2.8°×2.8°
20	MIROC-ESM-CHEM	国立环境研究所，日本	2.8°×2.8°
21	MIROC5	日本东京大学大气与海洋研究所，日本国立环境研究所，日本海洋研究开发机构，日本	1.4°×1.4°
22	NorESM1-M	挪威气候中心，挪威	1.9°×2.5°
23	NorESM-ME	挪威气候中心，挪威	1.9°×2.5°
24	FGOALS-g2	中国科学院大气物理研究所，中国	3°×2.8°

通过对比观测数据与模式数据在 1966～2005 年的均值，得到每个模式的降水与气温模拟偏差空间分布图。由研究结果可以发现，相比于 EA 降水数据集，大部分模式在珠江流域和东南诸河流域都低估了降水量，而且其他流域高估了降水量。而对于气温模拟结果，除了 CanESM、FIO-ESM、MIROC5、MIROC-ESM、MIROC-ESM-CHEM、MPI-ESM-LR、MPI-ESM-MR 模式外，其余模式结果在中国东部季风区均低估了气温。

从 CMIP5 模式气温、降水模拟结果在中国区域偏差分布图（图 7-1）可以明显地看出，在气温模拟过程中，几乎所有 CMIP5 模式趋于高估东南诸河流域、珠江流域气温。而模式 13（HadGEM2-ES）、模式 21（MIROC5）趋向于高估全国所有区域气温。而在降水的模拟过程中，几乎所有 CMIP5 模式趋于低估东南诸河流域、珠江流域降水。对比 CMIP3 与 CMIP5 气温在 1966～2005 年年际变化趋势，结果可以发现，CMIP5 模式结果要优于 CMIP3 模式结果，尤其以东南诸河流域、淮河流域、长江流域和黄河流域提高最为明显。就中国东部季风区流域而言，CMIP5 在黄河流域的气温年际变化模拟结果最好（图 7-2）。

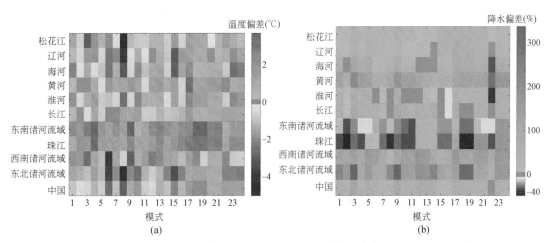

图 7-1 CMIP5 模式气温、降水模拟结果在中国区域偏差分布图（1966～2005 年）

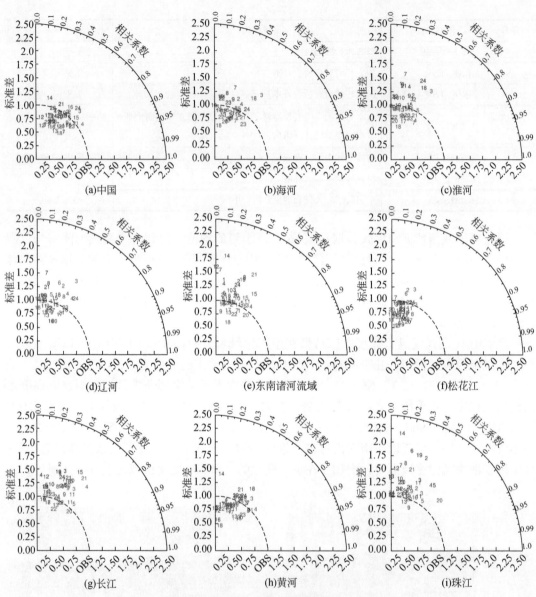

图 7-2　CMIP3 与 CMIP5 气温趋势结果比较（1966～2005 年）

红色 1~24 代表 CMIP5，蓝色 1~24 代表 CMIP3

7.2　应用贝叶斯多模型平均方法预测气候变化

将贝叶斯多模型平均（BMA）方法应用于 1966～2005 年中国东部季风区的气温模拟中。由研究结果可以发现，多模式集合预报的模拟精度要高于单个模式的模拟结果（图 7-3）。相对于单个模式模拟结果，BMA 方法对于珠江流域气温年际变化的模拟精度提高最大，对于松花江和淮河流域气温年际变化模拟精度提高能力有限。在此基础上，分别对中国区域、海河、淮河、辽河、东南诸河、松花江、长江、黄河、珠江进行了 BMA 结果的不确定性分析，研究结果表明，贝叶斯多模型加权平均（BMA）方法相比于简单算术平均（SMA）可以有效地减小集合预报的不确定范围（图 7-4）。

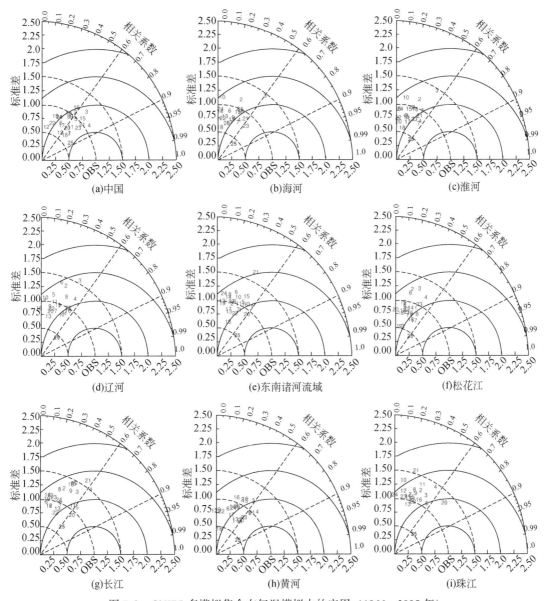

图 7-3　CMIP5 多模拟集合在气温模拟中的应用（1966～2005 年）

1～24 代表 CMIP5，25 代表贝叶斯加权平均（BMA）

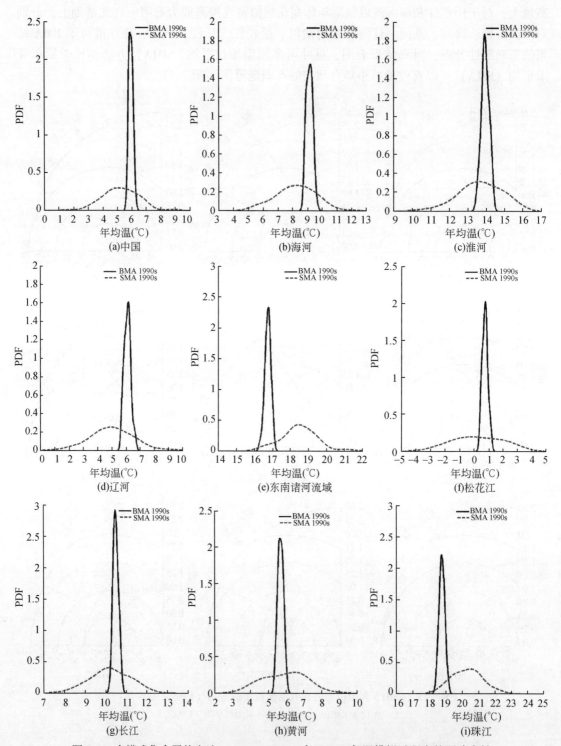

图 7-4　多模式集合平均方法（BMA，SMA）在 CMIP5 气温模拟过程中的不确定性
1990s 代表 20 世纪 90 年代，下同

相对于 1970 ~ 1999 年，不同排放情景下 BMA 模拟结果表明，在未来 30 年里（20 世纪 20 ~ 40 年代），中国区域气温将保持上升趋势。从空间上看，未来 30 年内中国北部地区气温上升幅度要大于中国南部地区。而未来 30 年里降水变化呈现复杂化。具体表现在不同排放情景下，松花江流域、辽河流域和淮河流域降水呈增加趋势，而在 RCP8.5 情景下，长江流域中上游地区降水量甚至出现降低（图 7-5）。

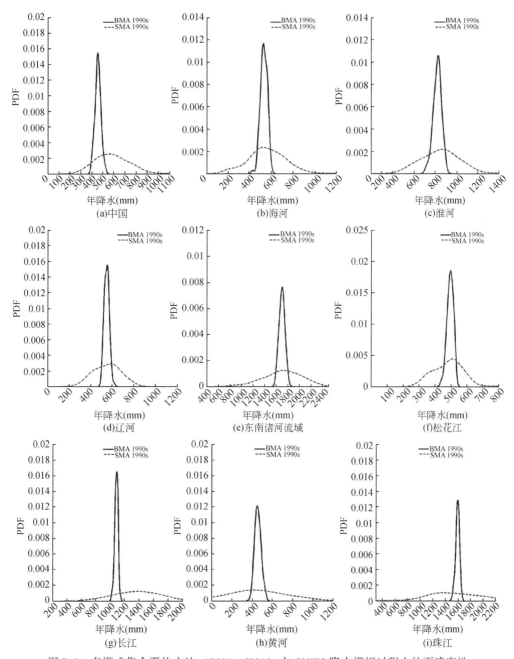

图 7-5　多模式集合平均方法（BMA，SMA）在 CMIP5 降水模拟过程中的不确定性

本研究同时还利用概率密度函数（PDF）来表征不同流域未来的降水概率分布情况（图7-6），研究选取了中国、北方和南方典型流域作为对比对象。研究结果表明，相比20世纪90年代，21世纪20年代和40年代的PDF整体偏右，说明中国和海河流域的年降水量在21世纪20年代和40年代都表现出增加的趋势，40年代的降水量最大。因此，在21世纪中前期，中国和海河流域总体上是变湿润的。而珠江流域21世纪20年代的PDF相对于20世纪90年代来说，稍微偏左，因此在21世纪20年代珠江流域降水略有降低，而40年代则稍微增加。不同区域在不同的RCP的变化情况是相类似的。而从图7-6中PDF的分布情况看，在降水量较大的位置，21世纪20年代和40年代对应的PDF值都大于20世纪90年代，一定程度上说明在未来21世纪20年代和40年代极端降水相对于20世纪90年代都显现出一定的增加趋势。

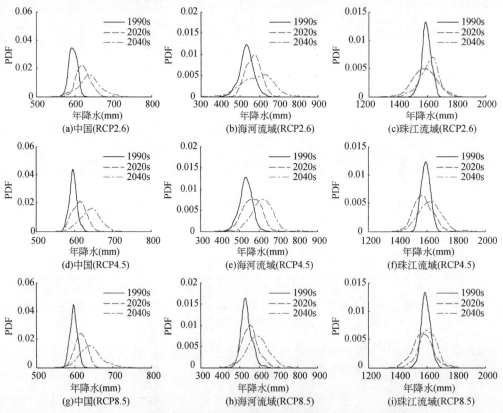

图7-6　不同时期BMA降水结果概率密度函数（PDF）分布图

2020s代表21世纪20年代，2040s代表21世纪40年代，以此类推，下同

图7-7为中国东部季风区八大流域年平均温度的年代际变化，从图7-7中可以看出，松花江流域的温度变化在各个年代相对于其他7个流域是最快的。在RCP2.6情景下，温度升高的变化量从0.8℃增加到2℃左右，RCP4.5从0.7℃到2.2℃左右。RCP8.5则从0.65℃到2.8℃以上，RCP8.5的温度变化速率越来越快。而辽河流域的变化量则次之。海河流域和黄河流域温度的年代际变化较为接近。而东南诸河流域和珠江流域的变化量则小

于其他流域。到了 21 世纪 40 年代,在 RCP8.5 情景下,温度升高并没有超过 2℃。而其他流域在 21 世纪 40 年代,在 RCP8.5 情景下,温度均升高了 2℃以上。总体上,中国北方流域的年均温上升高于南方流域,即温度上,北方快于南方。

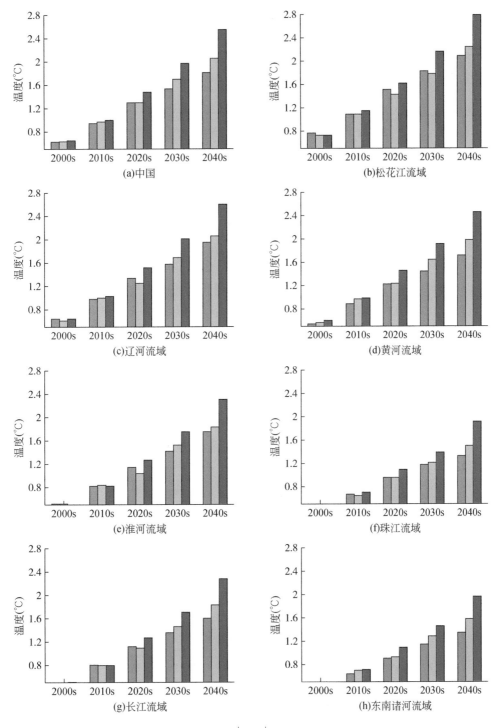

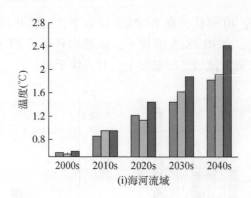

(i)海河流域

图 7-7　中国东部季风区八大流域年均温的年代际变化

相对于 1979~1999 年，蓝色、绿色、红色分别代表 RCP2.6、RCP4.5、RCP8.5

　　图 7-8 为中国东部季风区八大流域 21 世纪 00~40 年代年降水的年代际变化，由图 7-8 可以明显看出，松花江流域、辽河流域、海河流域和黄河流域在各个年代际的降水均呈现出增加的趋势。在 40 年代，这四大流域的降水增加率基本都达到 8% 左右，且在松花江、辽河、海河流域在 40 年代的降水增加是最多的。在海河流域，RCP2.6 的降水增加率在 00~30 年代均高于 RCP4.5 和 RCP8.5 的变化率。在淮河流域，除了 RCP4.5 在 00 年代呈现出下降的趋势外，其他年代的降水都呈现出增长趋势，但增长率低于北方的其他流域。长江流域 00~10 年代的降水在 3 个 RCP 情景下都呈现出略下降的趋势，但变化率较小，低于 2%。从 20 年代开始，RCP2.6、RCP4.5 的降水开始增加，到了 40 年代，降水

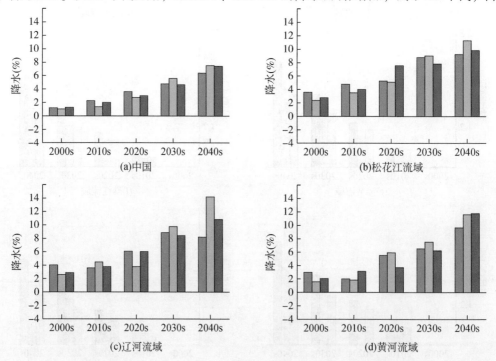

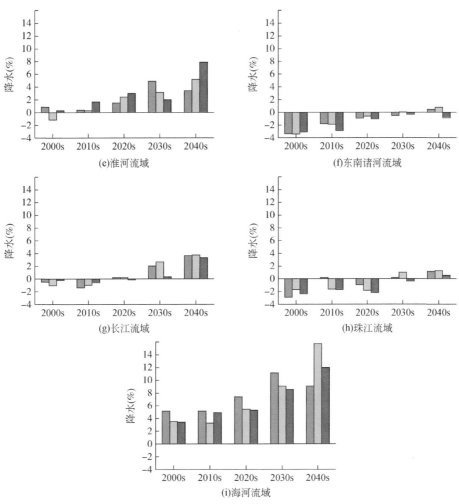

图 7-8　中国东部季风区八大流域年降水量年代际变化

相对于 1979 ~ 1999 年，蓝色、绿色、红色分别代表 RCP2.6、RCP4.5、RCP8.5

增长接近 4%，而 RCP8.5，降水在 20 ~ 30 年代的变化特别小，到了 40 年代，则有一定的增加。东南诸河流域，在 00 ~ 20 年代在 3 个 RCP 情景下，降水都在减少，其中在 00 ~ 10 年代，降水减少大于 2%。到了 40 年代，RCP2.6 和 RCP4.5 的降水有了轻微上升，而 RCP8.5 依然减少。珠江流域，在 00 年代、20 年代，在 3 个 RCP 情景下，降水都在减少，到了 40 年代，降水有了一定的增加。

图 7-9 为中国东部季风区八大流域 21 世纪 00 ~ 40 年代夏季降水的年代际变化，从图 7-9 中可以看出，松花江流域、辽河流域、海河流域在各个年代际的降水均呈现出增加的趋势。到了 40 年代，夏季降水都可增加 6% 左右。黄河流域，在 RCP2.6 和 RCP8.5 情景下，夏季降水在 00 ~ 10 年代都有下降，而 RCP4.4 增加。40 年代，在 3 个情景下，黄河流域的夏季降水可以增加 4% 左右。长江流域，00 ~ 30 年代，降水的变化较小，都在 -1% ~ 1% 变化，到了 40 年代，RCP2.6 和 RCP4.5 的降水可增加大于 3%。东南诸河流域

在00～10年代都是呈减少的趋势，其中 RCP8.5 减少最多，可减少大于2%。到了40年代，东南诸河流域的降水在所有的情景下都呈现增加。珠江流域，30年代前的降水变化较不稳定，各有增减，到了30年代，都呈现出增加的趋势，到40年代，降水增加接近3%。

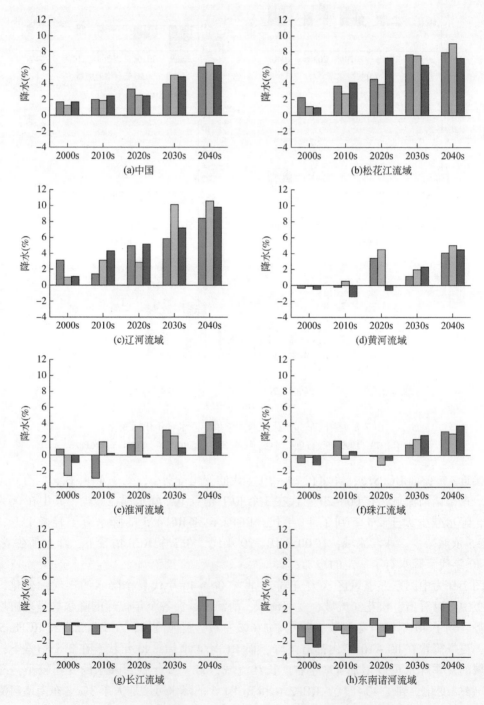

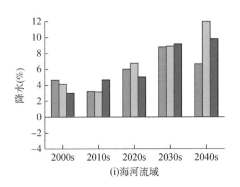

图 7-9 中国东部季风区八大流域夏季降水量年代际变化

相对于 1979~1999 年，蓝色、绿色、红色分别代表 RCP2.6、RCP4.5、RCP8.5

图 7-10 为中国东部季风区八大流域 21 世纪 00~40 年代冬季降水的年代际变化，由图 7-10 可以明显看出，松花江流域冬季降水增加较多，到了 40 年代，冬季降水增加大于 30%。辽河流域和黄河流域的冬季降水也都有增加，黄河流域在 40 年代的降水增长率也能达到 30% 左右，其中 RCP8.5 超过 40%。海河流域，除了 RCP2.6 在 00 年代，RCP8.5 在 20 年代模拟出降水减少外，其他年代均有所增加。长江流域的冬季降水变化不稳定，各个年代在各个情景下均有增减，但总体变化较小。东南诸河流域冬季降水都是下降的，但是下降量逐渐变小，到了 40 年代，下降率低于 4%。珠江流域的冬季降水变化不大，变化量为 -3%~3%。

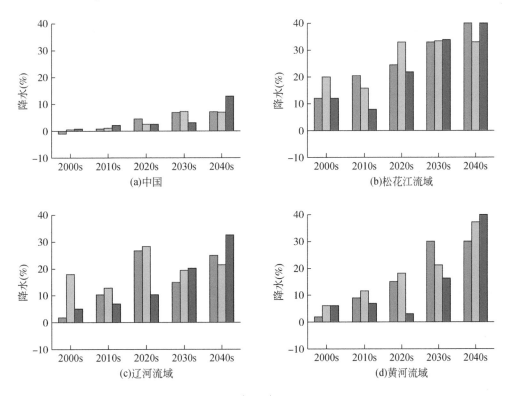

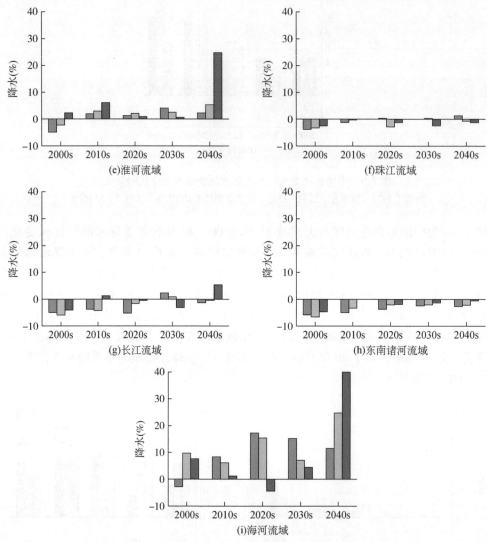

图 7-10　中国东部季风区八大流域冬季降水量年代际变化

相对于 1979～1999 年，蓝色、绿色、红色分别代表 RCP2.6、RCP4.5、RCP8.5

7.3　应用贝叶斯多模型平均方法进行极端气候指数预测

除对常规气温进行研究外，本部分研究还利用 BMA 方法对中国东部季风区的 6 个极端气象指数进行了加权平均模拟。其中，6 个极端气象指数包括夏热日（summer day）、霜冻日（frost day）、日温差（diurnal temperature range）、降水天数（number of wet days）、大雨天数（heavy precipitation days）和大暴雨天数（very heavy precipitation days）。6 个极端气象指数具体定义见表 7-2。

表 7-2　极端气象指数相关定义

指标	定义	单位
夏热日 (SD)	日最高温>25°C 的天数	d
霜日 (FD)	日最低温<0 °C 的天数	d
昼夜温差 (DTR)	日最高温与最低温的范围	°C
降水天数 (R1mm)	降水量>1 mm 的天数	d
大雨天数 (R10mm)	降水量 PR>10 的天数	d
大暴雨天数 (R20mm)	降水量 PR>20 的天数	d

图 7-11 显示出了夏热日在 1962～2099 年的时间序列,从图 7-11 中可以看出,在 RCP2.6、RCP4.5、RCP8.5 3 种情景下,夏热日都呈现出增长的趋势。与平均温度的变化情况相类似,在 RCP2.6 情景下,夏热日在 21 世纪 40 年代左右达到最大值,而后呈现平稳的状态,而 RCP4.5 情景下,将在 60 年代左右达到最大,而后呈现平稳,RCP8.5 则呈现持续增加的趋势。总体上,夏热日的变化趋势为 RCP2.6<RCP4.5<RCP8.5。这与 RCP3 种情景的碳浓度路径设定相关。从八大流域在 2006～2099 年的变化趋势看,珠江流域在 3 种情景下的增加趋势都是最大,分别为 16.32d/100a、38.03d/100a、73.00d/100a。东南诸河流域稍低于珠江流域,变化率分别为 14.92 d/100a、36.37 d/100a、72.05 d/100a。海河流域、淮河流域、长江流域的增加趋势相近。而松花江流域对比其他七大流域的变化稍微较慢,3 种情景下的速率分别是 8.34 d/100a、20.92 d/100a、49.30 d/100a。从空间分布,总体上南方的增长趋势大于北方。

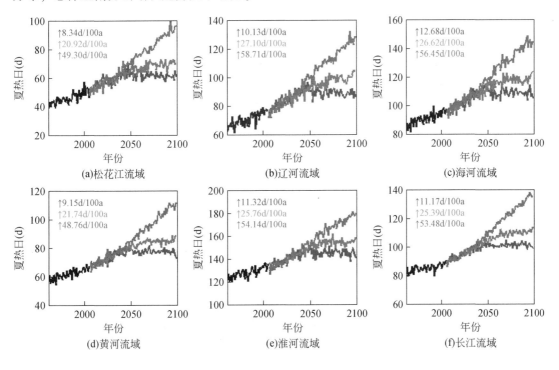

(a)松花江流域　　(b)辽河流域　　(c)海河流域

(d)黄河流域　　(e)淮河流域　　(f)长江流域

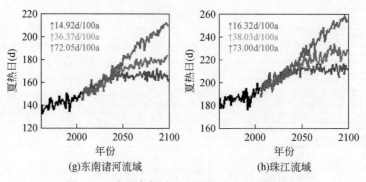

(g)东南诸河流域 (h)珠江流域

图 7-11 中国东部季风区夏热日未来情景模拟

从图 7-12 中可以看出，在全球变暖的大趋势下，中国各大流域的霜日都将呈现下降趋势，在 RCP2.6、RCP4.5、RCP8.5 3 种情景下，霜日的变化速率为 RCP2.6<RCP4.5< RCP8.5。RCP2.6 的变化速率基本集中在 2~9d/100a。而 RCP4.5 则主要分布在 9~20d/

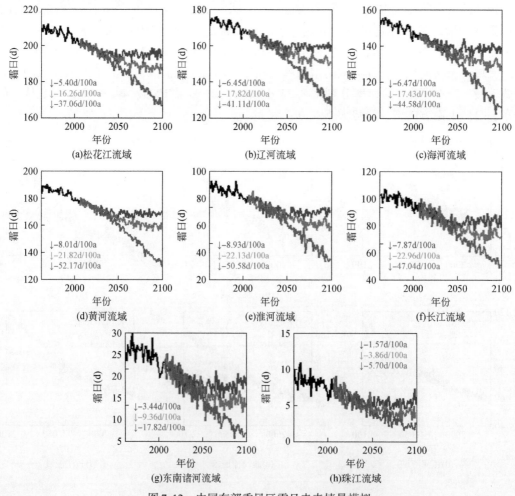

(a)松花江流域 (b)辽河流域 (c)海河流域

(d)黄河流域 (e)淮河流域 (f)长江流域

(g)东南诸河流域 (h)珠江流域

图 7-12 中国东部季风区霜日未来情景模拟

100a。情景 RCP8.5 则集中在 17~50d/100a。从八大流域的变化情况看，主要分为三大类别。珠江流域和东南诸河流域由于处于亚热带地区，霜日较少，所以其变化速率为流域中最小的。而黄河、淮河和长江流域的变化速率相近。松花江、辽河和海河流域的变化趋势相近。从空间分布看，总体来说北方的降低速率大于南方。

由于最高温度和最低温度的变化速率存在一定的差异，因此昼夜温差也呈现出一定的差异。从图 7-13 可以看出，各个流域昼夜温差的变化存在一定的差异。其中，松花江流域在 RCP2.6、RCP4.5 和 RCP8.5 3 种情景下，昼夜温差均呈现下降的趋势，变化趋势分别为 -0.04℃/100a、-0.25℃/100a、-0.96℃/100a。辽河流域和黄河流域在 RCP2.6 情景下，昼夜温差稍微有所增加，而在 RCP4.5 和 RCP8.5 情景下，则都是呈下降的趋势。海河、淮河、长江、东南诸河和珠江流域，3 种情景的昼夜温差都是呈现增加的趋势。其中，淮河流域的变化速率最大，在 3 种情景下的变化趋势分别为 0.31℃/100a、0.47℃/100a、0.69℃/100a。总体上昼夜温差下降的趋势主要集中在东北地区，而华北、南方区域大部分呈增长的趋势，其中淮河及长江中下游流域增长的速率最快。

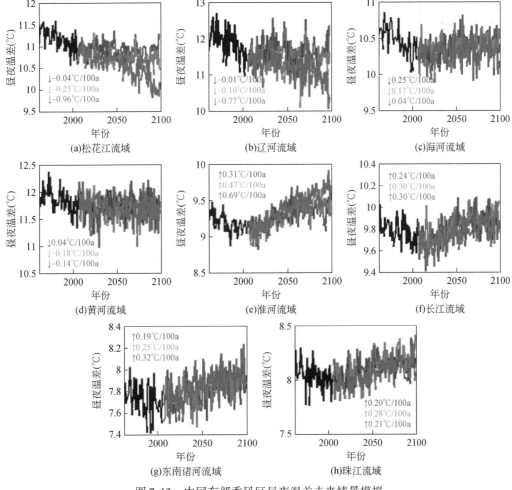

图 7-13　中国东部季风区昼夜温差未来情景模拟

从图 7-14 可以看出，不同流域在不同情景下，降水天数的变化有所差异。其中，松花江流域、辽河流域、黄河流域在 RCP2.6、RCP4.5 和 RCP8.5 3 种情景下的降水天数都有所增加，其中松花江流域降水天数的增加速率为这三大流域之首，且 3 种情景下变化速率的排序为 RCP2.6<RCP4.5<RCP8.5，分别为 5.38d/100a、8.06d/a、10.46d/a。海河流域降水天数在 RCP2.6 下变化不大，而在 RCP4.5 和 RCP8.5 下则有所增加。淮河流域与之相反，在 RCP2.6 和 RCP4.5 下有所增加，而在 RCP8.5 下则是降水天数减少。长江流域的降水天数在 3 种情景下都呈现下降的趋势，RCP2.6 和 RCP4.5 的变化速率相近，而 RCP8.5 的变化速率最大，为−8.26d/100a。东南诸河流域和珠江流域的变化情况相近，在 RCP8.5 呈现较快的下降趋势，而 RCP2.6 和 RCP4.5 降水天数略有增加。从空间分布中可以看出，总体上在 RCP8.5 下，南方地区的降水天数有所下降，而北方有所增加。而 RCP4.5 则为东北地区降水天数增加较明显，而长江流域大部分呈减少趋势。而 RCP2.6 情景下，东北地区和东南沿海地区降水天数稍微增加，长江中上游呈减少趋势。

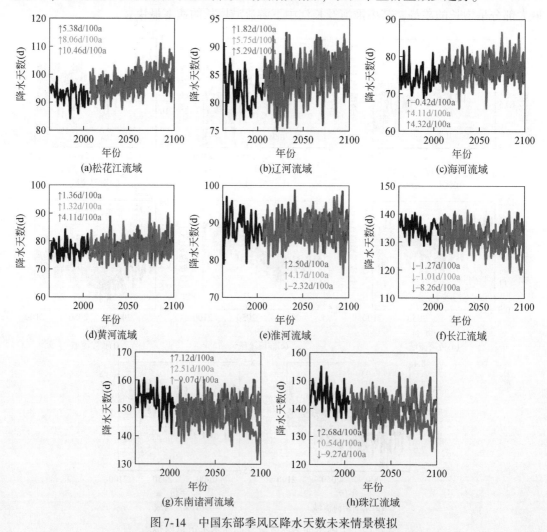

图 7-14　中国东部季风区降水天数未来情景模拟

从图 7-15 可以看出，中国八大流域的大雨天数都呈现增加趋势。除长江、东南诸河和珠江流域外，其他五大流域的大雨天数的增加趋势都呈现相同的顺序，即 RCP2.6<RCP4.5<RCP8.5。其中，松花江流域的变化速率最大，在 RCP2.6、RCP4.5 和 RCP8.5 下的变化速率为 1.99d/100a、3.57d/100a 和 6.20d/a。而长江流域的变化在 3 种情景下相仿，分别为 3.26 d/100a、4.37 d/100a、4.35d/100a。东南诸河流域和珠江流域则在 RCP8.5 下的变化速率低于 RCP2.6 和 RCP4.5。从空间分布上看，总体上大雨天数呈现增加趋势，RCP2.6 和 RCP4.5 都是中国南方的大雨天数增加速率稍大于北方。其中，在 RCP2.6 下，长江下游和东南诸河流域大雨天数增加的速率最大，大于 5d/100a。而 RCP4.5 下，长江上游流域大雨天数增加的速率最大，大于 6d/100a。而在 RCP8.5 下，则北方的增加趋势大于南方。

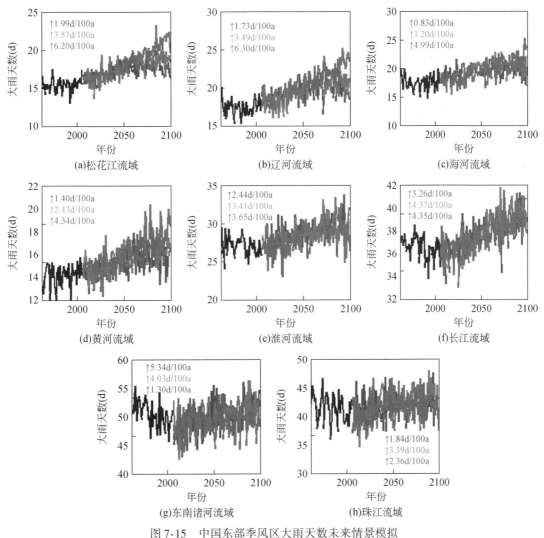

图 7-15　中国东部季风区大雨天数未来情景模拟

从图7-16可以看出，八大流域的大暴雨天数都呈现增加的趋势。在不同的情景下，大暴雨天数的增长速率为RCP2.6<RCP4.5<RCP8.5。松花江、辽河、海河、黄河流域的增长趋势较为相似。而淮河流域和长江流域的变化趋势相近。东南诸河流域，在3个RCP情景下变化趋势的差异不大，分别为2.88d/100a、2.10d/100a和2.76d/100a。总体上看，南方流域大暴雨天数的增多要略多于北方流域。从空间分布看，RCP2.6下，长江流域的大暴雨天数增长速率最大，集中在2~3d/100a。而RCP4.5下，长江上游最大，有些地区大于5d/100a，长江中下游和东南诸河流域的次之。在RCP8.5下，则南北差异不是特别大，都集中在2~4d/100a，珠江流域上游地区稍大，增长速率为4~6d/100a。大暴雨天数的增加，说明在未来情景下，极端降水可能会有所增加。

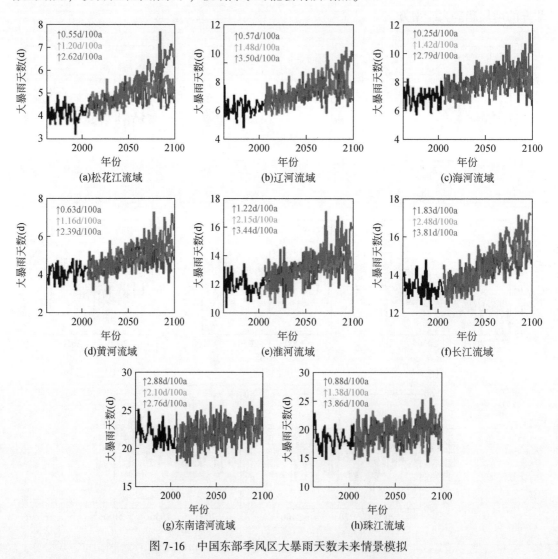

图 7-16　中国东部季风区大暴雨天数未来情景模拟

第8章 中国东部降水的季节可预报性研究

8.1 季节可预报性的定量化

8.1.1 可预报性的定义

大气可预报性的研究或天气可预报性、气候可预测性研究由来已久。1957 年，Thompson 首次提出了数值天气预报的可预报问题。Lorenz 等（1963）在简化的热对流方程组中发现了混沌系统的初值敏感性，即蝴蝶效应，并进一步研究了天气可预报性，为动力可预报性奠定了理论基础。在逐日天气预报中，由于小尺度现象的不确定性，进行数值积分所用到的初始场不可避免地与真实大气状态之间存在微小的误差，而大气内部的动力不稳定与非线性相互作用将这种初始误差随时间的延长而放大，最终使整个大气运动变得不确定。这种现象导致了在用初始场对动力模式进行积分的过程中，确定论的逐日天气预报存在一个可预报的限度，这就是逐日天气预报的可预报性，逐日天气预报的时效就是由这种可预报性所决定的。气象学家通过数值试验、资料分析和动力学分析，对天气时间尺度可预报性问题做了许多工作，发现天气时间尺度的可预报上限约为 2 周，这已成为气象工作者的共识。

超过天气时间尺度的可预报上限，大气瞬时状态变得不可预报，但是对于较长时间尺度的平均值，如月或季节尺度内大气环流的演化特征，人们是否可以对它们做出一定精度的预报？这自然引出了长期预报的可预报性问题，即环流或气象要素月或季平均值的可预报性。由于大气是一个多时空尺度的系统，这种特性决定着大气的可预报性必然具有强的时空依赖性。李建平和丑纪范（2003）指出，大气的可预报性遵循单调性原理，即在相同的初始特征和外源强迫特征条件下，时空尺度较大的系统具有较大的可预报性。因此，一般认为，月和季节平均环流场的可预报性期限显然比天气尺度的 2 周左右要长（Shukla，1981），但长期预报的可预报性的上限迄今没有成熟的理论，许多研究表明，6 ~ 12 个月可能是月和季节平均预报的上限（丑纪范和郜吉东，1995；Shukla，1998）。

另外，月、季尺度的短期气候预测的可预报性不同于逐日天气预报的可预报性的是，后者偏向一种时间概念，更强调的是确定论的可预报期限，而短期气候预测的时间平均的可预报性则更大程度地表示较长时间尺度里大气可预报的程度，即可预报的气候信号超出不可预报的气候噪音的程度，即短期预报偏重时效问题，长期预报偏重准确率问题。

研究月、季尺度时间平均的可预报性准确率问题通常使用的方法是方差分析方法。根据李崇银（2000）的观点，在月、季尺度的短期气候变化中，对实际大气环流演变产生影响的原因主要有两个方面：一是由大气内部的动力不稳定及其非线性相互作用所产生的影响，即引起上述逐日天气预报失效的大气内部动力原因的影响，它在一定意义上也可归结为初始场的影响；二是由气候系统的其他子系统所产生的影响，如海温、海冰分布、积雪分布、土壤湿度等异常下边界条件的强迫作用，即热流入量的影响。针对上述影响短期气候变化的两个因素，方差分析方法相应地将大气变化总的季均值的年际变率分为由上述大气内部季节内变率动力作用引起的自然变率和由外强迫以及慢变的大气内部动力作用的变化引起的年际变率两部分，前者作为气候噪音，是不可预报的，而后者由缓变的、具有持续性的外强迫引起，为可预报的气候信号。方差分析方法就是在假定月、季时间尺度内无外强迫变化的情况下，对上述年际变率与自然变率的比值进行方差检验，若此比值超出某一信度下的临界值，则认为外强迫和大气慢变对大气环流演变的影响是显著的，进一步认为存在可预报性。

应用观测资料，基于上述方差分析的理论思路分析气象资料月、季平均资料可预报性方面的工作有很多，如 Shukla（1983）、Trenberth（1984）、Madden（1976）等。这里，将采用月平均资料，使用 ZF2004 的季均值场的（协）方差分解方法，得到气象要素可预报性的估计。

具体计算方法如下：通过 ZF2004 季均值场的方差分解方法，将由某一气候变量的月均值场资料得到其总体方差场 $V(X_{yo})$、"季节可预报"部分的方差场 $V(\mu_y)$ 及"不可预报"部分的方差场 $V(\varepsilon_{yo})$ 的估计；进一步计算比值 $P = \dfrac{V(x_{yo}) - V(\varepsilon_{yo})}{V(x_{yo})}$，即估计的"慢变部分"的方差与总体方差之比，得到对某一气候变量季节可预报性的估计（Madden 1976；Zheng and Frederiksen，1999）。P 表示了在移去"季节内变率部分"后残差部分与总方差的比例。可预报性 P 越高，表示季节平均的气候变量越容易被预报。

8.1.2　中国东部区域降水的季节可预报性

本节利用中国东部区域 106 个站点的降水资料，以及 8.1.1 节定义的可预报性 P 值公式，研究该区域在各个季节的降水季节可预报性问题，结果如图 8-1 所示。

由图 8-1 可知，中国东部区域降水的季节可预报性百分率数值总体不大，数值平均在 16% 左右，即中国东部区域降水的季节可预报性十分有限。这说明，对于某个季节，中国东部区域降水年际变化的影响主要来源于季节内变率（10~60d）的大气内部动力过程，从另一个侧面说明在中国东部降水季节预报研究中进行季均值场方差分解的重要性。只有将降水总体方差分解为"可预报"方差和"不可预报"方差部分，才能更好地去除相对季节预报而言，对噪音的"季节内变率"（"不可预报"）部分的影响，从而更好地研究降水的季节可预报信号及其影响因子。

另外，由图 8-1 可知，对中国东部区域的降水，冬季 1~3 月（JFM）的可预报性相对最高，达到 28%；夏季 6~8 月（JJA）的可预报性其次，为 18%；夏秋转换季节 8~10

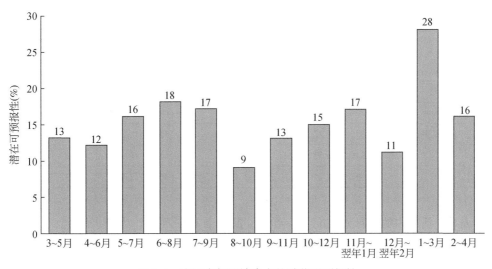

图 8-1 中国东部区域降水的季节可预报性

月（ASO）的季节可预报性最低，仅为 9%。总体而言，中国东部降水季节可预报性呈现一种冬夏季节高、转换季节低的季节变化规律。

8.1.3 降水模态的季节可预报性

中国东部区域降水的季节可预报性，主要给出了研究区域降水总体季节可预报性的一个大体趋势的概括，而本研究主要针对降水主要的 EOF 模态（见 2.2.3 节）展开讨论。由于降水的可预报性有限，对于降水的季节预报，主要关心降水型的预报的可预报性。表 8-1 给出了中国东部区域降水前两个"可预报模态"（记为 S-EOF1、S-EOF2，其中 S 是缓慢 slow 的缩写，因为可预报性是由缓慢变化的外强迫和缓慢变化的内部动力系统造成的）和降水前两个"总体模态"（记为 T-EOF1、T-EOF2，其中 T 是总体 total 的缩写，即可预报分量和不可预报分量的总体，也就是计算的季节平均）的季节可预报性的估计（括号内的百分比为各模态解释方差的大小）。

表 8-1 可预报部分与降水总体前两个 EOF 主成分的季节可预报性

季节	S-EOF1	S-EOF2	T-EOF1	T-EOF2
（MAM）3～5 月	（47%）0.43	（16%）0.43	（29%）0.25	（17%）0.04
（AMJ）4～6 月	（58%）0.51	（11%）0.26	（24%）0.43	（16%）0.02
（MJJ）5～7 月	（52%）0.59	（11%）0.51	（20%）0.55	（14%）0
（JJA）6～8 月	（26%）0.57	（15%）0.54	（16%）0.49	（15%）0.29
（JAS）7～9 月	（22%）0.56	（17%）0.59	（17%）0.44	（12%）0.27

季节	S-EOF1	S-EOF2	T-EOF1	T-EOF2
（ASO）8~10月	（28%）0.37	（14%）0.44	（14%）0.16	（11%）0.03
（SON）9~11月	（51%）0.51	（11%）0.56	（23%）0.37	（10%）0.22
（OND）10~12月	（68%）0.51	（9%）0.45	（37%）0.34	（11%）0
（NDJ）11月~翌年1月	（77%）0.41	（10%）0.33	（49%）0.25	（11%）0.19
（DJF）12月~翌年2月	（63%）0.27	（17%）0.2	（52%）0.12	（17%）0
（JFM）1~3月	（83%）0.62	（6%）0.24	（51%）0.49	（16%）0.17
（FMA）2~4月	（69%）0.46	（9%）0.49	（40%）0.32	（13%）0

注：可预报部分和降水总体分别对应S-EOFs和T-EOFs；括号内的百分比为各模态解释方差的大小

　　由表8-1括号内的解释方差的大小可见，前两个EOF模态作为降水的主要模态有着很大的表征性［特别是前两个"可预报模态（S-EOFs）"的解释方差平均为60%左右］。另外，对比表8-1给出的EOF主要模态的季节可预报性可以看出，在进行ZF2004方差分解后得到的"可预报模态"（S-EOFs），其季节可预报性较方差分解前"总体模态"（T-EOFs）的可预报性有显著的提高，即在进行ZF2004方差分解后，可以更有效地得到季节可预报信号。因此，使用ZF2004的方差分解方法，可以更有效地进行季节可预报性的研究，也就是说，通过这种方法，将可以针对去除了季节内变率这一噪音的"季节可预报信号"寻找其季节预报因子和分析相关动力过程，从而更好地认识和了解影响中国东部降水季节可预报性的内外动力过程。

　　另外，值得注意的是，"可预报模态（S-EOFs）"的可预报性在严格意义上应该为100%，但是由于计算模态可预报性P值应用的是可预报模态对应的时间系数，即"可预报时间系数"，无法得到降水的可预报部分（只能得到其协方差），所以在这里对"可预报时间系数"的计算是一个大体估计，使用的是"可预报模态"与"降水总体"（而非降水总体的可预报部分）的矩阵乘积，这就是"可预报模态（S-EOFs）"的可预报性不能到达100%的主要原因。

8.2　可预报部分的主要雨型及其预报因子

　　分析讨论各个季节中国东部降水的主要的"季节可预报模态"，即可预报部分主要雨型；并通过对"季节可预报模态"对应的"可预报时间系数"与海表温度SST做相关分析，寻找相关系数较高的海温区域，即可能的降水季节预报因子。

8.2.1　与ENSO相关的中国东部降水

　　图8-2给出了10~12月（OND）至2~4月（FMA）各季节中国东部降水总体方差［图8-2（a）~图8-2（e）］、降水可预报第一模态［图8-2（f）~图8-2（j）］以及与降水可预报模态对应的海温相关图［图8-2（k）~图8-2（o）］，结果如下。

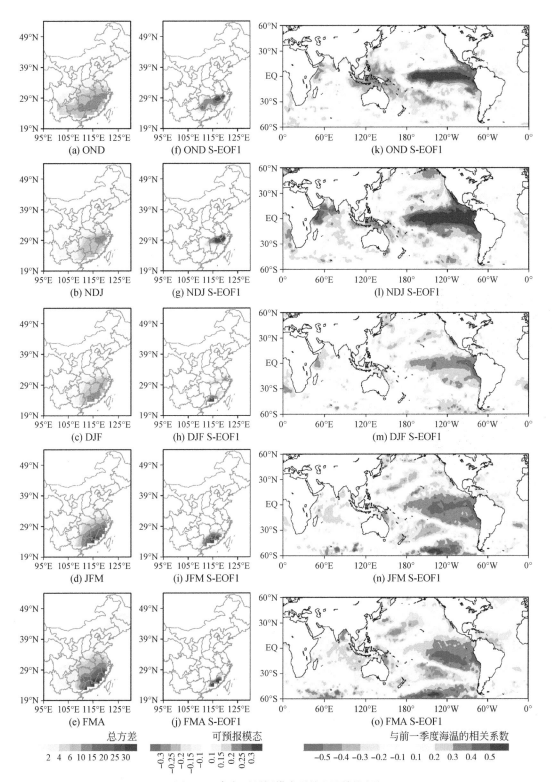

图 8-2 降水可预报模态及海温预报因子

由图 8-2 的最右列，即降水与海温的相关关系图可见，从 10~12 月（OND）至 2~4 月（FMA），中国东部地区降水季节预报的关键预报信号主要来源于赤道东太平洋的海温，即在这 5 个季节，主要由厄尔尼诺-南方涛动现象（ENSO）影响着中国东部区域降水的季节预报。这与 Zhang 等（1999）、Wu 等（2003）和 Zhou 等（2010b）的研究结果一致，这些研究表明，从当年秋季至次年春季，中国东部区域的降水与前期和当期的 Niño 3 区的海温有很大关系（Ying et al.，2015）。不过，相对于之前的研究，本研究结果指出，从秋季至冬季，ENSO 与中国东部降水可预报部分第一模态的相关关系有一个随季节关系变弱的过程，即在秋季（OND~NDJ），ENSO 与中国东部降水较冬季（DJF~FMA）有更强的相关关系，下面的研究中将对这个现象予以解释。

由图 8-2 的最左列，即 OND 至 FMA 各季节中国东部区域降水的总体方差可见，虽然相对于夏季降水的总体方差，秋冬季节降水量少（Li and Ma，2012）并且方差变化小［图 8-2（a）~图 8-2（e）］，但在中国东南部地区，降水的总体方差仍能达到 1000~2000mm^2。因而，中国东部地区秋冬季的降水也是十分重要的。并且，在图 8-2 左列可以看出，中国东部降水总体方差的分布在 OND 至 FMA 这几个季节呈现由南向北的梯度分布，在中国东部地区的南部，降水的总体方差大大高于北部区域，这在 1~3 月（JFM）和 2~4 月（FMA）两个季节尤为明显。

图 8-2 的中间列表示了中国东部降水可预报部分空间第一模态，它们各自的解释方差见表 8-1，由此可见，与图 8-2 左列降水总体方差分布不同的是，降水可预报第一模态的空间分布更加局地化，这与之前分析的中国东部区域降水的可预报性的结果一致，即在中国东部区域，降水季节预报的可预报性十分有限，可预报性大的区域仅仅集中在局部地区。另外，中国东部降水的可预报型态有着明显的季节推移，虽然在各个季节可预报型呈现出处处为正，即降水偏多的型态，然而在秋季（OND~NDJ），中国东部区域降水的可预报型的中心主要在江淮流域（27°N~35°N）；而在冬季（DJF），中国东部区域降水可预报型态有两个中心，一个仍然在江淮流域，另一个则在华南地区（27°N 以南）；到深冬季节（JFM~FMA），中国东部降水的可预报型态的中心开始移至华南地区。

另外，除了以上讨论的 5 个季节（OND~FMA）中国东部降水的可预报性与 ENSO 有着密切关系之外，在秋季 9~11 月（SON）及春季 3~5 月（MAM），发现中国东部降水的可预报模态也与 ENSO 有很强的相关关系（图 8-3），它们的解释方差同样见表 8-1。但与前面讨论的 5 个季节不同的是，这两个季节都有两个 EOF 模态与 ENSO 相关，并且在这两个季节，可预报的降水模态及其对应的 500hPa 高度场环流型态有着与上述季节不同的形态特征。对于 SON 的降水可预报第一模态，虽然同样呈现处处降水偏多的分布特征，但相对于 OND~FMA，它的正值中心范围更大；而对于 SON 的降水可预报第二模态，中国东部区域降水的可预报模态呈现南北正-中间负的分布；对于 MAM 降水可预报的第一模态，中国东部降水的可预报模态呈现南正北负的分布特征；与之相反的是，MAM 降水可预报的第二模态，中国东部降水的可预报模态呈现南负北正的分布特征。

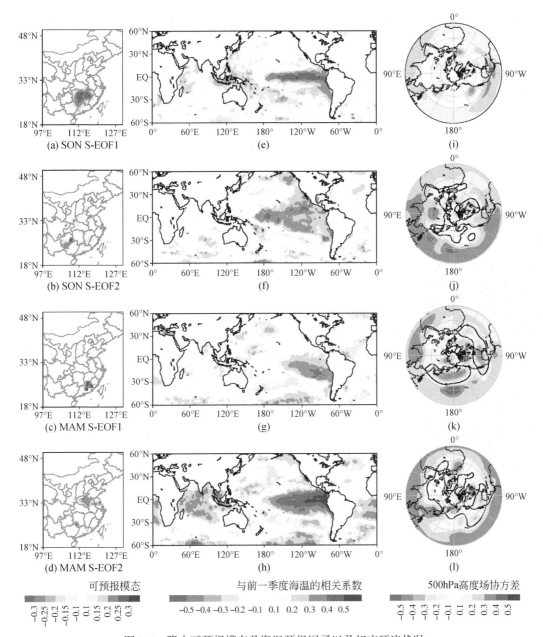

图 8-3　降水可预报模态及海温预报因子以及相应环流状况
（a）～（d）为 SON 及 MAM 中国东部区域降水的可预报前两个模态（S-EOF1 和 S-EOF2）；
（e）～（h）为对应的前一季度的海温相关图；（i）～（l）为可预报降水
模态相关的 500hPa 高度协方差场

　　另外，除了以上讨论的 7 个季节（SON～MAM）以外，ENSO 在其他季节与中国东部降水可预报模态则没有那么好的相关关系，以下小节将依次讨论其他季节中主要的降水季节预报因子。

8.2.2 与黑潮海温相关的中国东部降水

图8-4给出4~6月（AMJ）至6~8月（JJA）中国东部降水总体方差［图8-4（a）~图8-4（c）］、降水可预报第一模态［图8-4（d）~图8-4（f）］、对应降水可预报模态的海温相关图［图8-4（g）~图8-4（i）］。

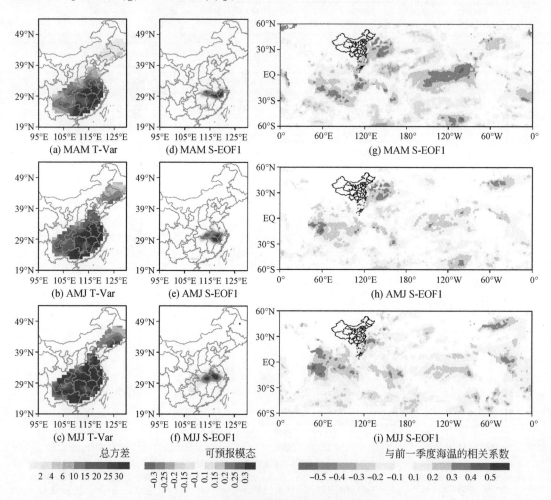

图8-4 降水可预报模态及海温预报因子

（a）~（c）为AMJ~JJA各季节中国东部降水总方差，单位为 $10^2 mm^2$；

（d）~（f）为降水可预报部分的第一主成分（S-EOF1）；（g）~（i）为对应可预报部分降水

第一主成分的时间序列与前一季度海温的相关系数

由图8-4（g）~图8-4（i）所示，在降水的年际变化明显增强［图8-4（a）~图8-4（c）］的春夏季节（AMJ~JJA），影响中国东部降水可预报模态的海温关键区主要在黑潮海域（110°E~130°E，20°N~35°N），即前一季度黑潮区域的海表温度SST是中国东部降水的可能预报因子。黑潮是西北太平洋一股强大的暖洋流，其区域的感热、潜热通量很大，净热量释放是全球海洋中最大的，这种热量释放向北半球输送了大量的热量（Siung，1985），已有的很多研究都表明，该区域的海表热力状况与我国天气气候有着密切的联系，在之前对江淮流域降水的季节可预报性的研究中（Ying et al.，2013），就曾经指出，春夏季节前期的黑潮海温与后期江淮流域降水有很好的正相关关系。本研究给出类似的结论，由图 8-4（d）~图 8-4（f）的降水可预报第一模态所示，中国东部降水-黑潮海温呈显著的正相关关系，即在前期黑潮海温异常增高的情况下，中国东部的降水将发生异常偏多，并且降水中心主要在江淮流域；反之亦同。

8.2.3 与印度洋及南海海温相关的中国东部降水

图 8-5 给出了中国东部区域降水在 7~9 月（JAS）的可预报第二模态、海温相关以及 850hPa 水汽输送协方差场作为降水-海温的环流场诊断工具，结果如下。

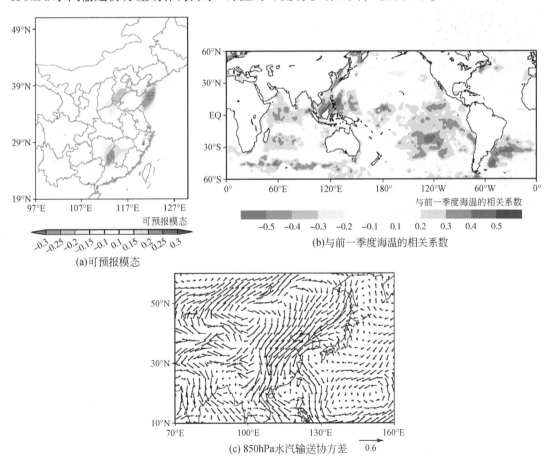

图 8-5 JAS 季节降水的可预报第二模态（S-EOF2）（a）、可预报模态对应的前一季度的海温相关图（b）以及可预报模态对应的 850hPa 的水汽输送的可预报协方差图（c）

由图 8-5 可见，在 9～11 月（JAS）夏秋转换季节，中国东部区域的降水主要受印度洋和南海海温的影响，其中在印度洋和南海海温较常年异常偏高时［图 8-5（b）］，中国东部的降水呈现南涝北旱的分布型态［图 8-5（a）］，反之亦同。

已有一些研究表明，中国降水与印度洋海温关系密切：吴国雄（1995）通过数值试验认为，降水异常主要是由水汽通量辐合的异常造成的，也由于大气中水汽分布和水汽输送主要发生在底层，因此海表温度异常所激发的低层环流异常与降水异常有密切关系。El Niño 期间，江淮流域 8 月降水偏多并非是对于东赤道太平洋暖 SST 的直接响应，而主要是对于同期中、西部赤道印度洋暖 SST 的邻域响应。这时，由后者所激发的异常西太平洋低空环流盘踞在西太平洋及华南上空副热带一带。与其研究结果一致，在本研究中，如图 8-5（c）所示，在西太平洋菲律宾以东存在着一个异常气旋，另外在亚欧大陆东侧贝加尔湖附近存在着一个异常的反气旋性环流，造成了异常雨带南多（涝）北少（旱）的分布型态。

关于南海海温与中国降水的关系，气象学家也已取得了一定的研究成果：因为中国处于亚洲季风区，天气、气候受季风活动影响很大，特别是 5～9 月的汛期，中国大部分地区的降水分布、降水带移动以及旱涝灾害在很大程度上受夏季风的控制。而南海位于欧亚大陆的东南端，是连接印度洋和西太平洋的重要纽带，是南亚季风和东亚季风系统发生相互作用的场所，也是副热带夏季风系统最直接的水汽源地，它为中国华南地区、中国台湾、日本的汛期降水提供了主要能量与水汽来源，从而南海季风的爆发与演变也成为东亚季节转变和雨季来临的一个重要标志。罗邵华、金祖辉和陈列庭等（1985，1988）就南海海温变化和印度洋与南海纬向热力差异对亚洲季风的影响进行了分析，他们强调热带海洋纬向热力差异对亚洲夏季风的作用。南海前期海温异常偏暖（冷）时，长江中下游夏季降水异常偏多（少）。

8.3　相关环流状况的表征

前期赤道东太平洋海温，即 ENSO 现象与后期 10 月～翌年 4 月（SON～MAM）这 7 个季节的中国东部降水有很好的相关关系；而前期黑潮区域的海温与后期 5～7 月（AMJ～JJA）这 3 个季节的中国东部降水有很好的相关关系。这两个过程也是中国东部降水季节预报的两个最主要的过程。为了进一步理解 ENSO 和黑潮海温是如何影响中国东部降水的可预报模态的，需要分析与"可预报降水模态"相关的 500hPa 高度场的合成场及其"可预报部分"的协方差场。这里需要说明的是，对于 500hPa 高度场"可预报部分"协方差场的计算，应用前面介绍的 ZF2004 方差分解方法，计算的是中国东部降水可预报模态的时间序列与 500hPa 高度场的"可预报部分"的协方差。因为利用方差分解方法计算而得的可预报部分的协方差场将更大限度地体现季节可预报的信号，从而更加有利于理解与季节预报有关的大气环流场。

8.3.1　西太副高

在南北半球的副热带地区，存在着副热带高压，由于海陆的影响，常断裂成若干个高压单体，这些单体统称为副热带高压，在北半球，它主要出现在太平洋、印度洋、大西洋和北非大陆上，其中出现在西北太平洋上的副热带高压称为西太平洋副热带高压，简称西太副高，它常年存在，是一个稳定而少动的暖性深厚系统。

西太副高是东亚季风系统中的一个重要成员，因为其控制面积大，并且对流层低层以下最突出，因而对近地面的气候影响较直接和显著，很多研究已表明，西太副高的季节变化与我国主要雨带的活动、雨季的出现都有着十分密切的联系：西太副高脊北侧受北上的西南和东南气流形成的偏南气流与来自中高纬度的西北和东北气流形成东亚副热带辐合带（梅雨锋），多气旋和锋面活动，上升运动多，多阴雨天气；而脊的南侧受西南和东南气流影响形成东亚热带辐合带（季风槽），当其中无气旋性环流时，一般天气晴好，但当有东风波、台风等热带天气系统活动时，则常出现云、雨、雷暴，有时出现大风、暴雨等恶劣天气。近年来，气象学家除对西太副高做了深入研究外（黄士松，1961；黄荣辉等，1988；吴国雄等，1999；刘屹岷等，1999），还对夏季副高与东亚环流及天气−气候的变化做了大量研究，发现夏季东亚天气气候的异常与西太副高的异常有关，西太副高的位置及强度的年际、季内异常造成东亚天气、气候的异常（陶诗言等，1962，1963；黄荣辉等，1994），并且研究指出，夏季西太副高形态的南北和东西向位移，不仅有显著的年际变化，还有显著的季节内变化（陶诗言等，1964；董步文等，1988；毕慕莹，1989；廖荃荪等，1992；喻世华等，1995；张庆云等，1999）。

为了弄清楚夏季和冬季西太副高异常时中国东部降水去除了季节内变化信号的"季节可预报模态"的结构和演变过程及其降水异常的物理成因，图 8-6 给出了受 ENSO 影响的 3 个代表季节（SON、NDJ、JFM）的 500hPa 高度场针对降水"可预报时间系数"的正负合成图，结果如下。

图 8-6 的 500hPa 高度场正负合成图在以上冬季的 3 个代表季节有着共同的特征：在降水"可预报模态"的正位向，即中国东部降水异常增多时，对应的西太副高强度增强，位置西伸，由上面的讨论可知，这将有利于西太副高输送水汽至其高压脊北侧的中国东部，造成降水的异常增多；反之亦同。另外，从秋季（SON）至冬季（JFM），500hPa 的正负合成场都可见西太副高位置的南撤，这与图 8-2 和图 8-3 所示的可预报降水中心随季节的向南移动是一致的。

进一步，图 8-7 给出了受 ENSO 影响的 2 个代表季节（OND、JFM）的 500hPa 高度场针对 Niño 3 区指数（ENSO 指标）的时间系数的正负合成图，结果如下。

由图 8-7 可见，500hPa 高度场的正负合成图在以上两个季节有着明显的共同特征：在对应 Niño 3 区指数的大值年（El Niño 年），西太副高有显著的增强和西伸；反之，在对应的 La Niña 年，西太副高强度大大减小，甚至在 JFM 季节的 5860 线已消失，另外在 OND 季节，西太副高的位置异常偏东。依据以上对降水−西太副高以及 ENSO−西太副高的讨论结果可见，西太副高是联系降水和 ENSO 大气的重要桥梁和纽带。

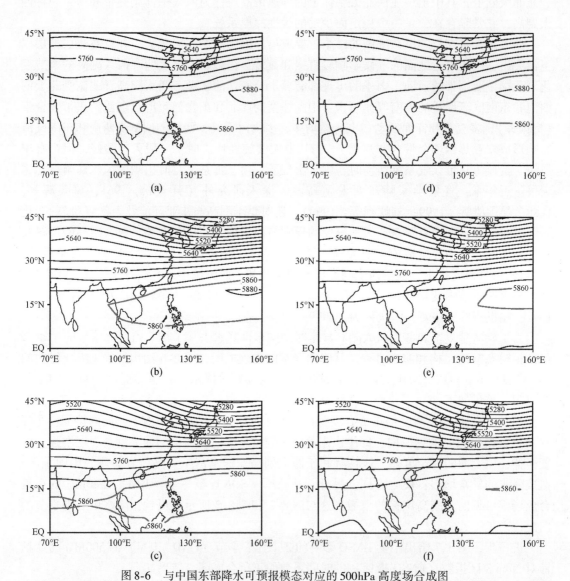

图 8-6　与中国东部降水可预报模态对应的 500hPa 高度场合成图

（a）～（c）为正合成，（d）～（f）为负合成，从上到下依次对应 9～11 月（SON）的第一可报模态（S-EOF1）、
11 月～翌年 1 月（NDJ）的第一可报模态以及 1～3 月（JFM）的第一可报模态。其中，5860m 线代表西
太副高，用红色加粗实线表示

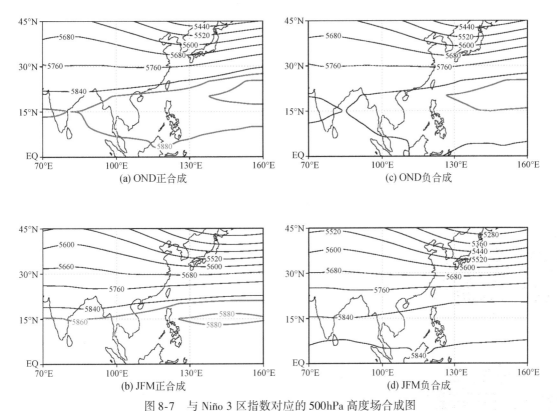

图8-7　与Niño 3区指数对应的500hPa高度场合成图

（a）～（b）为正合成（即对应El Niño现象），（c）～（d）为负合成（即对应La Niña现象），从上到下依次对应10～12月（OND）1～3月（JFM）。其中，5860m线代表西太副高，用红色加粗实线表示

以上讨论了秋冬季节西太副高对中国东部降水"季节可预报信号"的作用和影响，图8-8给出的是对应受黑潮海温影响的3个夏季季节（AMJ～JJA）的500hPa高度场针对降水"可预报时间系数"的正负合成图。

与上面讨论的秋冬季节类似，图8-8的500hPa高度场正负合成图在以上夏季的3个代表季节具有以下共同的特征：在降水"可预报模态"的正位向，即中国东部降水异常增多时，对应的西太副高强度增强，位置西伸，这将有利于西太副高输送水汽至其高压脊北侧的中国东部，造成降水的异常增多；反之亦同。

由以上的讨论可以看出，西太副高对中国东部冬季和夏季的降水季节可预报模态都有着十分重要的影响，副热带高压的位置偏西（东）和强度偏强（弱）对应着中国东部降水的偏多（少）。

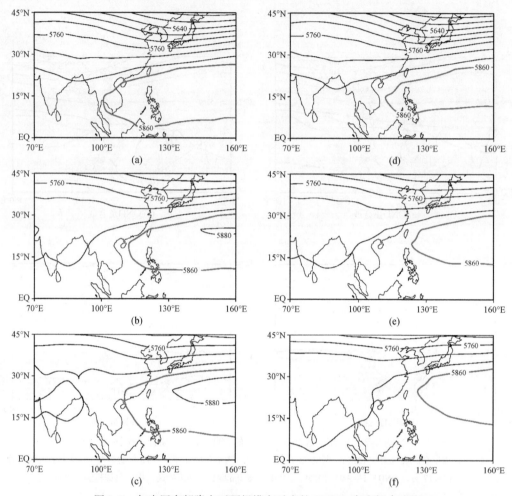

图 8-8 与中国东部降水可预报模态对应的 500hPa 高度场合成图

（a）～（c）为正合成，（d）～（f）为负合成，从上到下依次对应 4～6 月（AMJ）的第一可预报模态、（S-EOF1）5～7 月（MJJ）的第一可预报模态以及 6～8 月（JJA）的第一可预报模态。其中，5860m 线代表西太副高，用红色加粗实线表示

8.3.2 Hadley 环流及大气遥相关

众所周知，大气活动具有时空多尺度的特征，全球和区域的大气环流异常与区域降水异常都有着密切的联系，8.3.1 节中，主要针对中国东部邻域一个主要的环流系统——西太副高展开讨论，在本节中，将通过 500hPa 高度场对应降水可预报模态的"可预报部分"的协方差场，分析研究整个北半球的大气环流系统在各个季节对中国东部降水的影响作用。

图 8-9（a）～图 8-9（e）显示的是 1951～2004 年 OND～FMA 各季节 500hPa 与降水可预报模态相关的"可预报部分"的协方差场，结果如下。

在整个热带地区，500hPa 高度场环流与中国东部的降水有范围很大、强度很强的正相关区域。这个正相关区域的中心范围大概是从菲律宾以东区域至非洲东海岸，纬度范围为 10°N ~ 20°N，参考 Quan 等（2004），这个区域是受 Hadley 环流影响的区域范围，说明中国东部降水在秋冬季节受 Hadley 环流系统的影响较大。Hadley 环流圈在 1975 年为了解释信风带的存在首次被提出，作为三圈环流的主要系统，这个经向环流圈的存在对维持全球热量、角动量等的平衡具有重要的意义。尤其在低纬地区，Hadley 环流圈对这些物理量的输送占主导地位，在气候系统中，Hadley 环流的变化可以影响到其他地区气候也发生改变（Chang，1995；Hurrell，1996）。由本研究可见，Hadley 环流对中国东部降水的影响具体来说，当 Hadley 环流增强时，对应着中国东部的降水增多；反之亦同。以上对西太副高的讨论中，已经了解到西太副高作为 ENSO 影响中国东部降水的桥梁，它的强度与位置在一定程度上决定了中国东部降水中心的位置及其多少，进一步的研究表明，ENSO 对中国东部降水的影响不仅仅局限于副热带地区的海气反馈响应，同样受热带区域系统的控制。同样的，这种 Hadley 环流对东亚区域降水季节可预报型态的影响作用也体现在 9 ~ 11 月（SON）和 3 ~ 5 月（MAM）两个季节（见图 8-3 右列）。另外，可以看出，Hadley 环流对于 SON 和 MAM 两季节降水的 EOF 第一模态的影响没有对 EOF 第二模态的影响显著。

在非赤道地区，500hPa 环流图上 [图 8-9（a）~ 图 8-9（e）] 的显著特征是影响中国东部降水可预报性的大气遥相关型态。大气遥相关给出的是一种不同地区异常天气和异常气候间的联系，Wallace 和 Gutzler 在 1981 年总结前人工作之后，曾通过对北半球 500hPa 位势高度场计算单点相关，给出了 5 种主要的遥相关型态，即东大西洋型（EA）、西大西洋型（WA）、西太平洋型（WPO）以及太平洋北美型（PNA），Frederiksen 和 Zheng（2004）则在进一步的研究中，分别给出了对应"季节预报尺度"和"季节内尺度"的大气遥相关型态。依据前人的研究，在本研究中可以看到，对中国东部降水有影响的大气"季节预报尺度"的遥相关型态及其季节上的演变：从 NDJ 至 DJF [图 8-9（b）~ 图 8-9（c）]，500hPa 高度场的大气环流型态与 Frederiksen 和 Zheng（2004）中的 Slow-REOF3 有着类似的结构特征，说明西太平洋涛动（WPO）对这两个季节中国东部降水的影响，其中鄂霍次克海（−）–日本（+）对应着中国东部降水增多；从 JFM 至 FMA [图 8-9（d）~ 图 8-9（e）]，500hPa 高度场的大气环流型态可见在中东太平洋及北美地区有大值中心，参照 Frederiksen 和 Zheng（2004）中的 Slow-REOF2，这个遥相关模态具备太平洋–北美，即 PNA 的特征，即在这两个季节 PNA 对中国东部降水的可预报型态有一定的影响作用，其中东北太平洋（−）–加拿大和北美（+）–美国南部（−）对应着中国东部降水增多。在 MAM，与中国东部区域降水可预报第一模态相关的 500hPa 高度场 [图 8-9（k）] 具备一定的 WPO 的特征，而与第二模态相关的环流场则具备一定的 PNA 的特性。

另外，图 8-9（f）~ 图 8-9（o）给出的 OND ~ FMA 各季节在 20 世纪 70 年代末期前后两个时间段的大气环流的差异对比，将在下面的"年代际变化"中进行讨论。

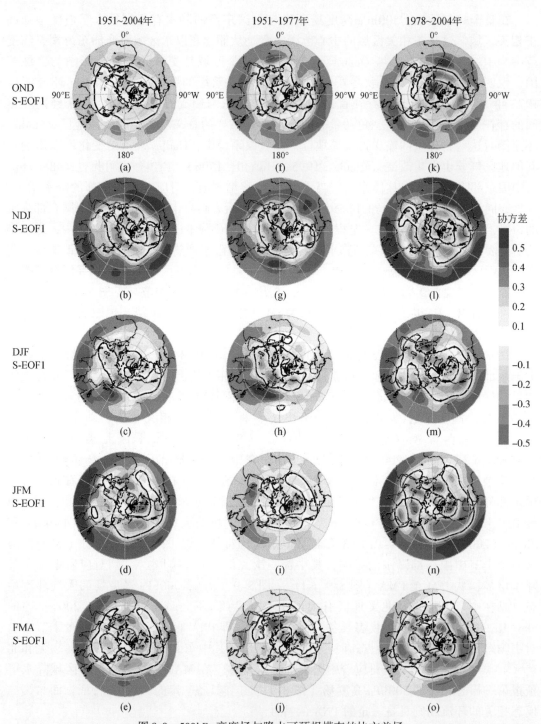

图 8-9　500hPa 高度场与降水可预报模态的协方差场

1951~2004 年［(a)～(e)］、1951~1977 年［(f)～(j)］、1978~2004 年［(k)～(o)］与中国东部降水可预报模态相关的慢变部分的 500hPa 高度协方差场，从上至下依次对应：10~12 月（OND）的可预报第一模态（S-EOF1）、11~1 月（NDJ）的可预报第一模态、12~2 月（DJF）的可预报第一模态、1~3 月（JFM）的可预报第一模态以及 2~4 月（FMA）的可预报第一模态。下同理

　　图 8-10（a）～图 8-10（e）给出的是 1951～2004 年 AMJ～ASO 各季节 500hPa 与降水可预报模态相关的协方差场。由图 8-10 可见，与以上分析的秋冬季节（OND～FMA）不同的是，在春夏季节（AMJ～ASO），除了 JJA 和 JAS 两个季节，在赤道地区，与降水可预报模态相关的 500hPa 协方差场没有显著的强相关区域，即在春夏季节，Hadley 环流对中国东部降

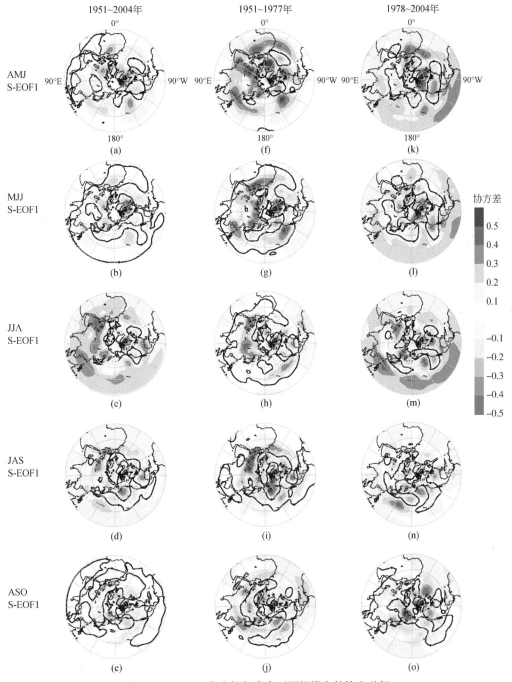

图 8-10　500hPa 高度场与降水可预报模态的协方差场

水季节可预报性的贡献不大。图 8-10（f）～图 8-10（o）所示的 20 世纪 70 年代末期前后阶段 500hPa 高度可预报的协方差场将在 8.4 节 "年代际变化" 中进行比较和讨论。

8.4　年代际变化

在之前的讨论中，也发现了 ENSO 对中国东部秋冬季节降水的影响有较大的差异，在秋季（OND～NDJ），ENSO 与降水呈现更高的相关性；而在冬季（DJF～FMA），ENSO 与降水的关系则没有那么强。也就是说，ENSO 事件在秋季作为中国东部降水预测的前期信号更为可靠，而在冬季，ENSO 与降水异常的关系将在一段时间内比较明显，而在另一段时间内不太明显，具有一定的不确定性。对于冬季的这种关系的不稳定性，究其原因，可能一方面是由于 ENSO 与东亚季风之间的相互作用非常复杂，两者的关系不太稳定（Torrence and Webster，1999；Wang，2002；徐建军等，1997）；另一方面，可能与太平洋海气系统存在的年代际振荡现象（PDO）（Nitta and Yamada 1989；Trenberth and Hurrell 1994；Graham 1994；Wang 1995；Zhang et al.，1997）有关。也就是说，PDO 可能作为了海温–降水关系的年际变率背景，对 ENSO 事件与秋冬季中国东部降水的异常影响作用产生了一定的调控作用（Gershunov，1998；朱益民，2003）。

之前已有一些研究讨论过发生在 20 世纪 70 年代末期的 PDO 现象对中国气候的影响。例如，Wu 和 Wang（2002）的工作指出，伴随着 70 年代末期太平洋气候的年代际变化，东亚夏季风（EASM）与 ENSO 的关系也发生了相应的转变，与 ENSO 相关的中国东北部的降水也开始明显变弱。Chan 和 Zhou（2005）与 Zhou 等（2006）的工作都是应用降水台站资料（香港、澳门、广州）建立代表早期夏季南海季风降水指数，进而发现该指数有一个明显的年代际变化，他们同时指出这个年代际变化的模态与太平洋年代际涛动（PDO）和 ENSO 有关（Mantua et al.，1997）。Nitta 和 Hu（1996）指出在 70 年代中期中国夏季气候的巨大变化与西太平洋副高的加强与位置的南移有关。另外，在 1977～1978 年欧亚大陆至日本海北边有着位势高度的变化。在以上的研究中，PDO 对中国气候特别是降水的影响主要体现在夏季，在本研究中，将不仅考虑 PDO 作为气候背景对中国东部夏季降水的影响，同时讨论其对秋冬季降水的影响作用。在本研究中，将研究时段分别取为 1951～1977 年（PDO 为负，参照 Mantua et al.，1997 的 PDO 指数）和 1978～2004 年（PDO 为正）两个阶段，来讨论中国东部区域降水与海温的关系在 70 年代末期的年代际变化问题。

8.4.1　降水–海温关系的年代际变化

图 8-11 显示了 10～12 月（OND）至 2～4 月（FMA）各季节分别对应两个不同时间段（前期 1951～1977 年和后期 1978～2004 年）的海温–降水相关系数图。结果表明，在秋季（OND 和 NDJ），赤道东太平洋的海温与中国东部降水的正相关关系在前后两个时间段都十分显著；而在冬季（DJF～FMA），前一季度的赤道东太平洋的海温与当季中国东部降水之间的关系在前后两个不同的时间段有着明显的差异：在 1978～2004 年阶段，ENSO 与中国东

部区域降水的关系十分密切，而在 1951～1977 年阶段，降水与海温的相关关系则十分微弱，甚至在 JFM 和 FMA 两个季节，这种相关关系几乎不存在。这可能就是之前在图 8-2 中看到的 ENSO 与中国东部降水的相关关系秋季比冬季显著的原因（Ying et al.，2015）。

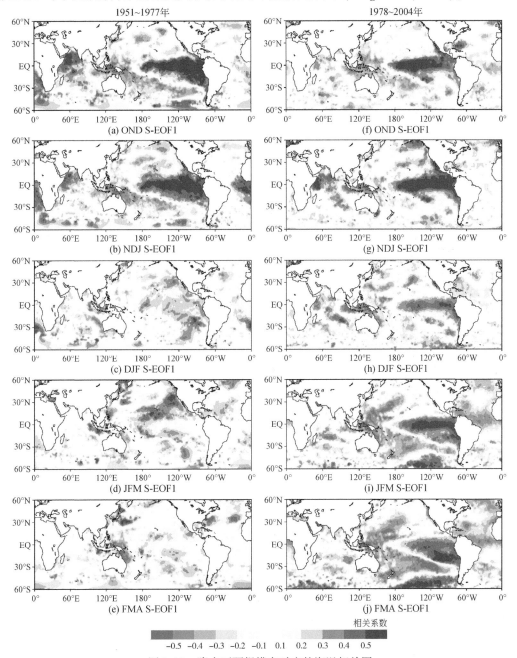

图 8-11　降水可预报模态对应的海温相关图

分别对应前期 1951～1977 年［（a）～（e）］、后期 1978～2004 年［（f）～（g）］中国东部降水的可预报第一模态与前一季度海温的相关系数图，从上到下依次是：10～12 月（OND）的可预报第一模态（S-EOF1）、11 月～翌年 1 月（NDJ）的可预报第一模态、12～2 月（DJF）的可预报第一模态、1～3 月（JFM）的可预报第一模态以及 2～4 月（FMA）的可预报第一模态

　　同样的，图 8-12 分别显示了 AMJ～ASO 各季节分别在 1951～1977 年和 1978～2004 年两个时间段的海温-降水相关系数图。结果表明，AMJ～JJA，在前后两个时间段内，中国东部区域降水与黑潮区域的海温都存在着很好的相关关系；而 ENSO 与中国东部降水的相关关系则有着很强的年代际变化：在 1978～2004 年，赤道东太平洋与中国东部降水有着很好的相关关系，而在 1951～1977 年，ENSO 与降水并不存在明显的相关关系。这也是在 8.2 节对夏季中国东部降水影响因子的讨论中，没有发现 ENSO 信号的原因。

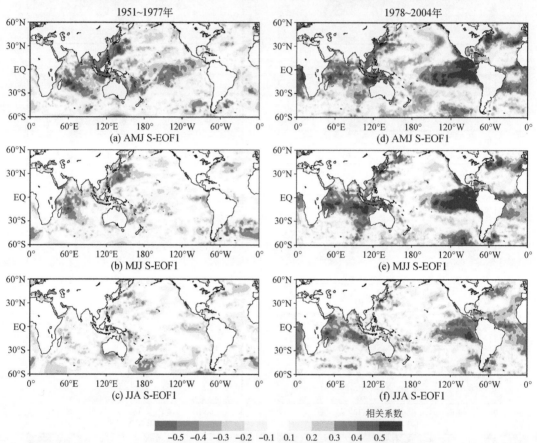

图 8-12　降水可预报模态对应的海温相关图

分别对应前期 1951～1977 年 [（a）～（c）]、后期 1978～2004 年 [（d）～（f）] 中国东部降水的可预报第一模态与前一季度海温的相关系数图，从上到下依次是：4～6 月（AMJ）的可预报第一模态（S-EOF1）、5～7 月（MJJ）的可预报第一模态、6～8 月（JJA）的可预报第一模态

8.4.2　降水–环流状况的年代际变化

　　根据 8.4.1 节的讨论，在 20 世纪 70 年代后期，海温与中国东部降水的相关关系在一些季节存在着一定的年代际变化，主要体现在 ENSO 与中国东部降水的关系上：夏季 AMJ～JJA 以及冬季 DJF～FMA，ENSO 信号都在前一阶段 1951～1977 年没有很大的体现，而在后一

阶段 1978～2004 年有很强的相关关系。而这种海温与降水关系的年代际变化应该是与在赤道和非赤道区域的大气环流状态相关的。所以，为了验证大气环流状态对 PDO 的响应，图 8-9 与图 8-10 的右边两列分别代表了 1951～1977 年以及 1978～2004 年两个阶段 500hPa 高度场与降水可预报主模态时间序列的慢变部分的协方差图。从图 8-9 可以看出，DJF～FMA，500hPa 环流场在两个不同的时间段在赤道区域有着明显的差异：1978～2004 年较 1951～1977 年有着明显更强的协方差值。而在 OND～NDJ 两个季节，赤道区域 500hPa 协方差值在前后两个时间段差异不大。而在冬季（DJF～FMA）赤道区域增强的协方差值表明可能有着增强的 Hadley 环流。这与 Quan 等（2004）的研究结果一致，即在冬季（DJF）Hadley 环流从 20 世纪 50 年代开始，由于全球变暖及赤道海表温度的变化，经历了一个不断增强的过程。类似地，由图 8-12 可见，除了 ASO，各个季节降水–500hPa 高度场的协方差场都在赤道区域有着一个明显增强的过程。

8.5　季节内变率部分的主要雨型及其环流状况

季节内振荡以 10～60d 的周期为主，是气候场在月、季尺度上的重要变率，对全球特别是热带地区的天气和气候有着重要的影响，它在季节尺度上是不可预报的。本研究的主要目标是使用 ZF2004 的方差分解方法，识别和理解中国东部区域降水的季节可预报信号及其预报因子。而由前面章节中的讨论可知，中国东部降水季节内变率引起的年际变化较季节可预报变率引起的年际变化更大，也就是说，降水年际变化很大一部分来自于季节内变率的影响，所以为了更好地理解中国东部地区的降水问题，了解和认识中国东部区域降水的不可预报信号，即季节内变率的信号是十分有意义的。在本节中，将重点讨论降水在一些代表性季节的"不可预报模态"的结构及其对应的环流场结构。

8.5.1　秋冬季节的中国东部降水

图 8-13 给出了季节内变率部分的主要降水型及与之相关的 500hPa 高度场的不可预报部分的协方差场。注意，这个 500hPa 高度场的"季节内变率"部分，即不可预报部分的协方差场的计算与前面讨论的计算"可预报"部分协方差场的方法类似，只是这里应用 ZF2004 方法进行方差分解的是降水"季节内变率"部分的时间系数和 500hPa 高度场，然后结果选用两者"季节内变率"部分的协方差场进行讨论。另外，选择 OND、DJF、FMA 作为秋冬季节与 ENSO 相关的代表季节。OND-PC1、DJF-PC1 、FMA-PC1、OND-PC2、DJF-PC2 、FMA-PC2 的解释方差分别为 31%、49%、34%、12%、18%、16%。结果可见：①这几个季节的季节内变率部分的第一模态有着处处为正，即降水处处较常年偏多的共同特征，降水模态的中心主要在中国的东南部区域。相对于之前讨论的这几个季节对应的可预报部分的第一模态，虽然降水中心仍坐落于中国东南部区域并且处处为正，但不可预报降水模态，即"季节内模态"的空间分布较"可预报模态"而言中心范围较大，没有那么局地化，并且中心稳定在中国南部，没有了位置上的季节移动。②对于以上讨论的

这 3 个季节的不可预报部分的第二模态，它们有着类似的南-北耦合结构：在正相位时，有着中国东部北侧区域降水偏多，而南部区域降水偏少的结构特征。

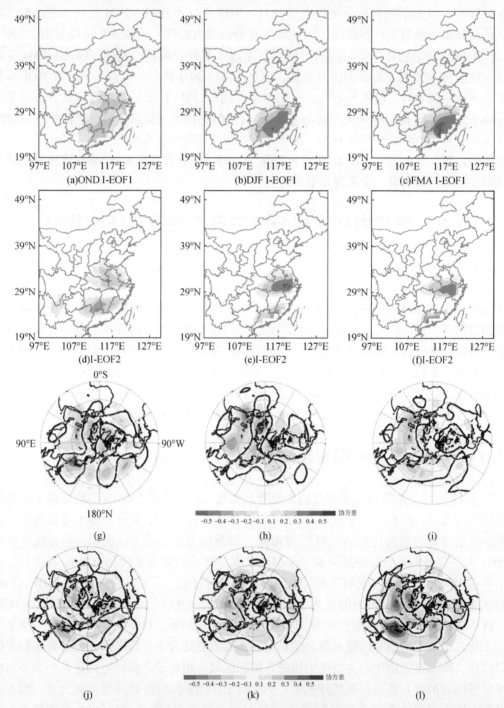

图 8-13 OND、DJF、FMA 3 个季节中国东部降水的前两个不可预报模态 (I-EOFS) 及其对应的 500hPa 季节内变率部分的协方差场

从 500hPa 高度场季节内变率部分的大气环流协方差场的结果可见：①对于第一模态，在日本及北欧高纬地区有着正值中心，而在广大的亚欧大陆中部则是负值中心，在这种东-西耦合结构的大气背景下，将有大量的水汽从菲律宾海输入至中国东部区域，从而造成中国东部区域多雨的气候条件；②而对于季节内变率部分的第二模态，这 3 个季节有着类似的西太平洋涛动（WPO）结构，500hPa 高度场在西北太平洋呈现南北耦合结构，在中国东部区域的南面是负的距平区，而在北面是正的距平区，从而造成了北面降水增多，南面降水减少的结构。也就是说，西太平洋涛动的季节内振荡是影响中国东部降水南北耦合结构的可能因子。

8.5.2　春夏季节的中国东部降水

在夏季的东亚季风区，季节内振荡将影响东亚夏季风的爆发及其季节演变（Lau et al.，1988；Wu and Wang，2001；周兵等，2001；付遵涛等，2003；李崇银，2004），而大量的研究成果表明，作为中国东部夏季降水最为主要的影响系统，东亚夏季风的位置及其强度将影响中国东部地区降水分布和大小，尤其对长江中下游的旱涝有着十分重要的影响（陶诗言等，1988；陈隆勋等，1991；徐予红，1996；祝从文等，1998；王启，1998；李维京，1999）。其中，夏季西北太平洋地区的大气季节内振荡主要以 30~60d 和 10~20d 两种周期最为显著，它们由赤道地区起源，向北面和西北地区传播，控制着东亚夏季风的活动（Hsu et al.，2001；Ding and Chan，2005；Mao et al.，2005）。另外，夏季西北太平洋的季节内振荡还影响着西北太平洋热带气旋的发生和移动（谢安等，1987；Liebmann et al.，1994；Nakazawa，2006），而一些研究表明，我国东部地区的夏季降水受来自于菲律宾群岛以东的西北太平洋地区的热带气旋，即台风影响严重（陈联寿等，1979）。可见，季节内振荡通过季风和台风等的作用与中国东部的夏季降水有着非常密切的联系。

图 8-14 给出了对应春夏各季节（AMJ~ASO），中国东部区域季节内变率部分的降水第一模态，其中，AMJ-PC1、MJJ-PC1、JJA-PC1、JAS-PC1、ASO-PC1 的解释方差分别为 18%、17%、14%、12%、13%。从图 8-14 中可以看出，受季节内变率影响的中国东部降水的空间形态主要呈现如下特征：①对于季节内变率部分降水的第一模态，AMJ~ASO，中国东部降水呈现处处为正，即降水偏多的结构，并且降水中心主要落在中国的东南部区域，位置在春夏各个季节相对较为稳定，但仍然可以看到随季节（AMJ~ASO）向北部逐渐延伸的趋势。②对比 AMJ~JJA 各季节中国东部降水"可预报模态"（图8-4），"不可预报模态"虽然呈现类似的处处为正的空间分布特征，但其中心位置很不相同：AMJ~JJA，中国东部降水的第一个"可预报模态"的中心主要稳定在江淮流域，说明在这几个季节，东部地区的降水可以进行季节预报的主要雨型为江淮降水偏多或偏少的情况；对应地，从这些季节第一个"不可预报模态"中心维持在中国南部可见，在这些季节（正好对应华南多雨期），中国东南部降水偏多或偏少的这一降水型态主要受季节内变率信号的影响，如东亚季风的季节内振荡、台风等。

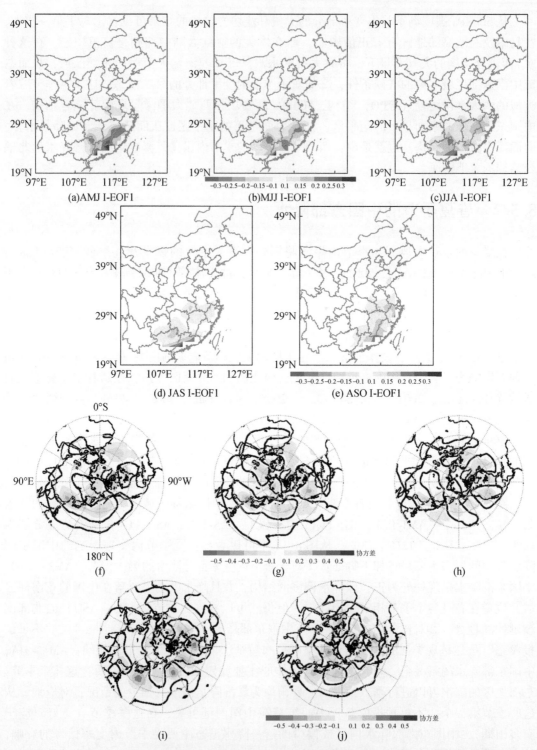

图 8-14　AMJ ~ ASO 5 个季节中国东部降水的第一个不可预报模态（I-EOFS）及其对应的 500hPa
季节内变率部分的协方差场

降水是一定环流状况下的产物，那么受季节内变率影响的降水是由怎样的环流型是决定的呢？为了解决这一问题，将研究与降水季节内变率信号相关的 500hPa 高度场的"季节内变率"部分的协方差场。图 8-14 给出了 AMJ ~ ASO 各季节 500hPa 环流场结果，由此可见：①在 AMJ 和 MJJ，控制中国夏季降水发生季节内振荡的对流层中层环流系统是乌拉尔山（−）−贝加尔湖（+）−日本和我国东部（−）的低频波列，由于经过中国东部的为一个异常的气旋中心，这将有利于气流辐合上升形成降水。在 JJA 也可以观察到相似的一个异常气旋中心位于中国的东部区域。②JAS 和 ASO 季节，中国东部降水主要受中国东部以及鄂霍次克海的异常低压和中心在日本的异常高压这一系列的波列影响和控制。中国东部位于日本反气旋和异常低压带（ASO 较明显）之间，气流的辐合上升造成了该地区的异常多雨。

8.6 小 结

本章对中国东部区域降水的可预报性及其相关问题展开了研究和讨论，主要针对降水"季节可预报模态"的空间形态、预报因子、相关环流状况、年代际变化问题等开展工作，并讨论了对应的"不可预报模态"，得到的主要结论如下。

1）中国东部区域平均的降水季节可预报性总体有限，可预报部分的方差与总体方差的比例在 16% 上下，并有着季节上的变化特征：在冬季（JFM）和夏季（JJA）达到两个小高峰；而在夏秋转换季节（ASO）可预报性最低。

2）中国东部降水主要的"可预报模态"，即在季节内稳定，从而可以进行季节预报的降水空间型态，其空间分布特征主要为 9 ~ 11 月（SON），降水处处为正，中心较大，覆盖了了广大的江淮及华南地区；在秋季（OND ~ NDJ），降水中心稳定在江淮流域，并且处处为正；在 12 ~ 2 月（DJF），降水处处为正并有两个中心，分别在江淮和华南；在冬季（JFM 和 FMA），降水中心主要移至华南区域；在 3 ~ 5 月（MAM），降水呈南北耦合分布型；在春夏季节（AMJ ~ JJA），降水全局为正，中心在江淮流域。

3）中国东部降水的"可预报模态"对应的主要预报因子分别是在秋冬季节（SON ~ MAM），前期的 ENSO 信号为中国东部降水可预报第一模态最主要的预报因子；在春夏季节（AMJ ~ JJA），前期西北太平洋黑潮地区的海温与降水可预报第一模态关系密切，是其可能的预报因子；在 7 ~ 9 月（JAS），前期印度洋及南海地区的海温是中国东部降水可预报第一模态可能的预报因子；而 ASO 由于季节可预报性很低，主要受季节内振荡作用的影响，没有显著的海温预报因子。

4）分析与中国东部降水"可预报模态"相关的环流场要素，结果可见：西太平洋副热带高压的西伸、南北进退以及强度大小与中国夏季（AMJ ~ JJA）以及秋冬季（OND ~ FMA）降水中心的位置及其强度都有着密切的联系；低纬地区的 Hadley 环流影响中国东部秋冬季节的降水；另外，一些大气遥相关，如西太平洋涛动（WPO）、太平洋北美型（PNA）等的慢变信号也与中国东部秋冬季节的降水十分相关。

5）关于中国东部降水与海温、环流场的相关关系在 20 世纪 70 年代末的年代际变化问题：ENSO 对中国东部降水的影响有着年代际的变化，其中在春夏季节（AMJ～JJA），1978 年之后的赤道东太平洋海温与中国东部降水正相关关系显著，而在 1978 年之前，关系微弱甚至相反；在冬季（DJF～FMA），同样的有，1978 年之后，降水与 ENSO 信号有着密切的联系，而在 1978 年之前，关系不明显；但需要注意的是，ENSO 与中国东部降水的相关关系在秋季（OND～NDJ），无论在 1978 年之前还是之后，都有着十分显著的正相关关系。另外，对于结论 3）中讨论的春夏季节（AMJ～JJA）黑潮地区的海温与降水的正相关关系，在 1978 年前后都十分显著。

6）相对于中国东部降水的"可预报模态"，降水的"不可预报模态"，即"不可预报模态"有着如下的空间分布特征：在与 ENSO 信号相关的秋冬季节（OND～FMA），降水的第一个"不可预报模态"虽然同样呈现处处为正的分布形态，但中心范围占据了大部分的中国东部区域，并且没有随季节而移动；对于秋冬季节降水的第二个"不可预报模态"，主要呈现空间上的南–北耦合结构；在黑潮影响下的春夏季（AMJ～ASO）中国东部降水的第一个"不可预报模态"，降水处处为正，但中心主要稳定维持在中国东南部地区。与其相关的 500hPa 环流协方差场显示：对于秋冬季节降水的第一个"不可预报模态"，日本—欧亚大陆北侧的高压以及欧亚大陆中南部的低压与其相关；而对于秋冬季节的第二个不可预报的模态，主要受西太平洋涛动（WPO）的季节内变率的影响；对于春夏季节的降水不可预报模态，中国东部—日本—阿留申地区—贝加尔湖附近的一系列波列的作用与影响与其相关。

第9章　GCM 在中国东部季风区的适用性评估

9.1　评　估　方　法

为了评估不同全球模式在东部季风区的模拟能力，本书采用秩打分评价方法，将 GCMs 输出的各气候要素统计特征值与实测数据统计特征值的拟合程度作为目标函数，并对每个目标函数进行秩打分，综合各气候要素的表现作出评价。秩评分 RS_i 根据 GCMs 表现的差异赋以 $0 \sim 10$ 不同的值，计算公式如下：

$$RS_i = Int\left[\frac{x_i - x_{\min}}{x_{\max} - x_{\min}} \times 10\right] \qquad (x_i < x_{\max}) \qquad (9\text{-}1)$$

式中，x_i 为模式输出结构与实测数据统计特征值之间的相对误差，x_i 越小，则 RS_i 越小；$x_{\min}$ 为各模式相对误差的最小值；$x_{\max}$ 为各模式相对误差的最大值。

秩评分方法具有综合评价各种不同指标的能力，可以充分描述各变量的均值、标准差、时空分布、趋势变化和概率密度函数等特征值的模拟能力。但需要说明的是，该评分结果代表了 GCMs 输出结果与实测数据之间的统计特征拟合程度，适用于不同 GCMs 的适用性评价，并不代表某一特定模式的实际模拟精度。

本研究用于评估的统计特征值包括均值、变异系数、归一化均方根误差（NRMSE）、时间序列相关系数、空间序列相关系数、EOF 第一特征向量、EOF 第二特征向量、概率密度函数 BS 和 S_{score} 共 9 个统计量。其中，均值、变异系数（=标准差/均值）和归一化均方根误差（normalized root mean square error，NRMSE）表征 GCMs 输出与实测变量均值和方差的吻合程度；时间序列（多年平均月序列）的 Pearson 相关系数和空间序列（各个站点气候要素均值）的 Pearson 相关系数表征 GCMs 模拟值与实测值之间的吻合程度，可以分别用于评估模式模拟变量的年内变化能力和空间拟合程度；经验正交函数（empirical orthogonal function，EOF）定性和定量反映变量时空综合变异的特点；概率密度函数的两个统计量 BS（brier score）和 S_{score}（skill score）用来评价 GCMs 对概率密度函数的模拟效果，BS 是概率预测的均方差，S_{score} 用以描述模拟概率分布与实测值的重叠程度。

得出各目标函数的秩评分后，取其加权平均值作为单个气象要素的综合评分，并将多个气象要素分值的简单平均值作为模式综合表现能力评价的依据。RS_i 值越小，模式的适用性越强。

9.2 数　　据

9.2.1　GCMs 输出数据

IPCC 第五次评估报告 GCMs 模拟结果代表了最新一代气候模式的结果，本书选用报告推荐的 24 个 GCMs（表 9-1）的输出数据，要素包括气温和降水 2 个地面气候要素，时间尺度为月，所有数据均来自于 IPCC 数据中心（http：//ipcc-ddc. cru. uea. ac. uk）。所有 GCMs 输出数据统一插值到分辨率为 0.5°×0.5°的网格上，数据序列为 1962～2005 年。

表 9-1　GCMs 简介

名称	开发研究机构	国家	格点	分辨率
BCC-CSM1.1	中国国家气候中心	中国	128×64	2.784°×2.8125°
BCC-CSM1.1（m）	中国国家气候中心	中国	320×160	1.112°×1.125°
BNU-ESM	北京师范大学	中国	128×64	2.784°×2.8125°
CanESM2	加拿大气候模式与分析中心	加拿大	128×64	2.784°×2.8125°
CCSM4	英国气象局哈德莱中心	英国	288×191	0.9424°×1.25°
CNRM-CM5	法国国家气象研究中心及欧洲科学计算研究及高级培训中心	法国	256×128	1.397°×1.406°
CSIRO-Mk3-6-0	澳大利亚联邦科学和工业研究组织海洋和大气研究所，昆士兰气候变化卓越中心	澳大利亚	192×96	1.861°×1.875°
FGOALS-g2	中国科学院大气物理研究所	中国	128×60	4.716°×2.8125°
FIO-ESM	中国海洋局第一海洋研究所	中国	128×64	2.7906°×2.8125°
GFDL-CM3	美国国家海洋大气局	美国	144×90	2.0°×2.5°
GFDL-ESM2G	美国地球物理流体动力实验室	美国	144×90	2.0225°×2.5°
GISS-E2-H	美国国家航空航天局	美国	144×90	2.0°×2.5°
GISS-E2-R	Goddard 空间研究中心	美国	144×90	2.0°×2.5°
IPSL-CM5A-LR	法国皮埃尔西蒙拉普拉斯学院	法国	96×96	1.895°×3.75°
IPSL-CM5A-MR	法国皮埃尔西蒙拉普拉斯学院	法国	144×143	2.5°×1.2676°
MIROC5	东京大学气候系统研究中心	日本	128×256	1.4°×1.4°
MIROC-ESM	日本国家环境研究所	日本	128×64	2.7906°×2.8125°
MIROC-ESM-CHEM	Frontier 全球变化研究中心	日本	128×64	2.7906°×2.8125°
MPI-ESM-LR	德国马克斯普朗克气象研究所	德国	192×96	1.861°×1.875°
MPI-ESM-MR	德国马克斯普朗克气象研究所	德国	192×96	1.861°×1.875°
MRI-CGCM3	日本气象研究所	日本	320×160	1.2145°×1.125°
MRI-ESM1	日本气象研究所	日本	320×160	1.2145°×1.125°
NorESM1-M	挪威气候中心	挪威	144×96	1.895°×2.5°
NorESM1-ME	挪威气候中心	挪威	144×96	1.895°×2.5°

9.2.2 地面观测资料

利用中国气象局提供的地表月平均气温和日降水格点数据（http：// ncc. cma. gov. cn），重采样成 0.5°×0.5°网格分辨率，评估 GCMs 输出成果。

9.3 GCMs 在东部季风区的适用性评估

9.3.1 GCMs 整体模拟能力分析

所有模式的集合平均结果和观测值的空间分布如图 9-1 所示。从图 9-1 可以看到，模式集合平均值能很好地给出气温和降水量的空间分布特征，温度呈东北−西南的阶梯状升温，降水量也呈阶梯状增加。就东部季风区区域内部来看，气温模拟值除松花江流域、东部季风区的中部地区以及珠江流域南部模拟值偏高外，其余地区模拟值偏低；而降水量东北部模拟值偏大，西南部模拟值较小。

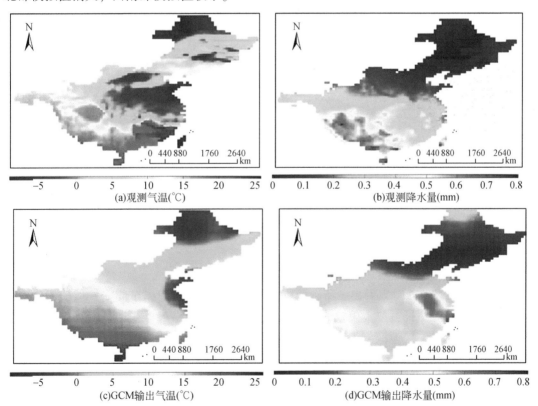

图 9-1 中国东部季风区年平均气温、降水量的空间分布图

图 9-2 给出了气温、降水量年平均值随时间变化的时间序列图。对于气温变化，模式集合平均值能够较好地模拟出 20 世纪 70 年代以来的升温趋势，而不能很好地表现出 60 年代的温度下降趋势。对于区域平均的年平均降水，集合平均值的年际间变率明显小于观测值。这和之前用 AR4 的 21 个模式模拟的结果相同。

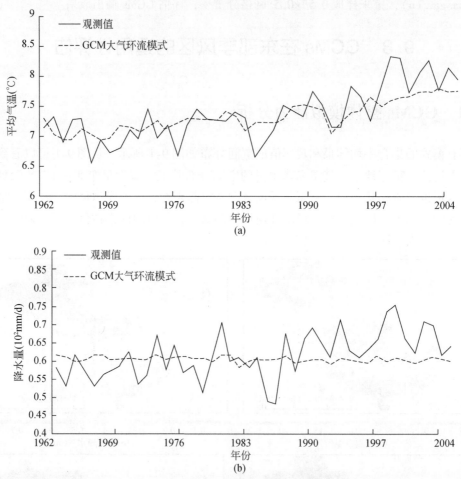

图 9-2　中国东部季风区区域年平均气温和降水的变化曲线
实线，观测值；虚线，模式集合平均值

从图 9-1 和图 9-2 可以看出，所有的模式整体能够表现出中国东部季风区的空间分布以及时间变化趋势。针对单个模式的表现能力，下面分别给出各模式对中国东部季风区年平均气温和降水量的模拟值与观测值之间的统计分析结果。

9.3.2　平均气温模拟评估

表 9-2 给出了 24 个 GCMs 模拟 1962~2005 年东部季风区月平均气温的相关表现，其

中包括均值差值、变异系数、NRMSE、年内相关系数、空间相关系数、EOF 第一特征向量、EDF 第二特征向量、BS 以及 S_{score} 共 9 个统计量,最后一列为每个气候模式的综合评分。

表 9-2 1962~2005 年东部季风区年平均气温模拟值与观测值之间的统计分析

模式名称	均值差值（%）	变异系数	NRMSE	年内相关系数	空间相关系数	EOF		PDF		综合评分
						EOF1	EOF2	BS	S_{score}	
BCC-CSM1.1	-0.76	7.13	3.71	0.93	0.89	0.1184	-0.0674	1.6167	0.0733	4.60
BCC-CSM1.1（m）	10.03	3.88	3.88	0.91	0.88	0.1184	-0.0677	1.6168	0.0743	3.64
BNU-ESM	8.09	6.70	3.87	0.92	0.89	0.1188	-0.0669	1.6174	0.0722	3.90
CanESM2	16.90	17.35	4.08	0.91	0.87	0.1195	-0.0658	1.6170	0.0704	2.29
CCSM4	8.17	5.91	3.98	0.92	0.88	0.1200	0.0089	1.6173	0.0721	4.13
CNRM-CM5	-9.06	7.21	4.17	0.91	0.87	0.1214	0.0070	0.0012	0.9647	5.09
CSIRO-Mk3-6-0	10.25	1.14	3.88	0.92	0.86	0.1196	0.0096	1.6172	0.0723	3.95
FGOALS-g2	-15.59	6.86	4.05	0.92	0.86	0.1206	0.0084	1.6168	0.0727	3.65
FIO-ESM	23.02	3.69	3.77	0.91	0.89	0.1176	-0.0691	1.6170	0.0720	3.75
GFDL-CM3	-5.76	5.18	3.83	0.92	0.90	0.1199	0.0095	1.6174	0.0735	4.89
GFDL-ESM2G	4.47	4.55	3.72	0.91	0.90	0.1189	-0.0671	1.6170	0.0751	4.20
GISS-E2-H	20.08	-4.58	3.75	0.88	0.88	0.1168	-0.0705	1.6164	0.0723	3.28
GISS-E2-R	24.64	0.86	3.76	0.87	0.88	0.1166	-0.0707	1.6165	0.0720	3.19
IPSL-CM5A-LR	-3.67	5.13	3.95	0.91	0.89	0.1187	-0.0672	0.0013	0.9631	5.48
IPSL-CM5A-MR	10.47	6.12	3.97	0.91	0.89	0.1180	-0.0684	1.6172	0.0733	3.43
MIROC5	35.45	4.23	4.08	0.89	0.87	0.1184	0.0118	1.6173	0.0713	2.97
MIROC-ESM	26.33	4.71	3.85	0.91	0.88	0.1183	-0.0675	1.6160	0.0721	3.39
MIROC-ESM-CHEM	25.74	4.81	3.86	0.91	0.88	0.1185	-0.0673	1.6163	0.0726	3.37
MPI-ESM-LR	24.64	37.92	3.87	0.90	0.88	0.1178	-0.0687	1.6168	0.0729	2.42
MPI-ESM-MR	25.31	4.48	3.85	0.89	0.89	0.1176	-0.0688	1.6168	0.0734	3.35
MRI-CGCM3	2.63	2.89	4.00	0.92	0.87	0.1198	0.0097	1.6172	0.0731	4.10
MRI-ESM1	3.76	2.87	4.00	0.92	0.87	0.1197	0.0098	1.6169	0.0721	4.10
NorESM1-M	-7.22	4.42	3.89	0.93	0.88	0.1211	0.0069	1.6172	0.0693	4.44
NorESM1-ME	-8.11	4.78	3.90	0.93	0.87	0.1213	0.0065	1.6171	0.0687	4.32

表 9-2 中的"均值差值"指 24 个气候模式模拟出来的年平均值与实测年平均值之间的差值与实测年平均值之比。从 1962~2005 年的年平均温度模拟值与观测值之间偏差来看,24 个气候模式的均值差值除 7 个模式之外均大于 0,说明大部分模式模拟的东部季风区的气温偏高。

变异系数可以消除单位和（或）平均数不同对两个或多个资料变异程度比较的影响。反映单位均值上的离散程度,常用在两个总体均值不等的离散程度的比较上。除 GISS-E2-H 外,其余模式的离散均大于观测场。

气候模式输出的 NRMSE 为 3.71~4.17，其值越小说明气候模式表现越好。NRMSE 计算的是每对实测与模拟值之间的差异，因此可以描述均值和标准差所达不到的效果。例如，即使均值和标准差是一样的两个序列，但也可能有较大的 NRMSE。从结果看，模式 BCC-CSM1.1 和 GFDL-ESM2G 对气温模拟的 NRMSE 数值相对较低，但总体数值都很大，模拟结果较差。

从年内相关系数的数值可以看到，相关系数都大于 0.87，这表明气候模式对地面平均气温的年内分布的模拟能力很好。而从 1962~2005 年平均的东部季风区温度模拟值和观测值之间的空间相关系数来看，其空间相关系数范围为 0.86~0.90，模式能够很好地模拟出温度的南北方向和东西方向的差异。

EOF1 和 EOF2 是 24 个气候模式模拟出的地面气温系列的 EOF1 和 EOF2 与实测地面气温系列的 EOF1 和 EOF2 之间的差值。EOF1 的范围为 -0.1166~0.1214，EOF2 的范围为 -0.0707~0.0118。这意味着所有模型模拟出的 EOF1 与实测降水系列的 EOF1 相差较大，而 EOF2 与实测降水系列的 EOF2 较一致。

BS 反映了概率预测的均方差，S_{score} 用来描述模拟概率分布与实测值的重叠程度。每个 GCM 相应的统计量值的变化反映了变量的空间变异性，如模式输出气温的概率密度分布在某些网格内与实测值接近，而在另外一些区域则相差较大。BS 越小，则意味着 GCM 的表现越好，而 S_{score} 较大，则意味着 GCM 的表现越好。从表 9-2 中可以看出，除模式 CNRM-CM5 和 IPSL-CM5A-LR 的 S_{score} 值达到了 0.96 外，其余 22 个模式相应的 S_{score} 值（所有网格的平均）都很低，模拟效果不好。从两个统计量评估的结果来看，模式 CNRM-CM5 和 IPSL-CM5A-LR 显示出了优越的模拟性能。

图 9-3 给出了 24 个 GCM 对地面平均气温的模拟效果。结果表明，CanESM2（加拿

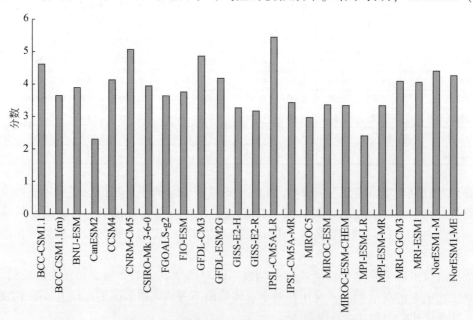

图 9-3　所有模式对平均气温的综合评分结果

大）、MPI-ESM-LR（德国）、MIROC5（日本）、GISS-E2-R（美国）、GISS-E2-H（美国）
和 MPI-ESM-MR（德国）6 个气候模式对于地面平均气温的模拟结果要好于其他模式。

9.3.3 降水量模拟评估

表 9-3 给出了各个 GCM 输出的东部季风区平均降水量相应的 9 个统计量的评估结果，
其中最后一列为各气候模式的综合评分。

表 9-3　1962～2005 年东部季风区年平均降水量模拟值与观测值之间的统计分析

模式名称	均值差值（%）	变异系数	NRMSE	年内相关系数	空间相关系数	EOF（10^{-3}）		PDF		综合评分
						EOF1	EOF2	BS	S_{score}	
BCC-CSM1.1	8.58	-3.50	1.04	0.86	0.92	-1.0490	4.5120	1.7014	0.0002	4.36
BCC-CSM1.1（m）	-23.12	-3.38	0.95	0.83	0.91	-1.2650	12.7200	1.7212	0.0001	3.91
BNU-ESM	38.17	-3.55	1.33	0.86	0.89	0.5160	14.5580	1.6858	0.0075	3.71
CanESM2	7.09	-3.12	1.06	0.86	0.92	103.8600	17.4920	1.7238	0.0006	3.00
CCSM4	5.72	-3.34	1.01	0.89	0.94	-1.7130	-7.5120	1.7069	0.0010	4.95
CNRM-CM5	5.14	-3.13	0.92	0.87	0.98	101.1330	3.2110	1.7266	0.0003	4.49
CSIRO-Mk3-6-0	-7.26	-2.99	0.95	0.84	0.97	103.2410	14.9110	1.7230	0.0023	4.26
FGOALS-g2	-10.54	-3.58	0.99	0.86	0.91	-0.1780	9.4960	1.6972	0.0002	4.42
FIO-ESM	30.79	-3.51	1.19	0.88	0.89	1.3180	4.9500	1.6883	0.0061	4.52
GFDL-CM3	-1.16	-3.34	0.95	0.84	0.91	0.3020	-6.2650	1.7007	0.0045	5.08
GFDL-ESM2G	-4.15	-3.10	0.99	0.87	0.90	-1.1560	21.6750	1.7231	0.0010	4.07
GISS-E2-H	22.66	-3.23	1.33	0.84	0.97	103.1560	17.0440	1.7361	0.0001	2.00
GISS-E2-R	15.86	-3.40	1.19	0.86	0.97	102.9280	12.3340	1.7372	0.0001	2.54
IPSL-CM5A-LR	-9.77	-3.26	0.93	0.86	0.95	-0.7230	18.4790	1.7072	0.0029	4.96
IPSL-CM5A-MR	-17.42	-3.27	0.91	0.86	0.94	-0.8320	-2.3430	1.7124	0.0027	5.73
MIROC5	25.86	-3.35	1.03	0.91	0.98	0.2630	14.7520	1.7197	0.0012	4.66
MIROC-ESM	-5.35	-3.34	1.20	0.85	0.86	-2.4240	-10.0750	1.6916	0.0046	4.35
MIROC-ESM-CHEM	-5.09	-3.37	1.16	0.85	0.87	-2.3280	-11.0520	1.6924	0.0040	4.38
MPI-ESM-LR	4.22	-3.05	0.98	0.88	0.93	-0.8900	-3.8070	1.7137	0.0023	5.55
MPI-ESM-MR	4.13	-3.05	0.98	0.89	0.92	-0.8670	-3.8670	1.7169	0.0013	5.42
MRI-CGCM3	-23.15	-3.00	0.88	0.83	0.98	99.4030	6.4710	1.7258	0.0017	4.65
MRI-ESM1	-22.84	-2.97	0.88	0.84	0.98	99.6410	6.1450	1.7298	0.0009	4.70
NorESM1-M	16.53	-3.32	1.08	0.88	0.91	-1.2010	9.0500	1.7058	0.0016	4.40
NorESM1-ME	16.13	-3.33	1.08	0.88	0.91	-1.3320	6.9430	1.7106	0.0009	4.32

由 1962～2005 年的年平均降水量模拟值与观测值之间的偏差（表 9-3）来看，模式模
拟的中国东部季风区的平均降水量 11 个模式偏小，13 个模式偏大。

变异系数可以消除单位和（或）平均数不同对两个或多个资料变异程度比较的影响。
反映单位均值上的离散程度，常用在两个总体均值不等的离散程度的比较上。从表 9-3 可

以看出，所有模式的离散较观测数据均偏小。

气候模式输出的 NRMSE 为 0.88～1.33，其值越小说明气候模式表现越好。NRMSE 计算的是每对实测与模拟值之间的差异，因此可以描述均值和标准差所达不到的效果。从结果看，模式 MRI-CGCM3 和 MRI-CGCM3 对降水模拟的 NRMSE 数值最低。

从 1962～2005 年平均的东部季风区降水量模拟值和观测值之间的年内相关系数的数值可以看到，其范围为 0.83～0.91，而空间相关系数范围高达 0.86～0.98，这表明气候模式对地面平均降水的年内分布以及空间变化的模拟能力很好。

EOF1 和 EOF2 是 24 个气候模式模拟出的地面气温系列的 EOF1 和 EOF2 与实测地面气温系列的 EOF1 和 EOF2 之间的差值。EOF1 的范围为 -0.0024～0.1039，EOF2 的范围为 -0.0111～0.0217。意味着所有模型模拟出的 EOF1 与实测降水系列的 EOF1 相差较大，而 EOF2 与实测降水系列的 EOF2 较一致。

BS 反映了概率预测的均方差，S_{score} 用来描述模拟概率分布与实测值的重叠程度。每个 GCM 相应的统计量值的变化反映了变量的空间变异性，如模式输出气温的概率密度分布在某些网格内与实测值接近，而在另外一些区域则相差较大。BS 越小，则意味着 GCM 的表现越好，而 S_{score} 较大，则意味着 GCM 的表现越好。从表 9-3 中两个统计量评估的结果来看，模式的降水评估效果均不好。

图 9-4 给出了 24 个 GCM 对地面平均降水的模拟效果。结果表明，GISS-E2-H（美国）、GISS-E2-R（美国）、CanESM2（加拿大）、BNU-ESM（中国）、BCC-CSM1.1（m）（中国）和 GFDL-ESM2G（美国）6 个气候模式对于地面平均降水量的模拟结果要好于其他模式。

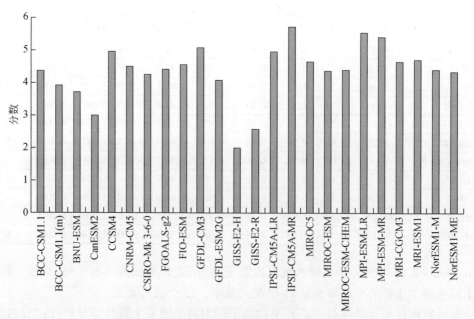

图 9-4　所有模式对平均降水量的综合评分结果

9.3.4 综合评估结果

根据秩的 GCMs 评估方法，基于 2 个地面变量，评估了 24 个全球气候模式在东部季风区的综合模拟能力，各模式对平均气温、降水模拟打分以及综合评分如图 9-5 所示。此外，表 9-4 给出了针对气温、降水以及综合评分排在前十的模式名称。

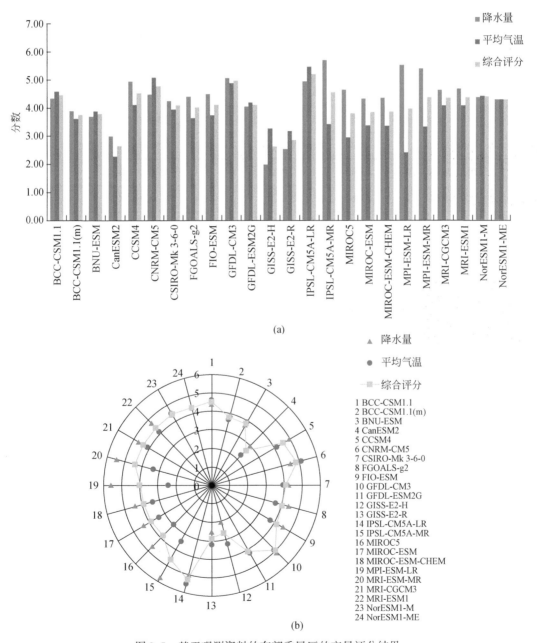

图 9-5　基于观测资料的东部季风区的变量评分结果

表 9-4　评分前 10 位的模式

排名	平均气温		平均降水		综合评分	
	模式名称	综合评分	模式名称	综合评分	模式名称	综合评分
1	CanESM2	2.29	GISS-E2-H	2.00	GISS-E2-H	2.64
2	MPI-ESM-LR	2.42	GISS-E2-R	2.54	CanESM2	2.65
3	MIROC5	2.97	CanESM2	3.00	GISS-E2-R	2.87
4	GISS-E2-R	3.19	BNU-ESM	3.71	BCC-CSM1.1（m）	3.78
5	GISS-E2-H	3.28	BCC-CSM1.1（m）	3.91	BNU-ESM	3.81
6	MPI-ESM-MR	3.35	GFDL-ESM2G	4.07	MIROC5	3.81
7	MIROC-ESM-CHEM	3.37	CSIRO-Mk3-6-0	4.26	MIROC-ESM	3.87
8	MIROC-ESM	3.39	NorESM1-ME	4.32	MIROC-ESM-CHEM	3.88
9	IPSL-CM5A-MR	3.43	MIROC-ESM	4.35	MPI-ESM-LR	3.98
10	BCC-CSM1.1（m）	3.64	BCC-CSM1.1	4.36	FGOALS-g2	4.03

以地面实测资料为输入数据，采用 24 个不同气候模式输出的地面降水和地面温度，分别将它们与观测资料进行比较分析，得到以下结论。

1）对于地面气温的模拟结果，CanESM2（加拿大）、MPI-ESM-LR（德国）、MIROC5（日本）、GISS-E2-R（美国）、GISS-E2-H（美国）和 MPI-ESM-MR（德国）要好于其他模式；对于地面降水，GISS-E2-H（美国）、GISS-E2-R（美国）、CanESM2（加拿大）、BNU-ESM（中国）、BCC-CSM1.1（m）（中国）和 GFDL-ESM2G（美国）的模拟结果要好于其他模式。

2）在整个东部季风区内，对比 GCMs 对地面气温与地面降水两个地面变量的模拟结果，对气温的模拟效果要好于对降水的模拟。这是由于 GCM 输出的降水具有较大的不确定性。这与其在全球尺度（IPCC AR4）的表现一致。

3）综合以上 2 个地面要素的评价结果，分别对 24 个 GCMs 进行秩打分，评判各 GCM 在东部季风区模拟能力的优劣。综合评价表明，评估结果较好的 10 个气候模式为 GISS-E2-H（美国）、CanESM2（加拿大）、GISS-E2-R（美国）、BCC-CSM1.1（m）（中国）、BNU-ESM（中国）、MIROC5（日本）、MIROC-ESM（日本）、MIROC-ESM-CHEM（日本）、MPI-ESM-LR（德国）、FGOALS-g2（中国）。

4）本部分对 GCM 的评价仅针对东部季风区而言，书中模拟能力不佳的模式可能在其他地区有良好的模拟效果。

9.4　GCMs 在典型流域的适用性评估

9.4.1　松花江流域

9.4.1.1　GCMs 整体模拟能力分析

所有模式的集合平均结果和观测值的空间分布图,如图 9-6 所示。从图 9-6 中可以看出,模式集合平均值能较好地给出气温和降水量的空间分布特征,气温呈西北-东南的阶梯状升温,降水量则呈反向阶梯状增加。就松花江流域区域内部来看,气温模拟值除松花江流域中部地区模拟偏低外,其余地区模拟偏高;而模式集合对降水量的模拟则表现为整体偏大。

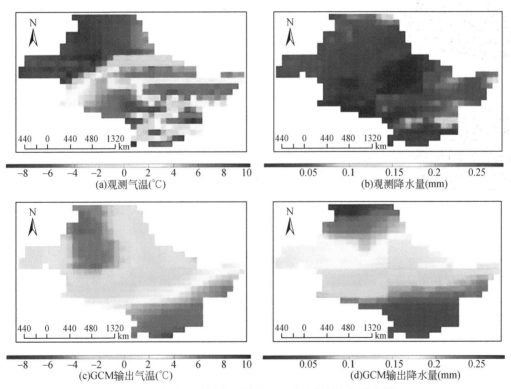

图 9-6　松花江流域年平均气温、降水量的空间分布图

图 9-7 给出了气温、降水量年平均值随时间变化的时间序列图。对于气温变化,模式集合平均值能够模拟出 20 世纪 70 年代以前的降温过程,而不能很好地表现出 70 年代后气温上升的趋势。对于区域年平均降水,集合平均值的年际间变率明显小于观测值,不能模拟出降水的波动上升趋势。

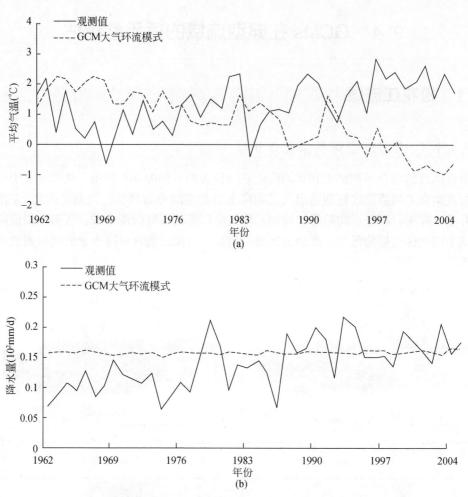

图 9-7　松花江流域年平均气温和降水的变化曲线
实线，观测值；虚线，模式集合平均值

从图 9-6 和图 9-7 可以看出，所有的模式整体能够表现出松花江流域的空间分布以及时间变化趋势。针对单个模式的表现能力，下面分别给出各模式对松花江流域年平均气温和降水量的模拟值与观测值之间的统计分析结果。

9.4.1.2　平均气温模拟评估

表 9-5 给出了 24 个 GCMs 模拟 1962~2005 年松花江流域年平均气温的相关表现，其中包括均值差值、变异系数、NRMSE、年内相关系数、空间相关系数、EOF 第一特征向量、EOF 第二特征向量、BS 以及 S_{score} 共 9 个统计量，最后一列为每个气候模式的综合评分。

表 9-5　1962～2005 年松花江流域年平均气温模拟值与观测值之间的统计分析

模式名称	均值差值（%）	变异系数	NRMSE	年内相关系数	空间相关系数	EOF (10^{-3})		PDF		综合评分
						EOF1	EOF2	BS	S_{score}	
BCC-CSM1.1	-67.91	32.06	3.76	0.89	0.29	7.3240	4.6240	1.9174	0.0102	6.50
BCC-CSM1.1（m）	25.94	22.83	4.01	0.88	0.12	7.3210	6.0080	1.9176	0.0100	5.13
BNU-ESM	-42.55	31.27	4.03	0.89	0.31	7.2110	3.9390	1.9178	0.0101	5.49
CanESM2	105.73	35.40	4.27	0.89	-0.20	6.9820	6.0990	1.9177	0.0093	3.92
CCSM4	-14.85	28.75	4.44	0.89	0.10	7.2300	6.4820	1.9176	0.0097	4.51
CNRM-CM5	311.79	31.76	4.99	0.86	-0.05	7.1650	7.9870	1.9177	0.0098	3.15
CSIRO-Mk3-6-0	29.98	14.78	4.23	0.89	-0.14	7.2450	4.7520	1.9176	0.0098	4.88
FGOALS-g2	542.70	25.74	4.84	0.81	-0.28	7.1110	6.7850	1.9177	0.0099	2.68
FIO-ESM	-279.66	22.92	3.83	0.92	0.54	7.3750	5.6970	1.9178	0.0100	5.95
GFDL-CM3	147.86	25.88	4.28	0.87	0.01	6.9880	6.9480	1.9177	0.0099	4.47
GFDL-ESM2G	5.56	25.07	3.91	0.88	0.32	7.0120	4.0390	1.9178	0.0100	5.52
GISS-E2-H	-266.77	-2.20	3.77	0.86	0.49	7.6780	7.1880	1.9177	0.0099	5.22
GISS-E2-R	-252.40	14.54	3.78	0.87	0.45	7.8320	8.1120	1.9175	0.0099	5.24
IPSL-CM5A-LR	243.89	24.65	4.47	0.85	-0.15	7.2390	9.1080	1.9177	0.0100	3.39
IPSL-CM5A-MR	62.03	29.33	4.40	0.86	0.08	7.4040	7.9900	1.9177	0.0098	3.90
MIROC5	-311.58	24.69	4.49	0.91	0.52	7.6460	5.4690	1.9177	0.0099	5.30
MIROC-ESM	-199.22	25.82	4.14	0.89	0.47	7.2020	2.7980	1.9174	0.0098	6.61
MIROC-ESM-CHEM	-186.66	26.11	4.14	0.89	0.45	7.1620	2.9540	1.9177	0.0093	5.39
MPI-ESM-LR	-228.49	127.22	3.96	0.91	0.47	7.5820	5.3980	1.9178	0.0095	4.36
MPI-ESM-MR	-266.57	25.41	3.94	0.91	0.50	7.6300	5.3580	1.9177	0.0098	5.58
MRI-CGCM3	28.99	19.58	4.60	0.88	0.17	7.4140	6.4810	1.9177	0.0098	4.26
MRI-ESM1	26.14	19.57	4.58	0.88	0.17	7.4210	6.6440	1.9177	0.0095	3.95
NorESM1-M	212.13	23.39	4.42	0.89	-0.02	6.9550	6.3830	1.9177	0.0095	4.14
NorESM1-ME	244.63	24.19	4.43	0.88	-0.07	6.8980	6.0350	1.9176	0.0096	4.28

　　表 9-5 中"均值差值"是 24 个气候模式模拟出来的年平均值与实测年平均值之间的差值与实测年平均值的比值。从 1962～2005 年的年平均温度模拟值与观测值之间偏差来看，24 个气候模式的均值差值，11 个模式小于 0，13 个模式大于 0，且模拟偏差不均，偏差较大。

　　变异系数可以消除单位和（或）平均数不同对两个或多个资料变异程度比较的影响。反映单位均值上的离散程度，常用在两个总体均值不等的离散程度的比较上。从表 9-5 中可以看出，模式的离散均大于观测场。

　　气候模式输出的 NRMSE 为 3.76～4.99，其值越小说明气候模式表现越好。NRMSE 计算的是每对实测值与模拟值之间的差异，因此可以描述均值和标准差所达不到的效果。从结果看，各模式的 NRMSE 数值均偏高，模拟效果不太理想。

从年内相关系数的数值可以看出，各模式相关系数的范围为 0.81 ~ 0.92，表明气候模式对地面平均气温的年内分布的模拟能力很好。而且在各个模式中，FGOALS-g2、MIROC-ESM、MIROC-ESM-CHEM 的相关系数小于 0，表现为负相关。从松花江流域温度模拟值和观测值之间的空间相关系数来看，其空间相关系数范围为 -0.28 ~ 0.54，数值也不高，且有 7 个模式表现出负相关性，说明模式在模拟区域的空间特征方面不太好。

EOF1 和 EOF2 是 24 个气候模式模拟出的地面气温系列的 EOF1 和 EOF2 与实测地面气温系列的 EOF1 和 EOF2 之间的差值。EOF1 的范围为 -0.0069 ~ 0.0078，EOF2 的范围为 -0.0028 ~ 0.0091。意味着所有模型模拟出的 EOF1 和 EOF2 与实测气温系列的 EOF1 和 EOF2 较一致。

BS 反映了概率预测的均方差，S_{score} 用来描述模拟概率分布与实测值的重叠程度。BS 越小，意味着 GCM 的表现越好，而 S_{score} 较大，则意味着 GCM 的表现越好。从两个统计量评估的结果来看，所有模式对该区域平均气温的模拟能力都较差。

图 9-8 给出了 24 个 GCM 对地面平均气温的模拟效果。结果表明，FGOALS-g2（中国）、CNRM-CM5（法国）、IPSL-CM5A-LR（法国）、IPSL-CM5A-MR（法国）、CanESM2（加拿大）和 MRI-ESM1（日本）6 个气候模式对于地面平均气温的模拟结果要好于其他模式。

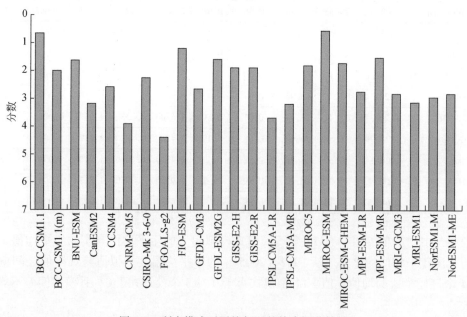

图 9-8 所有模式对平均气温的综合评分结果

9.4.1.3 平均降水量模拟评估

表 9-6 给出了各个 GCM 输出的松花江流域平均降水量相应的 9 个统计量的评估结果，

其中最后一列为各气候模式的综合评分。

表 9-6 1962～2005 年松花江流域年平均降水量模拟值与观测值之间的统计分析

模式名称	均值差（%）	变异系数	NRMSE	年内相关系数	空间相关系数	EOF（10⁻³）		PDF		综合评分
						EOF1	EOF2	BS	S_{score}	
BCC-CSM1.1	6.47	-9.36	1.29	0.24	0.90	-0.7510	12.7810	1.9316	0.0001	4.51
BCC-CSM1.1（m）	20.21	-9.36	1.27	0.24	0.91	-0.5140	15.1510	1.9314	0.0001	4.15
BNU-ESM	71.53	9.24	1.86	0.20	0.89	-0.3400	14.6180	1.9327	0.0002	2.83
CanESM2	-17.54	-8.08	1.11	0.28	0.88	-0.8500	8.9610	1.9387	0.0001	5.49
CCSM4	15.25	-9.13	1.22	0.29	0.91	-0.5230	11.2840	1.9316	0.0001	5.18
CNRM-CM5	-7.91	-8.02	1.17	0.30	0.87	-1.2420	2.9180	1.9429	0.0001	5.50
CSIRO-Mk3-6-0	3.91	-9.02	1.21	0.26	0.86	-2.0940	15.0640	1.9343	0.0001	4.02
FGOALS-g2	17.53	-9.47	1.40	0.25	0.93	1.0630	12.8570	1.9304	0.0002	4.70
FIO-ESM	59.10	-9.31	1.59	0.22	0.89	-0.2730	12.1630	1.9313	0.0004	4.29
GFDL-CM3	-11.62	-8.99	1.10	0.28	0.85	-2.0960	7.8400	1.9331	0.0002	5.33
GFDL-ESM2G	-12.97	-8.68	1.17	0.25	0.78	-4.3400	14.3290	1.9375	0.0001	3.28
GISS-E2-H	20.37	-9.14	1.51	0.25	0.96	1.7750	4.8330	1.9304	0.0002	5.14
GISS-E2-R	17.18	-9.28	1.39	0.26	0.94	0.4670	13.6400	1.9304	0.0001	4.69
IPSL-CM5A-LR	11.93	-8.78	1.20	0.29	0.87	-1.7680	3.2470	1.9348	0.0001	5.22
IPSL-CM5A-MR	1.90	-9.02	1.16	0.30	0.88	-1.2020	9.2000	1.9344	0.0001	5.07
MIROC5	0.62	-9.15	1.18	0.31	0.92	-0.3010	12.5090	1.9314	0.0001	5.50
MIROC-ESM	63.93	-9.26	1.75	0.30	0.92	0.5810	10.3650	1.9304	0.0003	4.76
MIROC-ESM-CHEM	59.11	-9.26	1.69	0.31	0.92	0.3680	10.9980	1.9304	0.0003	4.91
MPI-ESM-LR	2.98	-8.22	1.23	0.26	0.84	-3.4530	17.3220	1.9372	0.0002	4.05
MPI-ESM-MR	5.30	-8.01	1.23	0.28	0.84	-3.5510	17.2410	1.9380	0.0001	3.93
MRI-CGCM3	-19.54	-8.58	1.11	0.29	0.85	-2.4140	13.2180	1.9368	0.0001	4.80
MRI-ESM1	-16.97	-8.65	1.12	0.29	0.86	-2.4030	13.8350	1.9377	0.0001	4.49
NorESM1-M	11.95	-9.04	1.24	0.28	0.89	-0.7780	10.1770	1.9316	0.0004	5.85
NorESM1-ME	8.52	-9.05	1.21	0.29	0.89	-0.7650	8.8310	1.9326	0.0001	5.16

　　由 1962～2005 年的年平均降水量模拟值与观测值之间的偏差（表9-6）来看，大多数模式模拟的松花江流域的平均降水量偏多。

　　变异系数可以消除单位和（或）平均数不同对两个或多个资料变异程度比较的影响。反映单位均值上的离散程度，常用在两个总体均值不等的离散程度的比较上。从表9-6可以看出，所有模式的离散较观测数据均偏小。

　　气候模式输出的 NRMSE 为 1.10～1.86，其值越小说明气候模式表现越好。NRMSE 计算的是每对实测值与模拟值之间的差异，因此可以描述均值和标准差所达不到的效果。从结果看，模式 GFDL-CM3、CanESM2 和 MRI-CGCM3 对降水模拟的 NRMSE 数值较低，但总的数值都较大，说明模拟效果较差。

从 1962～2005 年松花江流域年平均降水模拟值和观测值之间的年内相关系数的数值可以看出，其范围为 0.20～0.31，说明模式对降水的时间模拟较差；而空间相关系数范围高达 0.78～0.96，表明气候模式对地面平均降水的空间变化的模拟能力相对较好。

EOF1 和 EOF2 是 24 个气候模式模拟出的地面气温系列的 EOF1 和 EOF2 与实测地面气温系列的 EOF1 和 EOF2 之间的差值。EOF1 的范围为 −0.0043～0.0018，EOF2 的范围为 0.0029～0.0173。意味着所有模型模拟出的 EOF1 与实测降水系列的 EOF1 较一致，而 EOF2 与实测降水系列的 EOF2 相差较大。

BS 反映了概率预测的均方差，S_{score} 用来描述模拟概率分布与实测值的重叠程度。BS 越小，则意味着 GCM 的表现越好，而 S_{score} 较大，则意味着 GCM 的表现越好。从表 9-6 中两个统计量评估的结果来看，模式的降水评估效果均不好。

图 9-9 给出了 24 个 GCM 对地面平均降水量的模拟效果。结果表明，BNU-ESM（中国）、GFDL-ESM2G（美国）、MPI-ESM-MR（德国）、CSIRO-Mk3-6-0（澳大利亚）、MPI-ESM-LR（德国）和 BCC-CSM1.1（m）（中国）6 个气候模式对于地面平均降水量的模拟结果要好于其他模式。

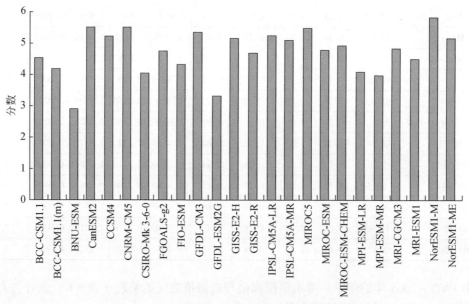

图 9-9　所有模式对平均降水量的综合评分结果

9.4.1.4　综合评估结果

根据秩的 GCMs 评估方法，基于 2 个地面变量，评估了 24 个全球气候模式在松花江流域的综合模拟能力，各模式对平均气温、降水模拟打分以及综合评分如图 9-10 所示。此外，表 9-7 给出了针对气温、降水以及综合评分排在前十的模式名称。

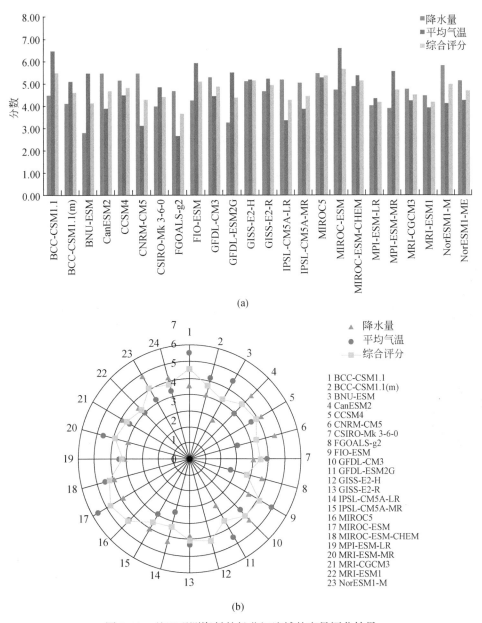

(a)

(b)

图 9-10 基于观测资料的松花江流域的变量评分结果

表 9-7 评分前 10 位的模式

排名	平均气温		平均降水		综合评分	
	模式名称	综合评分	模式名称	综合评分	模式名称	综合评分
1	FGOALS-g2	2.68	BNU-ESM	2.83	FGOALS-g2	3.69
2	CNRM-CM5	3.15	GFDL-ESM2G	3.28	BNU-ESM	4.16

排名	平均气温		平均降水		综合评分	
	模式名称	综合评分	模式名称	综合评分	模式名称	综合评分
3	IPSL-CM5A-LR	3.39	MPI-ESM-MR	3.93	MPI-ESM-LR	4.21
4	IPSL-CM5A-MR	3.90	CSIRO-Mk3-6-0	4.02	MRI-ESM1	4.22
5	CanESM2	3.92	MPI-ESM-LR	4.05	IPSL-CM5A-LR	4.30
6	MRI-ESM1	3.95	BCC-CSM1.1 (m)	4.15	CNRM-CM5	4.32
7	NorESM1-M	4.14	S-gESM	4.29	GFDL-ESM2G	4.40
8	MRI-CGCM3	4.26	MRI-ESM1	4.49	CSIRO-Mk3-6-0	4.45
9	GISS-E2-H	4.28	BCC-CSM1.1	4.51	IPSL-CM5A-MR	4.48
10	MPI-ESM-LR	4.36	GISS-E2-R	4.69	MRI-CGCM3	4.53

以地面实测资料为输入数据，采用24个不同气候模式输出的地面降水和地面温度，分别将它们与观测资料进行比较分析，得到以下结论。

1）对于地面气温的模拟结果，FGOALS-g2（中国）、CNRM-CM5（法国）、IPSL-CM5A-LR（法国）、IPSL-CM5A-MR（法国）、CanESM2（加拿大）和 MRI-ESM1（日本）要好于其他模式；对于地面降水，BNU-ESM（中国）、GFDL-ESM2G（美国）、MPI-ESM-MR（德国）、CSIRO-Mk3-6-0（澳大利亚）、MPI-ESM-LR（德国）和 BCC-CSM1.1（m）（中国）的模拟结果要好于其他模式。

2）在整个松花江流域内，对比 GCMs 对地面气温与地面降水两个地面变量的模拟结果，对气温的模拟效果要好于对降水的模拟。这是由于 GCM 输出的降水具有较大的不确定性。这与其在全球尺度（IPCC AR4）的表现一致。

3）综合以上2个地面要素的评价结果，分别对24个 GCMs 进行秩打分，评判各 GCM 在松花江流域模拟能力的优劣。综合评价表明，评估结果最好的10个气候模式为 FGOALS-g2（中国）、BNU-ESM（中国）、MPI-ESM-LR（德国）、MRI-ESM1（日本）、IPSL-CM5A-LR（法国）、CNRM-CM5（法国）、GFDL-ESM2G（美国）、CSIRO-Mk3-6-0（澳大利亚）、IPSL-CM5A-MR（法国）、MRI-CGCM3（日本）。

4）本部分对 GCM 的评价仅针对松花江流域而言，书中模拟能力不佳的模式可能在其他地区有良好的模拟效果。

9.4.2　辽河流域

9.4.2.1　GCMs 整体模拟能力分析

所有模式的集合平均结果和观测值的空间分布如图9-11所示。从图9-11中可以看出，模式集合平均值能在一定程度上给出气温和降水量的空间分布特征，气温在区域中部高于上下两部，降水量则表现为从北至南的阶梯状增加。就整个辽河流域区域平均来看，气温模拟值整体偏低；而模式集合对降水量的模拟则表现为整体偏高。

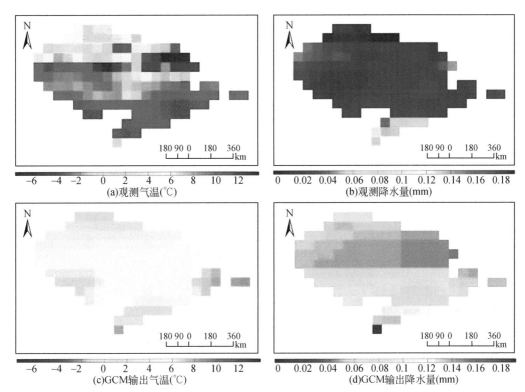

(a)观测气温(℃)

(b)观测降水量(mm)

(c)GCM输出气温(℃)

(d)GCM输出降水量(mm)

图 9-11　辽河流域年平均气温、降水量的空间分布图

图 9-12 给出了气温、降水量年平均值随时间变化的时间序列图。对于气温变化，模式集合平均值基本能够模拟出整个升温过程。对于区域年平均降水，集合平均值的年际间变率明显小于观测值，不能很好地模拟出降水在 20 世纪 80 年代的突变过程。

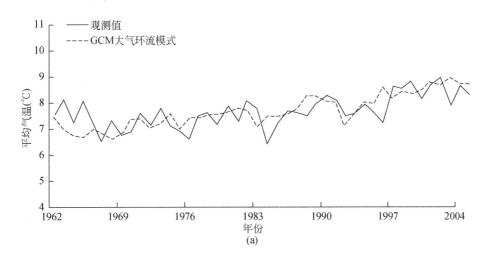

(a)

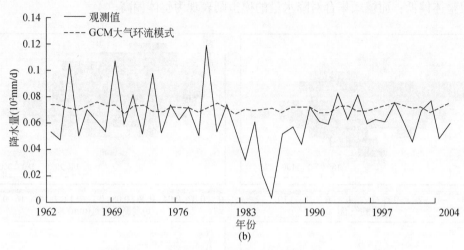

图 9-12　辽河流域年平均气温和降水的变化曲线

实线，观测值；虚线，模式集合平均值

从图 9-11 和图 9-12 可以看出，所有的模式整体能够表现出辽河流域的空间分布以及时间变化趋势。针对单个模式的表现能力，下面分别给出各模式对辽河流域年平均气温和降水量的模拟值与观测值之间的统计分析结果。

9.4.2.2　平均气温模拟评估

表 9-8 给出了 24 个 GCMs 模拟 1962～2005 年辽河流域年平均气温的相关表现，其中包括均值差值、变异系数、NRMSE、年内相关系数、空间相关系数、EOF 第一特征向量、EOF 第二特征向量、BS 以及 S_{score} 共 9 个统计量，最后一列为每个气候模式的综合评分。

表 9-8　1962～2005 年辽河流域年平均气温模拟值与观测值之间的统计分析

模式名称	均值差值（%）	变异系数	NRMSE	年内相关系数	空间相关系数	EOF（10^{-3}）		PDF		综合评分
						EOF1	EOF2	BS	S_{score}	
BCC-CSM1.1	1.73	2.55	0.94	0.95	0.88	-0.4170	-2.5600	1.9724	0.0048	4.66
BCC-CSM1.1（m）	-0.51	-19.43	0.93	0.96	0.92	-0.8810	-2.1880	1.9725	0.0050	5.07
BNU-ESM	1.47	-15.36	0.93	0.94	0.88	-0.4460	-1.9410	0.0000	0.9975	6.66
CanESM2	0.06	-25.67	0.93	0.95	0.80	-0.6490	-1.8100	1.9723	0.0049	4.30
CCSM4	-1.29	-6.20	0.92	0.96	0.92	-1.0200	-1.2700	1.9725	0.0048	5.33
CNRM-CM5	1.98	-0.57	0.93	0.94	0.89	-0.5480	-0.7420	1.9725	0.0050	4.31
CSIRO-Mk3-6-0	1.11	2.45	0.93	0.95	0.85	-0.9330	-0.3630	1.9725	0.0044	4.60
FGOALS-g2	6.11	-212.11	0.94	0.85	0.76	-0.4350	-0.2650	1.9725	0.0048	2.66
FIO-ESM	-1.39	37.17	0.93	0.95	0.87	-0.4280	-0.1630	1.9725	0.0051	5.03
GFDL-CM3	-0.12	1091.95	0.93	0.97	0.87	-0.8710	-0.1560	1.9725	0.0049	3.54
GFDL-ESM2G	0.10	7.25	0.93	0.96	0.94	-0.5750	-0.0430	1.9724	0.0051	5.26

续表

模式名称	均值差值（%）	变异系数	NRMSE	年内相关系数	空间相关系数	EOF（10^{-3}）		PDF		综合评分
						EOF1	EOF2	BS	S_{score}	
GISS-E2-H	−3.43	−17.46	0.95	0.96	0.89	−1.8620	0.0380	1.9724	0.0051	3.12
GISS-E2-R	−4.22	−24.74	0.95	0.96	0.89	−1.9550	0.3140	1.9725	0.0053	3.51
IPSL-CM5A-LR	1.65	−177.19	0.94	0.93	0.87	−0.9220	0.3220	0.0000	0.9980	4.80
IPSL-CM5A-MR	0.29	−11.04	0.94	0.95	0.91	−1.0210	0.3930	1.9724	0.0048	4.36
MIROC5	−4.88	11.18	0.92	0.98	0.89	−0.9590	0.5450	1.9724	0.0045	5.55
MIROC-ESM	−1.42	−11.53	0.92	0.95	0.89	−0.4120	0.6550	1.9722	0.0044	5.33
MIROC-ESM-CHEM	−1.38	−11.17	0.92	0.95	0.89	−0.4340	0.7270	1.9723	0.0046	5.35
MPI-ESM-LR	−4.76	−28.00	0.93	0.98	0.88	−1.2110	0.8170	1.9724	0.0048	5.30
MPI-ESM-MR	−4.68	−21.68	0.93	0.98	0.88	−1.2140	1.2440	1.9724	0.0049	4.91
MRI-CGCM3	−1.23	25.50	0.93	0.97	0.89	−0.9320	1.7940	1.9724	0.0048	4.66
MRI-ESM1	−1.28	9.27	0.93	0.97	0.90	−0.9400	2.9710	1.9724	0.0046	5.09
NorESM1-M	1.06	9.86	0.92	0.95	0.91	−0.4480	4.8520	1.9724	0.0047	5.26
NorESM1-ME	1.72	29.70	0.92	0.94	0.93	−0.4710	4.9030	1.9725	0.0046	5.18

表 9-8 中"均值差值"是 24 个气候模式模拟出来的年平均值与实测年平均值之间的差值与实测年平均值的比值。从 1962～2005 年的年平均气温模拟值与观测值之间偏差来看，大多数模式的模拟结果较实测年平均气温偏低。

变异系数可以消除单位和（或）平均数不同对两个或多个资料变异程度比较的影响。反映单位均值上的离散程度，常用在两个总体均值不等的离散程度的比较上。从表 9-8 中可以看出，模式的离散多数小于观测场的离散程度。

气候模式输出的 NRMSE 为 0.92～0.95，其值越小说明气候模式表现越好。NRMSE 计算的是每对实测值与模拟值之间的差异，因此可以描述均值和标准差所达不到的效果。从结果看，各模式的 NRMSE 数值均较高，模拟结果一般。

从年内相关系数的数值可以看出，各模式相关系数的范围为 0.85 ～0.98，表明气候模式对地面平均气温的年内分布的模拟能力很好。从辽河流域温度模拟值和观测之间的空间相关系数来看，其空间相关系数范围为 0.76～0.94，数值较高，说明模式在模拟区域的空间特征方面也很好。

EOF1 和 EOF2 是 24 个气候模式模拟出的地面气温系列的 EOF1 和 EOF2 与实测地面气温系列的 EOF1 和 EOF2 之间的差值。EOF1 的范围为 −0.0020～0.0041，EOF2 的范围为−0.0026～0.0049。意味着所有模型模拟出的 EOF1 与 EOF2 和实测气温系列的 EOF1 与 EOF2 较一致。

BS 反映了概率预测的均方差，S_{score} 用来描述模拟概率分布与实测值的重叠程度。BS 越小，则意味着 GCM 的表现越好，而 S_{score} 较大，则意味着 GCM 的表现越好。从表 9-8 中可以看出，除模式 IPSL-CM5A-LR 和 BNU-ESM 的 S_{score} 值达到了 0.99 外，其余 22 个模式

相应的 S_{score} 值（所有网格的平均）都很低，模拟效果不好。

图 9-13 给出了 24 个 GCM 对地面平均气温的模拟效果。结果表明，FGOALS-g2（中国）、GISS-E2-H（美国）、GISS-E2-R（美国）、GFDL-CM3（美国）、CanESM2（加拿大）和 CNRM-CM5（法国）6 个气候模式对于地面平均气温的模拟结果要好于其他模式。

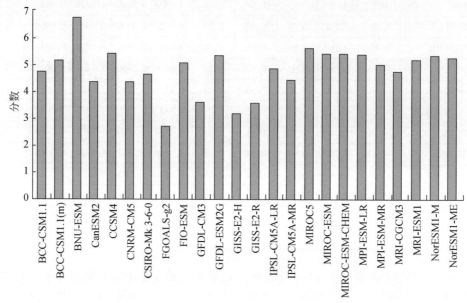

图 9-13　所有模式对平均气温的综合评分结果

9.4.2.3　平均降水量模拟评估

表 9-9 给出了各个 GCM 输出的辽河流域平均降水量相应的 9 个统计量的评估结果，其中最后一列为各气候模式的综合评分。

表 9-9　1962～2005 年辽河流域年平均降水量模拟值与观测值之间的统计分析

模式名称	均值差（%）	变异系数	NRMSE	年内相关系数	空间相关系数	EOF（10^{-3}）		PDF		综合评分
						EOF1	EOF2	BS	S_{score}	
BCC-CSM1. 1	4.40	-33.20	1.57	0.41	0.90	0.7630	-5.8390	1.9833	0.0000	4.93
BCC-CSM1. 1（m）	23.55	-33.12	1.24	0.44	0.93	1.9800	-17.0750	1.9833	0.0000	4.46
BNU-ESM	62.42	-33.11	2.52	0.29	0.88	-0.0040	0.2980	1.9841	0.0000	3.84
CanESM2	-47.94	-30.13	1.30	0.56	0.83	-1.4400	-5.5270	1.9895	0.0000	5.05
CCSM4	9.88	-32.50	1.32	0.60	0.95	2.9390	-10.9020	1.9837	0.0000	5.74
CNRM-CM5	-58.97	-30.72	0.99	0.59	0.91	-4.4680	7.9410	1.9909	0.0000	5.06
CSIRO-Mk3-6-0	55.34	-32.01	1.05	0.45	0.90	2.0680	-7.8850	1.9864	0.0000	4.97
FGOALS-g2	33.64	-33.46	1.81	0.41	0.90	0.6510	-4.3930	1.9828	0.0000	4.42

续表

模式名称	均值差（%）	变异系数	NRMSE	年内相关系数	空间相关系数	EOF（10-3）		PDF		综合评分
						EOF1	EOF2	BS	S_{score}	
FIO-ESM	22.59	-33.32	1.80	0.39	0.90	1.0040	-5.1150	1.9833	0.0000	4.33
GFDL-CM3	46.72	-32.44	1.03	0.53	0.93	-1.3200	-0.9710	1.9853	0.0000	5.87
GFDL-ESM2G	-50.21	-32.22	1.15	0.39	0.92	1.6610	-16.2030	1.9854	0.0000	4.57
GISS-E2-H	126.25	-32.75	3.21	0.57	0.92	0.4690	-9.4650	1.9828	0.0000	4.25
GISS-E2-R	88.23	-33.17	2.58	0.52	0.93	-0.0110	-2.9650	1.9828	0.0000	4.64
IPSL-CM5A-LR	34.84	-32.63	1.20	0.51	0.88	0.1550	-11.9110	1.9850	0.0000	5.60
IPSL-CM5A-MR	45.84	-32.53	1.08	0.50	0.83	-8.1500	-7.0130	1.9871	0.0000	4.04
MIROC5	-5.28	-32.69	1.36	0.63	0.93	2.2820	-14.8350	1.9840	0.0000	4.90
MIROC-ESM	78.92	-32.78	2.46	0.61	0.89	0.1380	-1.0840	1.9830	0.0000	4.79
MIROC-ESM-CHEM	70.53	-32.85	2.31	0.61	0.89	0.2150	-1.2980	1.9829	0.0000	4.95
MPI-ESM-LR	-62.89	-30.72	1.10	0.52	0.78	-1.9110	-10.7050	1.9903	0.0000	4.41
MPI-ESM-MR	58.27	-30.85	1.13	0.52	0.80	-1.3930	-12.0520	1.9899	0.0000	4.33
MRI-CGCM3	75.03	-31.36	0.90	0.52	0.93	-5.7290	11.0570	1.9901	0.0000	4.51
MRI-ESM1	74.46	-31.35	0.91	0.52	0.93	-6.5970	12.3920	1.9890	0.0000	4.59
NorESM1-M	4.76	-32.70	1.35	0.56	0.93	1.1950	-3.2160	1.9830	0.0000	6.42
NorESM1-ME	2.49	-32.72	1.38	0.56	0.93	1.1580	-2.9890	1.9830	0.0000	5.62

由 1962~2005 年的年平均降水量模拟值与观测值之间的偏差（表 9-9）来看，大多数模式模拟的辽河流域的平均降水量偏多。

变异系数可以消除单位和（或）平均数不同对两个或多个资料变异程度比较的影响。反映单位均值上的离散程度，常用在两个总体均值不等的离散程度的比较上。从表 9-9 可以看出，所有模式的离散较观测数据均偏小。

气候模式输出的 NRMSE 为 0.90~3.21，其值越小说明气候模式表现越好。NRMSE 计算的是每对实测与模拟值之间的差异，因此可以描述均值和标准差所达不到的效果。从结果看，模式 MRI-CGCM3 和 MRI-ESM1 对降水量模拟的 NRMSE 数值较低，但总的数值都较大，说明模拟效果一般。

从 1962~2005 年辽河流域年平均降水量模拟值和观测值之间的年内相关系数的数值可以看出，其范围为 0.29~0.63，说明模式对降水量的时间模拟较差；而空间相关系数范围高达 0.78~0.95，表明气候模式对地面平均降水量的空间变化的模拟能力相对较好。

EOF1 和 EOF2 是 24 个气候模式模拟出的地面气温系列的 EOF1 和 EOF2 与实测地面气温系列的 EOF1 和 EOF2 之间的差值。EOF1 的范围为 -0.0082~0.0029，EOF2 的范围为 -0.0171~0.0124。意味着所有模型模拟出的 EOF1 与实测降水系列的 EOF1 较一致，而 EOF2 与实测降水系列的 EOF2 相差较大。

BS 反映了概率预测的均方差，S_{score} 用来描述模拟概率分布与实测值的重叠程度。BS 越小，则意味着 GCM 的表现越好，而 S_{score} 较大，则意味着 GCM 的表现越好。从表 9-9 中两个统计量评估的结果来看，模式的降水评估效果均不好。

图 9-14 给出了 24 个 GCM 对地面平均降水的模拟效果。结果表明，BNU-ESM（中国）、IPSL-CM5A-MR（法国）、GISS-E2-H（美国）、FIO-ESM（中国）、MPI-ESM-MR（德国）和 MPI-ESM-LR（德国）6 个气候模式对于地面平均降水的模拟结果要好于其他模式。

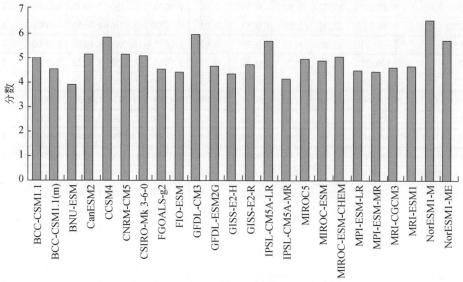

图 9-14 所有模式对平均降水量的综合评分结果

9.4.2.4 综合评估结果

根据秩的 GCMs 评估方法，基于 2 个地面变量，评估了 24 个全球气候模式在辽河流域的综合模拟能力，各模式对平均气温、降水量模拟打分以及综合评分如图 9-15 所示。此外，表 9-10 给出了针对气温、降水量以及综合评分排在前十的模式名称。

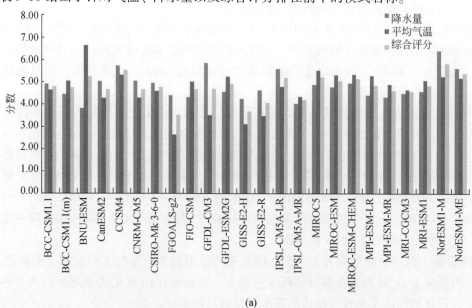

(a)

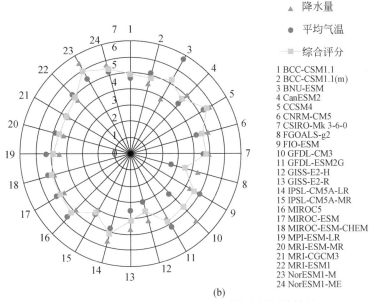

(b)

图 9-15 基于观测资料的辽河流域的变量评分结果

表 9-10 评分前 10 位的模式

排名	平均气温		平均降水		综合评分	
	模式名称	综合评分	模式名称	综合评分	模式名称	综合评分
1	FGOALS-g2	2.66	BNU-ESM	3.84	FGOALS-g2	3.54
2	GISS-E2-H	3.12	IPSL-CM5A-MR	4.04	GISS-E2-H	3.69
3	GISS-E2-R	3.51	GISS-E2-H	4.25	GISS-E2-R	4.08
4	GFDL-CM3	3.54	FIO-ESM	4.33	IPSL-CM5A-MR	4.20
5	CanESM2	4.30	MPI-ESM-MR	4.33	MRI-CGCM3	4.58
6	CNRM-CM5	4.31	MPI-ESM-LR	4.41	MPI-ESM-MR	4.62
7	IPSL-CM5A-MR	4.36	FGOALS-g2	4.42	CanESM2	4.67
8	CSIRO-Mk3-6-0	4.60	BCC-CSM1.1（m）	4.46	FIO-ESM	4.68
9	MRI-CGCM3	4.66	MRI-CGCM3	4.51	CNRM-CM5	4.69
10	BCC-CSM1.1	4.66	GFDL-ESM2G	4.57	GFDL-CM3	4.71

以地面实测资料为输入数据，采用 24 个不同气候模式输出的地面降水量和地面温度，分别将它们与观测资料进行比较分析，得到以下结论。

1）对于地面气温的模拟结果，FGOALS-g2（中国）、GISS-E2-H（美国）、GISS-E2-R（美国）、GFDL-CM3（美国）、CanESM2（加拿大）和 CNRM-CM5（法国）要好于其他模式；对于地面降水量，BNU-ESM（中国）、IPSL-CM5A-MR（法国）、GISS-E2-H（美国）、S-gESM（中国）、MPI-ESM-MR（德国）和 MPI-ESM-LR（德国）的模拟结果要好于其他模式。

2）在整个辽河流域内，对比 GCMs 对地面气温与地面降水两个地面变量的模拟结果，对气温的模拟效果要好于对降水的模拟。这是由于 GCM 输出的降水具有较大的不确定性。这与其在全球尺度（IPCC AR4）的表现一致。

3）综合以上 2 个地面要素的评价结果，分别对 24 个 GCMs 进行秩打分，评判各 GCM 在辽河流域模拟能力的优劣。综合评价表明，评估结果最好的 10 个气候模式为 FGOALS-g2（中国）、GISS-E2-H（美国）、GISS-E2-R（美国）、IPSL-CM5A-MR（法国）、MRI-CGCM3（日本）、MPI-ESM-MR（德国）、CanESM2（加拿大）、FIO-ESM（中国）、CNRM-CM5（法国）、GFDL-CM3（美国）。

4）本部分对 GCM 的评价仅针对辽河流域而言，书中模拟能力不佳的模式可能在其他地区有良好的模拟效果。

9.4.3 海河流域

9.4.3.1 GCMs 整体模拟能力分析

所有模式的集合平均结果和观测值的空间分布如图 9-16 所示。从图 9-16 中可以看出，模式集合平均值能较好地给出降水量的空间分布特征，但气温模拟结果较一般。从图 9-16 中可以看出，实际观测气温整体上呈西南–东北的阶梯状升温，降水量也呈阶梯状增加，而集合平均结果的气温在东北部比观测数值偏低，西南部比观测数值偏高。就整个海河流域区域平均来看，模式集合对降水量的模拟则表现为整体偏大。

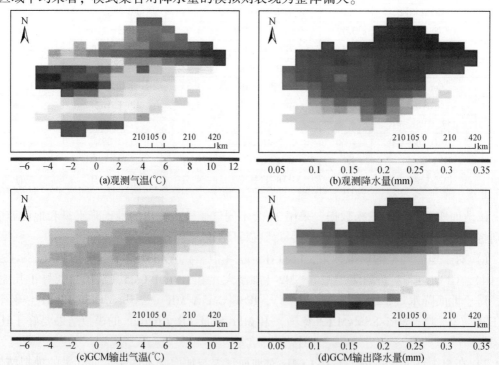

图 9-16 海河流域年平均气温、降水量的空间分布图

图 9-17 给出了气温、降水量年平均值随时间变化的时间序列图。对于气温变化，模式集合平均值在一定程度上能够呈现出观测数据的升温过程，但模拟值低于实际观测值，且模拟变率较实测数据小很多。对于区域年平均降水量，集合平均值的年际间变率明显小于观测值，模拟气温和降水的波动能力均较差。

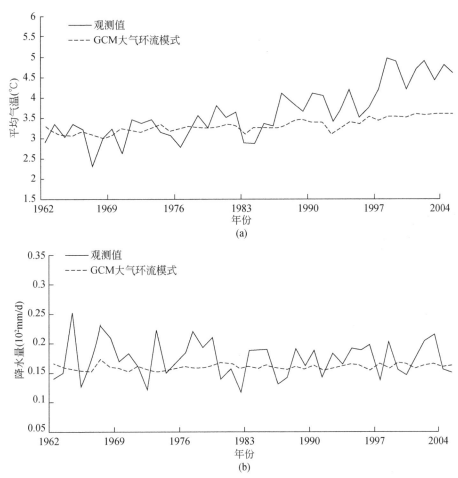

图 9-17 海河流域年平均气温和降水的变化曲线
实线，观测值；虚线，模式集合平均值

从图 9-16 和图 9-17 可以看出，所有的模式整体能够表现出海河流域的空间分布以及时间变化趋势。针对单个模式的表现能力，下面分别给出各模式对海河流域年平均气温和降水量的模拟值与观测值之间的统计分析结果。

9.4.3.2 平均气温模拟评估

表 9-11 给出了 24 个 GCMs 模拟 1962 ~ 2005 年海河流域年平均气温的相关表现，其中包括均值差值、变异系数、NRMSE、年内相关系数、空间相关系数、EOF 第一特征向量、EOF 第二特征向量、BS 以及 S_{score} 共 9 个统计量，最后一列为每个气候模式的综合评分。

表 9-11 1962～2005 年海河流域年平均气温模拟值与观测值之间的统计分析

模式名称	均值差值（%）	变异系数	NRMSE	年内相关系数	空间相关系数	EOF（10^{-3}）		PDF		综合评分
						EOF1	EOF2	BS	S_{score}	
BCC-CSM1.1	−35.17	10.97	0.93	0.93	0.52	0.5050	−7.0300	1.9743	0.0046	3.29
BCC-CSM1.1（m）	−14.23	5.81	0.92	0.91	0.54	0.4280	−6.4430	1.9744	0.0046	4.11
BNU-ESM	−31.95	8.08	0.93	0.91	0.50	0.3810	−6.2740	1.9742	0.0046	3.77
CanESM2	−21.16	7.91	0.91	0.92	0.58	0.5210	−7.5530	1.9743	0.0048	4.09
CCSM4	−2.38	6.06	0.91	0.92	0.51	0.2540	−5.8830	1.9743	0.0044	4.97
CNRM-CM5	−25.33	9.52	0.91	0.93	0.51	0.3650	−7.0720	0.0000	0.9977	6.02
CSIRO-Mk3-6-0	−4.93	5.75	0.91	0.90	0.50	0.5980	−8.3590	1.9744	0.0046	3.46
FGOALS-g2	−62.45	49.70	0.93	0.91	0.32	0.3920	−6.5520	1.9743	0.0044	1.95
FIO-ESM	−8.15	4.29	0.93	0.88	0.54	0.4450	−7.2260	1.9743	0.0047	3.48
GFDL-CM3	−22.50	7.83	0.92	0.92	0.55	0.2240	−6.1520	1.9743	0.0048	4.59
GFDL-ESM2G	−5.63	4.73	0.93	0.91	0.57	−0.1380	−4.6240	1.9744	0.0048	5.21
GISS-E2-H	13.27	2.84	0.94	0.83	0.55	0.2860	−6.8280	1.9743	0.0048	3.56
GISS-E2-R	28.37	2.57	0.94	0.80	0.51	0.1370	−6.2720	1.9743	0.0048	3.82
IPSL-CM5A-LR	−34.15	9.83	0.93	0.92	0.59	0.3420	−7.0000	1.9743	0.0047	4.03
IPSL-CM5A-MR	−16.39	6.02	0.92	0.91	0.57	0.2970	−6.1070	1.9743	0.0046	4.52
MIROC5	36.98	3.11	0.91	0.86	0.53	0.4590	−7.0020	1.9743	0.0045	4.33
MIROC-ESM	−3.47	5.25	0.92	0.89	0.53	0.3110	−6.2090	1.9742	0.0046	4.42
MIROC-ESM-CHEM	−3.95	5.42	0.92	0.89	0.52	0.3180	−6.3250	1.9743	0.0046	4.35
MPI-ESM-LR	25.09	2.79	0.92	0.86	0.55	0.3430	−6.3870	1.9743	0.0047	4.38
MPI-ESM-MR	23.29	2.83	0.92	0.86	0.55	0.3450	−6.4340	1.9743	0.0047	4.36
MRI-CGCM3	−2.22	5.76	0.91	0.92	0.54	0.4560	−6.7170	1.9744	0.0045	4.51
MRI-ESM1	−0.78	5.59	0.91	0.91	0.54	0.4430	−6.6910	1.9744	0.0045	4.54
NorESM1-M	−25.32	9.32	0.92	0.93	0.48	0.2390	−6.4700	1.9743	0.0045	4.45
NorESM1-ME	−28.81	10.31	0.92	0.93	0.47	0.2530	−6.4200	1.9743	0.0045	4.31

表 9-11 中"均值差值"是 24 个气候模式模拟出来的年平均值与实测年平均值之间的差值与实测年平均值的比值。从 1962～2005 年的年平均气温模拟值与观测值之间的偏差来看，大多数模式模拟的海河流域的平均气温偏低。

变异系数可以消除单位和（或）平均数不同对两个或多个资料变异程度比较的影响。反映单位均值上的离散程度，常用在两个总体均值不等的离散程度的比较上。从表 9-11 中可以看出，模式的离散均大于观测场。

气候模式输出的 NRMSE 为 0.91～0.94，其值越小说明气候模式表现越好。NRMSE 计算的是每对实测值与模拟值之间的差异，因此可以描述均值和标准差所达不到的效果。从结果看，各模式的 NRMSE 数值均较高，模拟效果不太理想。

各模式年内相关系数的范围为 0.80~0.93，表明气候模式对地面平均气温的年内分布的模拟效果很好；而空间相关系数范围为 0.32~0.59，数值不高，说明气候模式对地面平均气温的空间特征方面的模拟不太好。

EOF1 和 EOF2 是 24 个气候模式模拟出的地面气温系列的 EOF1 和 EOF2 与实测地面气温系列的 EOF1 和 EOF2 之间的差值。EOF1 的范围为 −0.0001~0.0006，EOF2 的范围为 −0.0084~0.0046。意味着所有模型模拟出的 EOF1 与 EOF2 和实测气温系列的 EOF1 与 EOF2 较一致。

BS 反映了概率预测的均方差，S_{score} 用来描述模拟概率分布与实测值的重叠程度。BS 越小，意味着 GCM 的表现越好，而 S_{score} 较大，则意味着 GCM 的表现越好。从两个统计量评估的结果来看，所有模式对该区域平均气温的模拟能力都较差。

图 9-18 给出了 24 个 GCM 对地面平均气温的模拟效果。结果表明，FGOALS-g2（中国）、CSIRO-Mk3-6-0（澳大利亚）、FIO-ESM（中国）、GISS-E2-H（美国）、BNU-ESM（中国）和 GISS-E2-R（美国）6 个气候模式对于地面平均气温的模拟结果要好于其他模式。

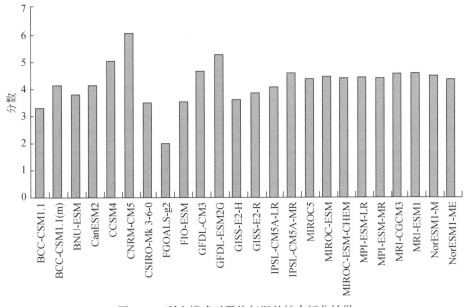

图 9-18 所有模式对平均气温的综合评分结果

9.4.3.3 平均降水量模拟评估

表 9-12 给出了各个 GCM 输出的海河流域平均降水量相应的 9 个统计量的评估结果，其中最后一列为各气候模式的综合评分。

表 9-12　1962~2005 年海河流域年平均降水量模拟值与观测值之间的统计分析

模式名称	均值差值（%）	变异系数	NRMSE	年内相关系数	空间相关系数	EOF（10^{-3}）		PDF		综合评分
						EOF1	EOF2	BS	S_{score}	
BCC-CSM1.1	30.80	-1.87	1.78	0.81	0.98	-0.3560	0.9180	0.0001	0.9973	4.56
BCC-CSM1.1（m）	-26.11	-1.75	0.98	0.78	0.99	-0.8120	-0.3420	0.0000	0.9978	5.72
BNU-ESM	77.07	-2.15	2.50	0.82	0.98	-0.9970	0.5650	0.0001	0.9974	3.58
CanESM2	31.46	-0.65	2.07	0.77	0.98	-1.2200	-0.6710	0.0000	0.9992	5.58
CCSM4	1.45	-1.20	1.41	0.79	1.00	-1.2030	-0.1290	0.0000	0.9988	6.37
CNRM-CM5	-47.86	-0.79	0.81	0.77	0.99	-0.5930	12.5230	0.0000	0.9991	6.49
CSIRO-Mk3-6-0	-37.35	-0.71	0.93	0.80	0.98	-1.8710	1.9090	0.0000	0.9993	6.77
FGOALS-g2	-4.99	-2.55	1.22	0.80	0.98	-0.7040	-1.9110	0.0001	0.9973	4.53
FIO-ESM	35.07	-2.29	1.75	0.79	0.97	-2.1350	-1.0510	0.0000	0.9975	3.54
GFDL-CM3	0.11	-1.70	1.28	0.77	0.97	-2.4270	3.9550	0.0000	0.9983	4.44
GFDL-ESM2G	3.95	-0.77	1.41	0.80	0.96	-3.3040	0.1580	0.0000	0.9988	5.11
GISS-E2-H	38.47	-1.44	2.33	0.75	0.98	-1.6910	-1.5710	0.0001	0.9971	3.14
GISS-E2-R	-1.36	-2.12	1.54	0.75	0.98	-1.2670	-4.4830	0.0001	0.9970	3.35
IPSL-CM5A-LR	-46.24	-1.26	0.90	0.72	0.99	-1.5650	0.2880	0.0000	0.9986	5.92
IPSL-CM5A-MR	-49.90	-1.15	0.83	0.75	0.99	-2.1350	1.7810	0.0000	0.9987	6.02
MIROC5	-12.65	-1.83	1.12	0.75	1.00	-0.5610	1.2010	0.0000	0.9981	5.80
MIROC-ESM	25.22	-1.44	2.01	0.80	0.98	0.6230	2.1440	0.0000	0.9981	4.96
MIROC-ESM-CHEM	19.85	-1.54	1.91	0.77	0.98	0.5820	1.4860	0.0000	0.9982	5.00
MPI-ESM-LR	-16.56	-0.45	1.15	0.77	0.98	-1.8520	5.4570	0.0000	0.9988	5.83
MPI-ESM-MR	-17.59	-0.68	1.11	0.79	0.98	-2.1790	5.4260	0.0000	0.9988	5.87
MRI-CGCM3	-72.16	-0.47	0.79	0.70	0.99	-1.7920	1.0610	0.0000	0.9990	6.32
MRI-ESM1	-72.58	-0.56	0.80	0.72	0.98	-2.3870	15.1060	0.0000	0.9990	5.33
NorESM1-M	32.67	-1.45	1.84	0.82	0.99	-1.4770	2.5570	0.0000	0.9987	5.52
NorESM1-ME	33.25	-1.39	1.91	0.82	0.99	-1.2640	2.3280	0.0000	0.9986	5.53

由 1962~2005 年的年平均降水量模拟值与观测值之间的偏差（表 9-12）来看，大多数模式模拟的海河流域的平均降水量偏多。

变异系数可以消除单位和（或）平均数不同对两个或多个资料变异程度比较的影响。反映单位均值上的离散程度，常用在两个总体均值不等的离散程度的比较上。从表 9-12 可以看出，所有模式的离散较观测数据均偏小。

气候模式输出的 NRMSE 为 0.79~2.50，其值越小说明气候模式表现越好。NRMSE 计算的是每对实测与模拟值之间的差异，因此可以描述均值和标准差所达不到的效果。从结果看，模式 MRI-CGCM3、MRI-ESM1、CNRM-CM5 和 IPSL-CM5A-MR 对降水量模拟的 NRMSE 数值较低，模拟效果较其他模式好。

从 1962~2005 年海河流域年平均降水量模拟值和观测之间的年内相关系数的数值可以看出，其范围为 0.70~0.82，说明模式对降水量的时间模拟较好；而空间相关系数均大于 0.96，表明气候模式在模拟海河流域地面平均降水量的空间变化方面很好。

EOF1 和 EOF2 是 24 个气候模式模拟出的地面气温系列的 EOF1 和 EOF2 与实测地面气温系列的 EOF1 和 EOF2 之间的差值。EOF1 的范围为 –0.0033~0.0006，EOF2 的范围为 –0.0045~0.0151。意味着所有模型模拟出的 EOF1 与实测降水系列的 EOF1 较一致，而 EOF2 与实测降水系列的 EOF2 相差较大。

BS 反映了概率预测的均方差，S_{score} 用来描述模拟概率分布与实测值的重叠程度。BS 越小，意味着 GCM 的表现越好，而 S_{score} 较大，则意味着 GCM 的表现越好。从表 9-12 中两个统计量评估的结果来看，所有模式的 BS 数值均很小，而 S_{score} 数值都接近于 1，说明模式的降水评估效果很好。

图 9-19 给出了 24 个 GCM 对地面平均降水量的模拟效果。结果表明，GISS-E2-H（美国）、GISS-E2-R（美国）、FIO-ESM（中国）、BNU-ESM（中国）、GFDL-CM3（美国）和 FGOALS-g2（中国）6 个气候模式对于地面平均降水量的模拟结果要好于其他模式。

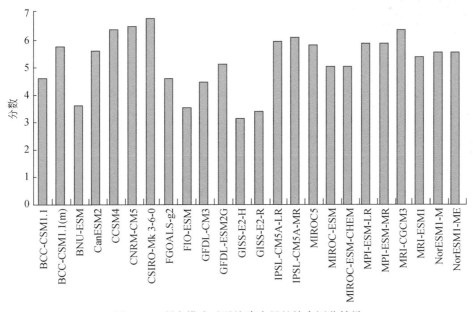

图 9-19　所有模式对平均降水量的综合评分结果

9.4.3.4　综合评估结果

根据秩的 GCMs 评估方法，基于 2 个地面变量，评估了 24 个全球气候模式在海河流域的综合模拟能力，各模式对平均气温、降水量模拟打分以及综合评分如图 9-20 所示。此外，表 9-13 给出了针对气温、降水量以及综合评分排在前十的模式名称。

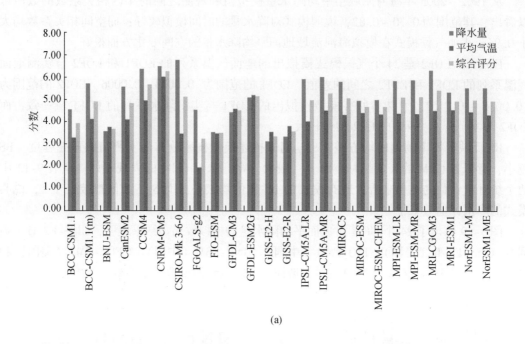

(a)

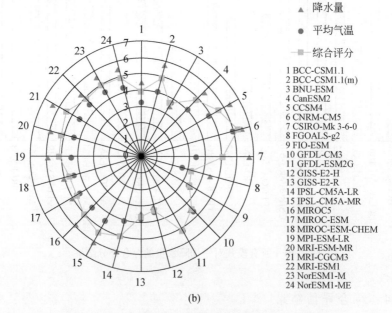

(b)

图 9-20　基于观测资料的海河流域的变量评分结果

表 9-13 评分前 10 位的模式

排名	平均气温		平均降水		综合评分	
	模式名称	综合评分	模式名称	综合评分	模式名称	综合评分
1	FGOALS-g2	1.95	GISS-E2-H	3.14	FGOALS-g2	3.24
2	CSIRO-Mk3-6-0	3.46	GISS-E2-R	3.35	GISS-E2-H	3.35
3	FIO-ESM	3.48	FIO-ESM	3.54	FIO-ESM	3.51
4	GISS-E2-H	3.56	BNU-ESM	3.58	GISS-E2-R	3.58
5	BNU-ESM	3.77	GFDL-CM3	4.44	BNU-ESM	3.67
6	GISS-E2-R	3.82	FGOALS-g2	4.53	BCC-CSM1.1	3.93
7	BCC-CSM1.1	3.29	BCC-CSM1.1	4.56	GFDL-CM3	4.52
8	IPSL-CM5A-LR	4.03	MIROC-ESM	4.96	MIROC-ESM-CHEM	4.67
9	CanESM2	4.09	MIROC-ESM-CHEM	5.00	MIROC-ESM	4.69
10	BCC-CSM1.1（m）	4.11	GFDL-ESM2G	5.11	CanESM2	4.84

以地面实测资料为输入数据，采用 24 个不同气候模式输出的地面降水量和地面温度，分别将它们与观测资料进行比较分析，得到以下结论。

1）对于地面气温的模拟结果，FGOALS-g2（中国）、CSIRO-Mk3-6-0（澳大利亚）、FIO-ESM（中国）、GISS-E2-H（美国）、BNU-ESM（中国）和 GISS-E2-R（美国）要好于其他模式；对于地面降水量，GISS-E2-H（美国）、GISS-E2-R（美国）、FIO-ESM（中国）、BNU-ESM（中国）、GFDL-CM3（美国）和 FGOALS-g2（中国）的模拟结果要好于其他模式。

2）在整个海河流域内，对比 GCMs 对地面气温与地面降水两个地面变量的模拟结果，对气温的模拟效果要好于对降水的模拟。这是由于 GCM 输出的降水具有较大的不确定性。这与其在全球尺度（IPCC AR4）的表现一致。

3）综合以上 2 个地面要素的评价结果，分别对 24 个 GCMs 进行秩打分，评判各 GCM 在海河流域模拟能力的优劣。综合评价表明，评估结果最好的 10 个气候模式为 FGOALS-g2（中国）、GISS-E2-H（美国）、FIO-ESM（中国）、GISS-E2-R（美国）、BNU-ESM（中国）、BCC-CSM1.1（中国）、GFDL-CM3（美国）、MIROC-ESM-CHEM（日本）、MIROC-ESM（日本）、CanESM2（加拿大）。

4）本部分对 GCM 的评价仅针对海河流域而言，书中模拟能力不佳的模式可能在其他地区有良好的模拟效果。

9.4.4 淮河流域

9.4.4.1 GCMs 整体模拟能力分析

所有模式的集合平均结果和观测值的空间分布如图 9-21 所示。从图 9-21 中可以看出，模式集合平均值能较好地给出气温和降水量的空间分布特征，气温呈东北-西南的阶梯状升温，降水量也呈阶梯状增加。就整个淮河流域区域平均来看，气温模拟值和降水量的模拟值都呈现出整体高于实测值的现象。

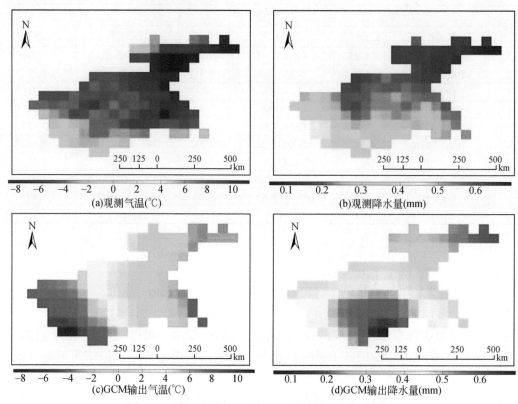

(a)观测气温(℃)

(b)观测降水量(mm)

(c)GCM输出气温(℃)

(d)GCM输出降水量(mm)

图 9-21　淮河流域年平均气温、降水量的空间分布图

图 9-22 给出了气温、降水量年平均值随时间变化的时间序列图。对于气温变化，实测数据呈现了缓慢上升的趋势，而模式集合平均值则表现出了一定的下降趋势，其不能很好地表现出 20 世纪 70 年代后温度上升的趋势。对于区域年平均降水量，集合平均值的年际间变率明显小于观测值，不能模拟出降水量的年际波动。

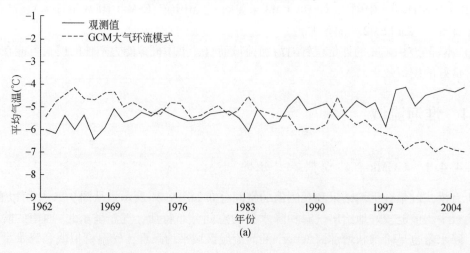

(a)

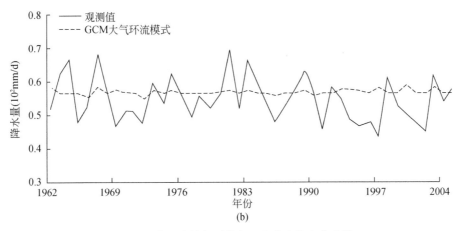

图 9-22　淮河流域年平均气温和降水的变化曲线
实线，观测值；虚线，模式集合平均值

针对单个模式的表现能力，下面分别给出各模式对淮河流域年平均气温和降水量的模拟值与观测值之间的统计分析结果。

9.4.4.2　平均气温模拟评估

表 9-14 给出了 24 个 GCMs 模拟 1962～2005 年淮河流域年平均气温的相关表现，其中包括均值差值、变异系数、NRMSE、年内相关系数、空间相关系数、EOF 第一特征向量、EOF 第二特征向量、BS 以及 S_{score} 共 9 个统计量，最后一列为每个气候模式的综合评分。

表 9-14　1962～2005 年淮河流域年平均气温模拟值与观测值之间的统计分析

模式名称	均值差值（%）	变异系数	NRMSE	年内相关系数	空间相关系数	EOF（10^{-3}）		PDF		综合评分
						EOF1	EOF2	BS	S_{score}	
BCC-CSM1.1	4.21	5.71	0.94	0.72	−0.68	−0.5320	−14.3870	1.9752	0.0049	5.44
BCC-CSM1.1（m）	3.88	15.81	0.94	0.68	−0.55	−0.8070	−13.8000	1.9753	0.0048	3.87
BNU-ESM	2.19	15.31	0.95	0.65	−0.76	−0.7140	−13.2800	1.9752	0.0050	4.58
CanESM2	1.71	32.22	0.94	0.63	−0.68	−0.9020	−12.8650	1.9751	0.0052	4.88
CCSM4	3.90	17.18	0.94	0.70	−0.51	−0.4090	−12.6950	1.9752	0.0048	4.63
CNRM-CM5	8.55	−37.75	0.92	0.80	0.28	−0.0210	−12.4460	1.9753	0.0045	6.58
CSIRO-Mk3-6-0	1.58	11.45	0.95	0.60	−0.68	−0.9630	−11.7930	1.9753	0.0046	2.78
FGOALS-g2	5.20	3.19	0.93	0.75	−0.54	−0.5120	−11.7460	1.9752	0.0050	5.92
FIO-ESM	0.33	35.75	0.96	0.54	−0.84	−0.7780	−11.4880	1.9752	0.0050	3.52
GFDL-CM3	6.74	−10.08	0.94	0.78	−0.16	−0.3250	−11.4540	1.9752	0.0049	5.90
GFDL-ESM2G	4.87	20.09	0.95	0.72	−0.59	−0.7500	−10.9230	1.9752	0.0048	4.69
GISS-E2-H	3.05	18.85	0.96	0.58	−0.61	−1.6420	−10.6460	1.9751	0.0045	3.06

续表

模式名称	均值差值（%）	变异系数	NRMSE	年内相关系数	空间相关系数	EOF（10^{-3}）		PDF		综合评分
						EOF1	EOF2	BS	S_{score}	
GISS-E2-R	2.76	9.32	0.97	0.58	-0.63	-1.9370	-10.3330	1.9751	0.0044	2.74
IPSL-CM5A-LR	5.50	19.83	0.94	0.70	-0.19	-0.3150	-10.3160	1.9753	0.0044	4.36
IPSL-CM5A-MR	2.87	11.60	0.95	0.62	-0.57	-0.9600	-9.8710	1.9752	0.0046	3.33
MIROC5	-1.12	160.57	0.96	0.50	-0.80	-1.3770	0.1770	1.9752	0.0049	1.56
MIROC-ESM	2.81	31.98	0.94	0.68	-0.73	-0.7780	2.1110	1.9752	0.0048	3.99
MIROC-ESM-CHEM	2.80	33.22	0.94	0.67	-0.74	-0.7720	3.3430	1.9752	0.0048	4.38
MPI-ESM-LR	2.21	18.89	0.96	0.59	-0.71	-0.9600	3.5960	1.9752	0.0047	2.92
MPI-ESM-MR	2.44	51.09	0.96	0.60	-0.69	-0.8910	3.6000	1.9752	0.0046	2.90
MRI-CGCM3	5.94	38.38	0.93	0.76	-0.28	-0.4280	3.9050	1.9753	0.0046	4.80
MRI-ESM1	5.71	30.48	0.93	0.76	-0.33	-0.4340	4.3300	1.9752	0.0047	5.16
NorESM1-M	4.90	-13.73	0.93	0.73	-0.48	-0.0830	4.4880	1.9752	0.0048	5.49
NorESM1-ME	4.99	-4.97	0.93	0.73	-0.47	-0.0610	4.9870	1.9752	0.0049	6.09

表 9-14 中"均值差值"是 24 个气候模式模拟出来的年平均值与实测年平均值之间的差值与实测年平均值的比值。从 1962~2005 年的年平均温度模拟值与观测值之间的偏差来看，大部分气候模式的模拟值都大于观测值。

变异系数可以消除单位和（或）平均数不同对两个或多个资料变异程度比较的影响。反映单位均值上的离散程度，常用在两个总体均值不等的离散程度的比较上。从表 9-14 中可以看出，除 CNRM-CM5、GFDL-CM3、NorESM1-M、NorESM1-ME 这 4 个模式外，其余模式的离散都大于观测场。

气候模式输出的 NRMSE 为 0.92~0.97，其值越小说明气候模式表现越好。NRMSE 计算的是每对实测与模拟值之间的差异，因此可以描述均值和标准差所达不到的效果。从结果看，各模式的 NRMSE 数值均较高，模拟效果一般。

从年内相关系数的数值可以看出，各模式相关系数的范围为 0.50~0.80，表明气候模式对地面平均气温的年内分布的模拟能力较好。从淮河流域气温模拟值和观测值之间的空间相关系数来看，其空间相关系数范围为-0.84~0.82，波动虽大，但大部分数值不高，且除了 CNRM-CM5 模式外，其余所有模式均表现出负相关性，说明模式在模拟区域的空间特征方面不太好。

EOF1 和 EOF2 是 24 个气候模式模拟出的地面气温系列的 EOF1 和 EOF2 与实测地面气温系列的 EOF1 和 EOF2 之间的差值。EOF1 的范围为-0.0019~0.00002，EOF2 的范围为-0.0144~0.0050。意味着所有模型模拟出的 EOF1 与实测降水系列的 EOF1 较一致，而 EOF2 与实测降水系列的 EOF2 相差较大。

BS 反映了概率预测的均方差，S_{score} 用来描述模拟概率分布与实测值的重叠程度。BS 越小，意味着 GCM 的表现越好，而 S_{score} 较大，则意味着 GCM 的表现越好。从两个统计量评估的结果来看，所有模式对该区域平均气温的模拟能力都较差。

图 9-23 给出了 24 个 GCM 对地面平均气温的模拟效果。结果表明，MIROC5（日本）、GISS-E2-R（美国）、CSIRO-Mk3-6-0（澳大利亚）、MPI-ESM-MR（德国）、MPI-ESM-LR（德国）和 GISS-E2-H（美国）6 个气候模式对于地面平均气温的模拟结果要好于其他模式。

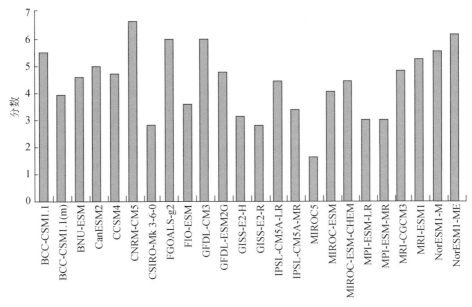

图 9-23　所有模式对平均气温的综合评分结果

9.4.4.3　平均降水量模拟评估

表 9-15 给出了各个 GCM 输出的淮河流域平均降水量相应的 9 个统计量的评估结果，其中最后一列为各气候模式的综合评分。

表 9-15　1962～2005 年淮河流域年平均降水模拟值与观测值之间的统计分析

模式名称	均值差值（%）	变异系数	NRMSE	年内相关系数	空间相关系数	EOF1	EOF2	BS	S_{score}	综合评分
BCC-CSM1.1	1.23	-1.37	1.18	0.87	0.99	0.8180	-0.0680	0.0000	0.9969	4.43
BCC-CSM1.1（m）	34.64	-1.19	0.76	0.85	0.99	0.4740	-0.7790	0.0000	0.9977	5.40
BNU-ESM	43.27	-1.39	2.04	0.88	0.99	1.0590	-0.0180	0.0000	0.9963	3.23
CanESM2	14.29	-0.18	1.35	0.83	0.99	1.0660	2.9480	0.0000	0.9984	5.84
CCSM4	-14.04	-0.45	1.16	0.87	1.00	0.3100	-1.7270	0.0000	0.9989	6.74
CNRM-CM5	34.12	-0.96	0.81	0.86	0.99	0.9290	-2.9140	0.0000	0.9981	5.66
CSIRO-Mk3-6-0	35.24	-0.54	0.81	0.87	0.99	0.9430	0.4910	0.0000	0.9983	6.69
FGOALS-g2	22.34	-1.12	0.91	0.90	0.99	0.7080	2.1780	0.0000	0.9970	5.18
FIO-ESM	39.47	-1.52	1.85	0.88	0.99	0.5190	1.3500	0.0000	0.9964	3.27
GFDL-CM3	6.20	-1.02	1.45	0.88	0.99	0.8310	1.8150	0.0000	0.9972	4.55

续表

模式名称	均值差值（%）	变异系数	NRMSE	年内相关系数	空间相关系数	EOF（10^{-3}）		PDF		综合评分
						EOF1	EOF2	BS	S_{score}	
GFDL-ESM2G	7.33	-1.27	1.33	0.88	0.99	0.0780	-0.6980	0.0000	0.9972	4.75
GISS-E2-H	-7.04	-0.22	1.45	0.80	0.98	-2.8400	8.2570	0.0000	0.9978	3.48
GISS-E2-R	16.26	-0.66	1.18	0.79	0.97	-4.0120	11.4210	0.0000	0.9974	2.24
IPSL-CM5A-LR	35.18	-0.63	0.81	0.85	0.99	0.3890	1.8090	0.0000	0.9979	5.71
IPSL-CM5A-MR	36.63	-0.46	0.81	0.82	0.99	-0.3630	2.9480	0.0000	0.9983	5.90
MIROC5	12.72	-0.80	1.19	0.87	0.99	1.0110	-1.7390	0.0000	0.9979	5.60
MIROC-ESM	21.99	-0.53	1.14	0.87	0.99	1.8240	1.0400	0.0000	0.9975	5.43
MIROC-ESM-CHEM	21.76	-0.61	1.12	0.87	0.99	1.7450	0.7340	0.0000	0.9975	5.50
MPI-ESM-LR	-1.31	-1.19	1.20	0.86	1.00	0.0440	-2.7290	0.0000	0.9977	5.08
MPI-ESM-MR	-3.96	-1.13	1.16	0.87	1.00	-0.0290	-2.8850	0.0000	0.9979	5.30
MRI-CGCM3	59.07	-0.47	0.62	0.83	1.00	-0.5370	1.0350	0.0000	0.9989	7.09
MRI-ESM1	58.09	-0.50	0.63	0.83	1.00	-0.6260	1.5220	0.0000	0.9989	6.99
NorESM1-M	14.01	-0.58	1.67	0.89	0.99	0.5980	-0.0640	0.0000	0.9978	5.50
NorESM1-ME	12.34	-0.58	1.65	0.89	0.99	0.5180	-0.0720	0.0000	0.9977	5.49

由 1962～2005 年的年平均降水量模拟值与观测值之间的偏差（表9-15）来看，大多数模式模拟的淮河流域的平均降水量偏多。

变异系数可以消除单位和（或）平均数不同对两个或多个资料变异程度比较的影响。反映单位均值上的离散程度，常用在两个总体均值不等的离散程度的比较上。从表9-15可以看出，所有模式的离散较观测数据均偏小。

气候模式输出的 NRMSE 为 0.62～2.04，其值越小说明气候模式表现越好。NRMSE 计算的是每对实测与模拟值之间的差异，因此可以描述均值和标准差所达不到的效果。从结果看，模式 MRI-CGCM3、MRI-ESM1 和 BCC-CSM1.1（m）对降水模拟的 NRMSE 数值较低，但总的数值都较大，说明模拟效果较差。

从 1962～2005 年淮河流域年平均降水量模拟值和观测值之间的年内相关系数的数值可以看到，其范围为 0.79～0.90，说明模式对降水的时间模拟较好；此外，空间相关系数均大于0.97，表明气候模式对地面平均降水量的空间变化的模拟能力很好。

EOF1 和 EOF2 是 24 个气候模式模拟出的地面气温系列的 EOF1 和 EOF2 与实测地面气温系列的 EOF1 和 EOF2 之间的差值。EOF1 的范围为-0.0040～0.0018，EOF2 的范围为0.0029～0.0114。意味着所有模型模拟出的 EOF1 与 EOF2 和实测降水系列的 EOF1 与EOF2 较一致。

BS 反映了概率预测的均方差，S_{score} 用来描述模拟概率分布与实测值的重叠程度。BS越小，意味着 GCM 的表现越好，而 S_{score} 较大，则意味着 GCM 的表现越好。从表9-15中两个统计量评估的结果来看，所有模式的 BS 数值均很小，而 S_{score} 数值都接近于1，说明模式对淮河流域平均气温的评估效果很好。

图9-24 给出了 24 个 GCM 对地面平均降水的模拟效果。结果表明，GISS-E2-R（美

国)、BNU-ESM（中国）、FIO-ESM（中国）、GISS-E2-H（美国）、BCC-CSM1.1（中国）和 GFDL-CM3（美国）6 个气候模式对于地面平均降水的模拟结果要好于其他模式。

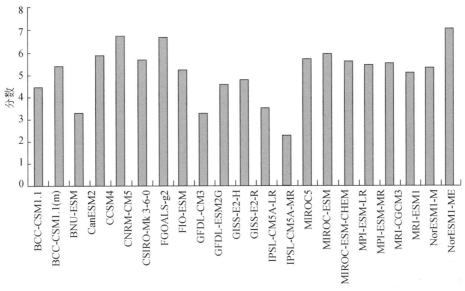

图 9-24　所有模式对平均降水量的综合评分结果

9.4.4.4　综合评估结果

根据秩的 GCMs 评估方法，基于 2 个地面变量，评估了 24 个全球气候模式在淮河流域的综合模拟能力，各模式对平均气温、降水模拟打分以及综合评分如图 9-25 所示。此外，表 9-16 给出了针对气温、降水以及综合评分排在前十的模式名称。

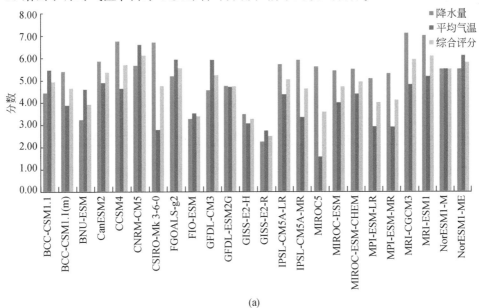

(a)

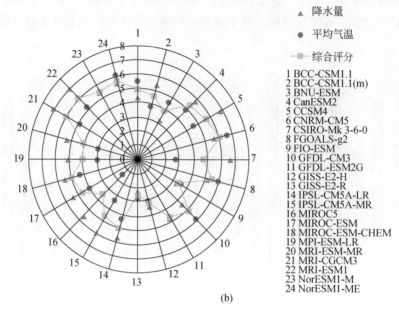

(b)

图 9-25　基于观测资料的淮河流域的变量评分结果

表 9-16　评分前 10 位的模式

排名	平均气温		平均降水		综合评分	
	模式名称	综合评分	模式名称	综合评分	模式名称	综合评分
1	MIROC5	1.56	GISS-E2-R	2.24	GISS-E2-R	4.94
2	GISS-E2-R	2.74	BNU-ESM	3.23	GISS-E2-H	2.49
3	CSIRO-Mk3-6-0	2.78	FIO-ESM	3.27	FIO-ESM	3.27
4	MPI-ESM-MR	2.90	GISS-E2-H	3.48	MIROC5	3.39
5	MPI-ESM-LR	2.92	BCC-CSM1.1	4.43	BNU-ESM	3.58
6	GISS-E2-H	3.06	GFDL-CM3	4.55	MPI-ESM-LR	3.91
7	IPSL-CM5A-MR	3.33	GFDL-ESM2G	4.75	MPI-ESM-MR	4.00
8	FIO-ESM	3.52	MPI-ESM-LR	5.08	IPSL-CM5A-MR	4.10
9	BCC-CSM1.1（m）	3.87	FGOALS-g2	5.18	BCC-CSM1.1（m）	4.62
10	MIROC-ESM	3.99	MPI-ESM-MR	5.30	MIROC-ESM	4.63

　　以地面实测资料为输入数据，采用 24 个不同气候模式输出的地面降水和地面温度，分别将它们与观测资料进行比较分析，得到以下结论。

　　1）对于地面气温的模拟结果，MIROC5（日本）、GISS-E2-R（美国）、CSIRO-Mk3-6-0（澳大利亚）、MPI-ESM-MR（德国）、MPI-ESM-LR（德国）和 GISS-E2-H（美国）要好于其他模式；对于地面降水，GISS-E2-R（美国）、BNU-ESM（中国）、FIO-ESM（中国）、GISS-E2-H（美国）、BCC-CSM1.1（中国）和 GFDL-CM3（美国）的模拟结果要好于其他模式。

　　2）在整个淮河流域内，对比 GCMs 对地面气温与地面降水两个地面变量的模拟结果，对气温的模拟效果要好于对降水的模拟。这是由于 GCM 输出的降水具有较大的不确定性。这与其在全球尺度（IPCC AR4）的表现一致。

3）综合以上 2 个地面要素的评价结果，分别对 24 个 GCMs 进行秩打分，评判各 GCM 在淮河流域模拟能力的优劣。综合评价表明，评估结果最好的 10 个气候模式为 GISS-E2-R（美国）、GISS-E2-H（美国）、FIO-ESM（中国）、MIROC5（日本）、BNU-ESM（中国）、MPI-ESM-LR（德国）、MPI-ESM-MR（德国）、IPSL-CM5A-MR（法国）、BCC-CSM1.1（m）（中国）、MIROC-ESM（日本）。

4）本部分对 GCM 的评价仅针对淮河流域而言，书中模拟能力不佳的模式可能在其他地区有良好的模拟效果。

9.4.5 黄河流域

9.4.5.1 GCMs 整体模拟能力分析

所有模式的集合平均结果和观测值的空间分布如图 9-26 所示。从图 9-26 中可以看到，模式集合平均值能很好地给出气温和降水量的空间分布特征，气温呈东北–西南的阶梯状升温，降水量也呈阶梯状增加。就整个黄河流域平均来看，气温的模拟值以及模式集合对降水量的模拟都比实测数据偏高。

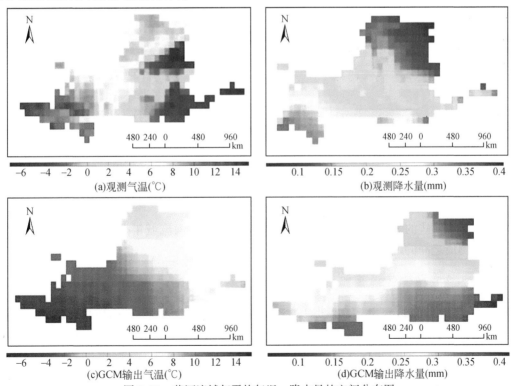

图 9-26 黄河流域年平均气温、降水量的空间分布图

图9-27给出了气温、降水量年平均值随时间变化的时间序列图。对于气温变化，模式集合平均值一定程度上能够表现出20世纪70年代以后的升温过程，但年际间的变率较实测数据小很多。对于区域年平均降水量，集合平均值的年际间变率明显小于观测值。

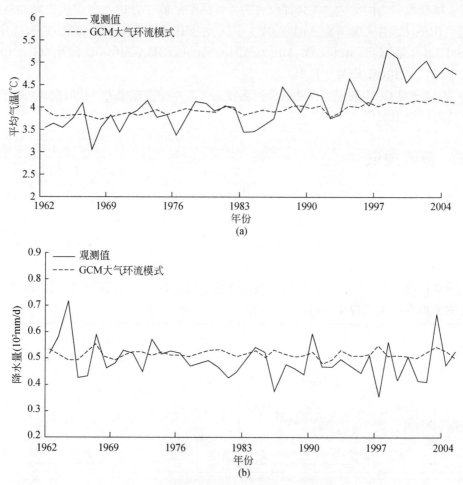

图9-27 黄河流域年平均气温和降水的变化曲线

实线，观测值；虚线，模式集合平均值

针对单个模式的表现能力，下面分别给出各模式对黄河流域年平均气温和降水量的模拟值与观测值之间的统计分析结果。

9.4.5.2 平均气温模拟评估

表9-17给出了24个GCMs模拟1962~2005年黄河流域年平均气温的相关表现，其中包括均值差值、变异系数、NRMSE、年内相关系数、空间相关系数、EOF第一特征向量、EOF第二特征向量、BS以及 S_{score} 共9个统计量，最后一列为每个气候模式的综合评分。

表 9-17　1962～2005 年黄河流域年平均气温模拟值与观测值之间的统计分析

模式名称	均值差值（%）	变异系数	NRMSE	年内相关系数	空间相关系数	EOF（10^{-3}）		PDF		综合评分
						EOF1	EOF2	BS	S_{score}	
BCC-CSM1.1	12.87	11.34	0.91	0.92	0.88	−0.8420	−12.8650	1.9391	0.0125	4.27
BCC-CSM1.1（m）	7.65	11.21	0.91	0.89	0.88	−1.3880	−14.5670	1.9391	0.0127	3.23
BNU-ESM	9.15	10.71	0.91	0.90	0.88	−0.9890	−13.4880	1.9392	0.0122	4.15
CanESM2	5.35	10.34	0.90	0.90	0.89	−1.0180	−13.6910	1.9390	0.0124	4.87
CCSM4	8.50	12.08	0.90	0.91	0.88	−1.1010	−14.1950	1.9391	0.0117	3.92
CNRM-CM5	11.54	18.59	0.91	0.92	0.87	−1.0000	−14.0960	1.9390	0.0124	3.04
CSIRO-Mk3-6-0	6.94	11.74	0.90	0.91	0.88	−1.2730	−14.6430	1.9391	0.0120	3.89
FGOALS-g2	13.20	12.97	0.91	0.92	0.87	−0.8370	−13.2600	1.9391	0.0120	3.73
FIO-gESM	4.99	9.64	0.91	0.86	0.89	−0.9240	−13.1120	1.9391	0.0121	4.46
GFDL-CM3	13.46	12.78	0.91	0.92	0.87	−1.0710	−13.8830	1.9391	0.0123	3.15
GFDL-ESM2G	9.64	10.81	0.92	0.88	0.88	−1.3070	−14.7350	1.9391	0.0121	2.75
GISS-E2-H	3.70	9.88	0.91	0.84	0.88	−1.6430	−15.2270	1.9389	0.0123	2.31
GISS-E2-R	3.13	9.75	0.91	0.83	0.88	−1.5590	−15.0500	1.9389	0.0122	2.42
IPSL-CM5A-LR	13.35	17.39	0.91	0.92	0.86	−1.5260	−15.5730	0.0000	0.9952	3.14
IPSL-CM5A-MR	8.86	12.17	0.90	0.91	0.88	−1.5000	−15.1300	1.9391	0.0120	2.92
MIROC5	−1.86	9.78	0.90	0.85	0.88	−1.1610	−13.9740	1.9391	0.0116	4.70
MIROC-ESM	2.14	9.95	0.90	0.87	0.88	−1.2220	−14.3780	1.9390	0.0119	4.13
MIROC-ESM-CHEM	2.16	9.96	0.90	0.87	0.88	−1.1460	−14.2310	1.9389	0.0120	4.28
MPI-ESM-LR	3.47	9.77	0.91	0.85	0.89	−1.5450	−15.0960	1.9391	0.0119	3.11
MPI-ESM-MR	3.97	9.80	0.91	0.85	0.89	−1.4850	−14.9400	1.9391	0.0122	3.19
MRI-CGCM3	7.36	11.88	0.90	0.91	0.87	−1.3180	−14.3150	1.9391	0.0124	3.75
MRI-ESM1	6.94	11.68	0.90	0.91	0.88	−1.2920	−14.2420	1.9391	0.0123	3.85
NorESM1-M	13.1	13.45	0.91	0.94	0.87	−0.8220	−13.3940	0.0000	0.9953	5.71
NorESM1-ME	12.97	13.47	0.91	0.94	0.87	−0.9270	−13.8270	1.9390	0.0117	3.63

　　表 9-17 中"均值差值"是 24 个气候模式模拟出来的年平均值与实测年平均值之间的差值与实测年平均值的比值。从 1962～2005 年的年平均温度模拟值与观测值之间的偏差来看，多数模式的模拟值比实测值偏高。

　　变异系数可以消除单位和（或）平均数不同对两个或多个资料变异程度比较的影响。反映单位均值上的离散程度，常用在两个总体均值不等的离散程度的比较上。从表 9-17 中可以看出，模式的离散均大于观测场。

　　气候模式输出的 NRMSE 为 0.90～0.92，其值越小说明气候模式表现越好。NRMSE 计算的是每对实测与模拟值之间的差异，因此可以描述均值和标准差所达不到的效果。从结果看，各模式的 NRMSE 数值均偏高，模拟效果不太理想。

从年内相关系数的数值可以看到，各模式相关系数的范围为 0.83 ～ 0.94，表明气候模式对地面平均气温的年内分布的模拟能力很好。从黄河流域气温模拟值和观测值之间的空间相关系数来看，其空间相关系数范围为 0.86～0.89，说明模式在模拟区域的空间特征方面也较好。

EOF1 和 EOF2 是 24 个气候模式模拟出的地面气温系列的 EOF1 和 EOF2 与实测地面气温系列的 EOF1 和 EOF2 之间的差值。EOF1 的范围为 –0.0016～0.0008，EOF2 的范围为–0.0156～0.0129。意味着所有模型模拟出的 EOF1 与实测降水系列的 EOF1 较一致，而模拟出的 EOF2 与实测降水系列的 EOF2 相差较大。

BS 反映了概率预测的均方差，S_{score} 用来描述模拟概率分布与实测值的重叠程度。BS越小，意味着 GCM 的表现越好，而 S_{score} 较大，则意味着 GCM 的表现越好。从表 9-17 中可以看出，除模式 IPSL-CM5A-LR 和 NorESM1-M 的 S_{score} 值达到了 0.99 外，其余 22 个模式相应的 S_{score} 值（所有网格的平均）都很低，模拟效果不好。

图 9-28 给出了 24 个 GCM 对地面平均气温的模拟效果。结果表明，GISS-E2-H（美国）、GISS-E2-R（美国）、GFDL-ESM2G（美国）、IPSL-CM5A-MR（法国）、CNRM-CM5（法国）和 MPI-ESM-LR（德国）6 个气候模式对于地面平均气温的模拟结果要好于其他模式。

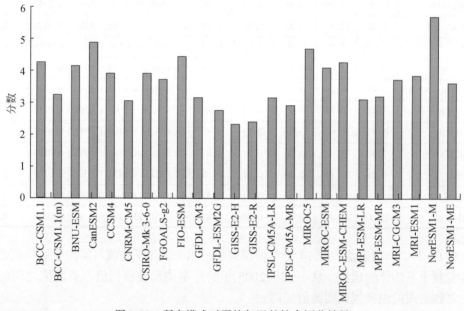

图 9-28　所有模式对平均气温的综合评分结果

9.4.5.3　平均降水量模拟评估

表 9-18 给出了各个 GCM 输出的黄河流域平均降水量相应的 9 个统计量的评估结果，其中最后一列为各气候模式的综合评分。

表 9-18　1962～2005 年黄河流域年平均降水量模拟值与观测值之间的统计分析

模式名称	均值差值（%）	变异系数	NRMSE	年内相关系数	空间相关系数	EOF（10^{-3}）		PDF		综合评分
						EOF1	EOF2	BS	S_{score}	
BCC-CSM1.1	7.16	-0.84	1.01	0.76	0.99	0.1690	1.5190	1.9438	0.0007	5.49
BCC-CSM1.1（m）	-27.68	-0.51	0.84	0.72	0.99	0.3640	1.6650	1.9453	0.0002	5.49
BNU-ESM	35.34	-1.08	1.20	0.79	0.99	0.1830	1.5700	1.9435	0.0005	4.49
CanESM2	15.07	-0.65	1.18	0.68	0.99	-0.7420	-0.6950	1.9471	0.0002	3.07
CCSM4	5.93	-0.60	1.02	0.80	1.00	0.5720	1.9810	1.9465	0.0001	4.93
CNRM-CM5	27.74	-0.74	0.78	0.77	0.99	0.8830	2.5280	1.9460	0.0001	4.63
CSIRO-Mk3-6-0	27.99	-0.12	0.80	0.79	1.00	1.1150	4.9340	1.9491	0.0002	5.04
FGOALS-g2	-14.84	-0.80	0.81	0.80	0.99	0.1400	1.1070	1.9451	0.0007	6.49
FIO-ESM	19.86	-1.02	1.07	0.75	0.99	-0.8110	2.2270	1.9444	0.0003	3.59
GFDL-CM3	-8.52	-1.04	0.92	0.69	0.99	-0.0580	4.8350	1.9441	0.0003	4.17
GFDL-ESM2G	-5.34	-0.46	1.00	0.73	0.99	-0.4210	2.9850	1.9474	0.0001	4.30
GISS-E2-H	14.67	-0.44	0.99	0.72	0.99	-0.1290	7.0020	1.9447	0.0001	4.37
GISS-E2-R	19.06	-0.98	0.88	0.72	0.99	-1.4720	6.7080	1.9435	0.0001	3.22
IPSL-CM5A-LR	23.62	-0.62	0.79	0.77	0.99	-0.0360	3.0630	1.9459	0.0002	5.65
IPSL-CM5A-MR	-29.37	-0.39	0.80	0.74	0.99	-0.5850	0.7690	1.9468	0.0002	5.24
MIROC5	-4.09	-0.77	0.87	0.79	0.99	-0.3200	3.7150	1.9467	0.0001	4.76
MIROC-ESM	0.59	-0.62	1.11	0.69	0.99	1.2580	1.8420	1.9468	0.0004	3.75
MIROC-ESM-CHEM	-0.83	-0.68	1.08	0.70	0.99	0.8810	1.0030	1.9471	0.0002	3.90
MPI-ESM-LR	-1.76	-0.79	0.94	0.73	0.99	0.0220	1.1350	1.9448	0.0007	5.47
MPI-ESM-MR	2.27	-0.91	0.94	0.74	0.99	-0.0830	2.4440	1.9456	0.0001	4.40
MRI-CGCM3	57.84	-0.04	0.77	0.70	0.99	-0.1490	-1.8770	1.9490	0.0001	4.52
MRI-ESM1	58.32	-0.01	0.78	0.70	0.98	-0.6860	-1.3000	1.9499	0.0000	4.03
NorESM1-M	20.29	-0.82	1.11	0.80	1.00	0.5060	1.8840	1.9461	0.0003	4.67
NorESM1-ME	22.01	-0.74	1.16	0.78	1.00	0.6130	2.7780	1.9464	0.0003	4.20

　　由 1962～2005 年的年平均降水量模拟值与观测值之间的偏差（表 9-18）来看，大多数模式模拟的黄河流域的平均降水量偏多。

　　变异系数可以消除单位和（或）平均数不同对两个或多个资料变异程度比较的影响。反映单位均值上的离散程度，常用在两个总体均值不等的离散程度的比较上。从表 9-18 可以看出，所有模式的离散较观测数据均偏小。

　　气候模式输出的 NRMSE 为 0.77～1.20，其值越小说明气候模式表现越好。NRMSE 计算的是每对实测与模拟值之间的差异，因此可以描述均值和标准差所达不到的效果。从结果看，模式 MRI-CGCM3、MRI-ESM1、CNRM-CM5 和 IPSL-CM5A-LR 对降水量模拟的 NRMSE 数值较低，但总的数值都较大，说明模拟效果一般。

从 1962~2005 年平均的黄河流域降水模拟值和观测值之间的年内相关系数的数值可以看到，其范围为 0.68~0.80，说明模式对降水量的时间模拟较好；而空间相关系数均大于 0.98，表明气候模式对地面平均降水量的空间变化的模拟能力很好。

EOF1 和 EOF2 是 24 个气候模式模拟出的地面气温系列的 EOF1 和 EOF2 与实测地面气温系列的 EOF1 和 EOF2 之间的差值。EOF1 的范围为 -0.0015~0.0013，EOF2 的范围为 -0.0018~0.0070。意味着所有模型模拟出的 EOF1 与 EOF2 和实测降水系列的 EOF1 与 EOF2 较一致。

BS 反映了概率预测的均方差，S_{score} 用来描述模拟概率分布与实测值的重叠程度。BS 越小，意味着 GCM 的表现越好，而 S_{score} 较大，则意味着 GCM 的表现越好。从表 9-18 中两个统计量评估的结果来看，模式的降水评估效果均不好。

图 9-29 给出了 24 个 GCM 对地面平均降水的模拟效果。结果表明，CanESM2（加拿大）、GISS-E2-R（美国）、FIO-ESM（中国）、MIROC-ESM（日本）、MIROC-ESM-CHEM（日本）和 MRI-ESM1（日本）6 个气候模式对于地面平均降水量的模拟结果要好于其他模式。

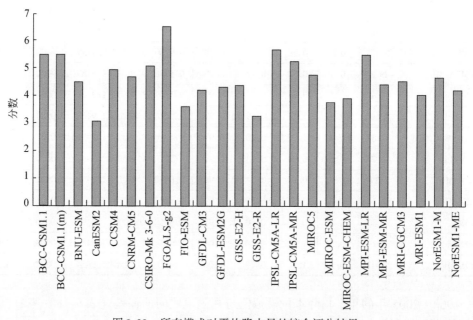

图 9-29 所有模式对平均降水量的综合评分结果

9.4.5.4 综合评估结果

根据秩的 GCMs 评估方法，基于 2 个地面变量，评估了 24 个全球气候模式在黄河流域的综合模拟能力，各模式对平均气温、降水量模拟打分以及综合评分如图 9-30 所示。此外，表 9-19 给出了针对气温、降水以及综合评分排在前十的模式名称。

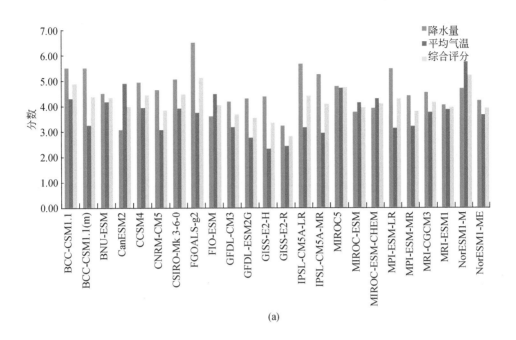

(a)

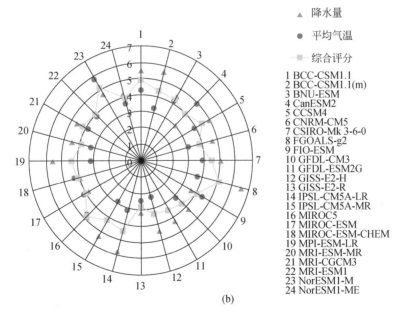

(b)

图 9-30　基于观测资料的黄河流域的变量评分结果

表 9-19　评分前 10 位的模式

排名	平均气温		平均降水		综合评分	
	模式名称	综合评分	模式名称	综合评分	模式名称	综合评分
1	GISS-E2-H	2.31	CanESM2	3.07	GISS-E2-R	2.82
2	GISS-E2-R	2.42	GISS-E2-R	3.22	GISS-E2-H	3.34
3	GFDL-ESM2G	2.75	FIO-ESM	3.59	GFDL-ESM2G	3.52
4	IPSL-CM5A-MR	2.92	MIROC-ESM	3.75	GFDL-CM3	3.66
5	CNRM-CM5	3.04	MIROC-ESM-CHEM	3.90	MPI-ESM-MR	3.79
6	MPI-ESM-LR	3.11	MRI-ESM1	4.03	CNRM-CM5	3.84
7	IPSL-CM5A-LR	3.14	GFDL-CM3	4.17	NorESM1-ME	3.91
8	GFDL-CM3	3.15	NorESM1-ME	4.20	MIROC-ESM	3.94
9	MPI-ESM-MR	3.19	GFDL-ESM2G	4.30	MRI-ESM1	3.94
10	BCC-CSM1.1（m）	3.23	GISS-E2-H	4.37	CanESM2	3.97

以地面实测资料为输入数据，采用 24 个不同气候模式输出的地面降水和地面温度，分别将它们与观测资料进行比较分析，得到以下结论。

1）对于地面气温的模拟结果，GISS-E2-H（美国）、GISS-E2-R（美国）、GFDL-ESM2G（美国）、IPSL-CM5A-MR（法国）、CNRM-CM5（法国）和 MPI-ESM-LR（德国）要好于其他模式；对于地面降水量，CanESM2（加拿大）、GISS-E2-R（美国）、FIO-ESM（中国）、MIROC-ESM（日本）、MIROC-ESM-CHEM（日本）和 MRI-ESM1（日本）的模拟结果要好于其他模式。

2）在整个黄河流域内，对比 GCMs 对地面气温与地面降水量两个变量的模拟结果，对气温的模拟效果要好于对降水的模拟。这是由于 GCM 输出的降水具有较大的不确定性。这与其在全球尺度（IPCC AR4）的表现一致。

3）综合以上 2 个地面要素的评价结果，分别对 24 个 GCMs 进行秩打分，评判各 GCM 在黄河流域模拟能力的优劣。综合评价表明，评估结果最好的 10 个气候模式为 GISS-E2-R（美国）、GISS-E2-H（美国）、GFDL-ESM2G（美国）、GFDL-CM3（美国）、MPI-ESM-MR（德国）、CNRM-CM5（法国）、NorESM1-ME（挪威）、MIROC-ESM（日本）、MRI-ESM1（日本）、CanESM2（加拿大）。

4）本部分对 GCM 的评价仅针对黄河流域而言，书中模拟能力不佳的模式可能在其他地区有良好的模拟效果。

9.4.6　长江流域

9.4.6.1　GCMs 整体模拟能力分析

所有模式的集合平均结果和观测值的空间分布如图 9-31 所示。从图 9-31 中可以看出，模式集合平均值能较好地给出气温和降水量的空间分布特征，气温呈东北–西南的阶梯状升温，降水量也呈阶梯状增加。就整个长江流域平均来看，气温模拟值整体偏高；而模式集合对降水量的模拟则表现为除西南部外整体偏高。

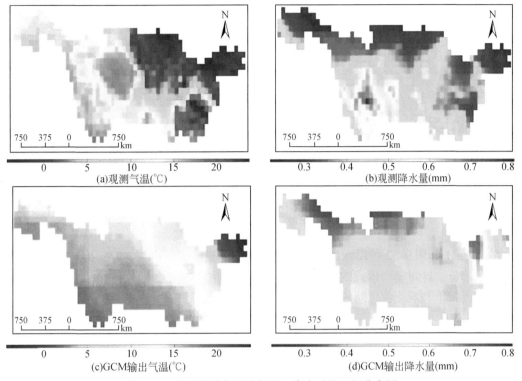

图 9-31 长江流域年平均气温、降水量的空间分布图

图 9-32 给出了气温、降水量年平均值随时间变化的时间序列图。对于气温变化，模式集合平均值能够模拟出 20 世纪 70 年代以后的升温过程，但年际间的变率小于实测数据。对于区域年平均降水量，集合平均值的年际间变率明显小于观测值，不能模拟出降水量的波动。

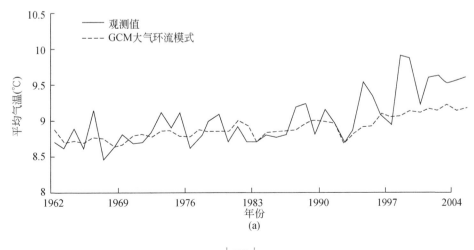

(a)

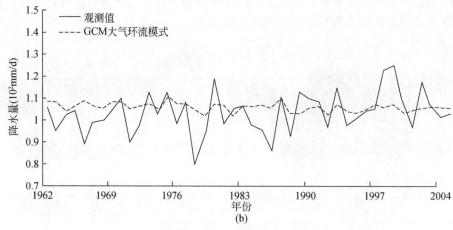

图 9-32　长江流域平均的年平均气温和降水的变化曲线

实线，观测值；虚线，模式集合平均值

从图 9-31 和图 9-32 可以看出，所有的模式整体能够表现出长江流域的空间分布以及时间变化趋势。针对单个模式的表现能力，下面分别给出各模式对长江流域年平均气温和降水量的模拟值与观测值之间的统计分析结果。

9.4.6.2　平均气温模拟评估

表 9-20 给出了 24 个 GCMs 模拟 1962～2005 年长江流域年平均气温的相关表现，其中包括均值差值、变异系数、NRMSE、年内相关系数、空间相关系数、EOF 第一特征向量、EOF 第二特征向量、BS 以及 S_{score} 共 9 个统计量，最后一列为每个气候模式的综合评分。

表 9-20　1962～2005 年长江流域年平均气温模拟值与观测值之间的统计分析

模式名称	均值差值（%）	变异系数	NRMSE	年内相关系数	空间相关系数	EOF（10^{-3}）		PDF		综合评分
						EOF1	EOF2	BS	S_{score}	
BCC-CSM1.1	0.76	-0.84	0.94	0.92	0.98	-0.4300	2.7810	1.8817	0.0250	4.23
BCC-CSM1.1（m）	1.84	-0.90	0.93	0.90	0.98	-0.4470	3.4010	1.8813	0.0254	4.25
BNU-ESM	2.54	-0.80	0.93	0.92	0.98	-0.4980	1.8660	1.8815	0.0249	5.21
CanESM2	0.46	-1.00	0.92	0.91	0.97	-0.4110	1.0320	1.8817	0.0230	4.71
CCSM4	2.18	-0.82	0.93	0.91	0.98	-0.3780	1.0680	1.8817	0.0239	5.06
CNRM-CM5	3.51	-0.77	0.94	0.92	0.97	-0.5600	1.6110	1.8817	0.0243	3.59
CSIRO-Mk3-6-0	1.88	-0.87	0.93	0.90	0.97	-0.5540	3.6370	1.8816	0.0249	3.19
FGOALS-g2	3.70	-0.69	0.93	0.91	0.98	-0.5130	2.6820	1.8816	0.0253	4.36
FIO-ESM	1.07	-0.98	0.93	0.91	0.98	-0.4180	1.1870	1.8814	0.0245	5.27
GFDL-CM3	4.13	-0.81	0.94	0.90	0.98	-0.4990	3.8180	1.8816	0.0235	3.02
GFDL-ESM2G	3.11	-0.88	0.94	0.90	0.98	-0.4660	1.9340	1.8812	0.0263	4.81

续表

模式名称	均值差值（%）	变异系数	NRMSE	年内相关系数	空间相关系数	EOF（10^{-3}）		PDF		综合评分
						EOF1	EOF2	BS	S_{score}	
GISS-E2-H	1.32	-1.00	0.93	0.89	0.97	-0.4760	2.2830	1.8814	0.0210	3.00
GISS-E2-R	0.73	-1.04	0.93	0.88	0.97	-0.4340	2.2270	1.8816	0.0207	2.81
IPSL-CM5A-LR	2.67	-0.68	0.93	0.90	0.98	-0.3880	2.4630	1.8815	0.0233	4.76
IPSL-CM5A-MR	1.19	-0.82	0.93	0.90	0.97	-0.4100	2.1240	1.8813	0.0256	5.21
MIROC5	-0.12	-0.97	0.93	0.89	0.97	-0.4900	4.1130	1.8816	0.0222	2.70
MIROC-ESM	-0.01	-0.97	0.92	0.90	0.98	-0.4430	1.8700	1.8815	0.0227	4.71
MIROC-ESM-CHEM	0.07	-0.96	0.92	0.90	0.98	-0.4530	1.8660	1.8815	0.0220	4.73
MPI-ESM-LR	1.08	-0.97	0.93	0.90	0.97	-0.4780	1.8780	1.8815	0.0237	3.95
MPI-ESM-MR	0.92	-1.01	0.93	0.89	0.97	-0.4390	1.8560	1.8816	0.0235	3.94
MRI-CGCM3	3.40	-0.70	0.93	0.91	0.97	-0.5900	3.6990	1.8815	0.0251	3.40
MRI-ESM1	3.26	-0.71	0.93	0.91	0.97	-0.5810	3.5390	1.8815	0.0250	3.51
NorESM1-M	3.74	-0.74	0.93	0.92	0.98	-0.4720	1.4560	1.8816	0.0224	4.67
NorESM1-ME	3.67	-0.74	0.93	0.92	0.98	-0.4780	1.1610	1.8816	0.0222	4.79

表 9-20 中"均值差值"是 24 个气候模式模拟出来的年平均值与实测年平均值之间的差值与实测年平均值的比值。从 1962~2005 年的年平均温度模拟值与观测值之间的偏差来看，多数模式模拟值偏高。

变异系数可以消除单位和（或）平均数不同对两个或多个资料变异程度比较的影响。反映单位均值上的离散程度，常用在两个总体均值不等的离散程度的比较上。从表 9-20 中可以看出，模式的离散均小于观测场。

气候模式输出的 NRMSE 为 0.92~0.94，其值越小说明气候模式表现越好。NRMSE 计算的是每对实测与模拟值之间的差异，因此可以描述均值和标准差所达不到的效果。从结果看，各模式的 NRMSE 数值均偏高，模拟效果较差。

从年内相关系数的数值可以看到，各模式相关系数的范围为 0.88~0.92，表明气候模式对地面平均气温的年内分布的模拟能力很好。从长江流域温度模拟值和观测值之间的空间相关系数来看，其空间相关系数均大于 0.97，说明模式在模拟区域的空间特征方面也很好。

EOF1 和 EOF2 是 24 个气候模式模拟出的地面气温系列的 EOF1 和 EOF2 与实测地面气温系列的 EOF1 和 EOF2 之间的差值。EOF1 的范围为 -0.0006~0.0004，EOF2 的范围为 0.0010~0.0048。意味着所有模型模拟出的 EOF1 与 EOF2 和实测气温系列的 EOF1 与 EOF2 较一致。

BS 反映了概率预测的均方差，S_{score} 用来描述模拟概率分布与实测值的重叠程度。BS 越小，意味着 GCM 的表现越好，而 S_{score} 较大，则意味着 GCM 的表现越好。从两个统计量评估的结果来看，所有模式对该区域平均气温的模拟能力都较差。

图 9-33 给出了 24 个 GCM 对地面平均气温的模拟效果。结果表明，MIROC5（日本）、GISS-E2-R（美国）、GISS-E2-H（美国）、GFDL-CM3（美国）、CSIRO-Mk3-6-0（澳大利亚）和 MRI-CGCM3（日本）6 个气候模式对于地面平均气温的模拟结果要好于其他模式。

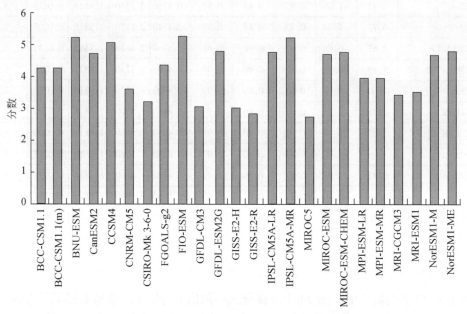

图 9-33　所有模式对平均气温的综合评分结果

9.4.6.3　降水量模拟评估

表 9-21 给出了各个 GCM 输出的长江流域平均降水量相应的 9 个统计量的评估结果，其中最后一列为各气候模式的综合评分。

表 9-21　1962～2005 年长江流域年平均降水量模拟值与观测值之间的统计分析

模式名称	均值差值（%）	变异系数	NRMSE	年内相关系数	空间相关系数	EOF（10^{-3}） EOF1	EOF2	PDF BS	S_{score}	综合评分
BCC-CSM1.1	10.89	-1.38	0.85	0.84	0.89	-1.1080	-7.1600	1.4381	0.0072	4.71
BCC-CSM1.1（m）	-28.73	-1.10	0.82	0.79	0.88	-1.0490	1.1420	1.4533	0.0021	4.25
BNU-ESM	38.61	-1.27	0.96	0.85	0.90	0.8390	3.2230	1.4401	0.0160	4.56
CanESM2	13.17	-1.29	0.92	0.80	0.91	0.3640	7.5170	1.4523	0.0011	3.54
CCSM4	4.42	-1.16	0.84	0.84	0.92	0.8570	21.3530	1.4522	0.0017	4.70
CNRM-CM5	22.07	-1.37	0.88	0.85	0.97	4.4820	-16.7010	1.4461	0.0010	3.73
CSIRO-Mk3-6-0	-3.51	-1.00	0.85	0.80	0.97	2.4950	6.8260	1.4659	0.0043	4.90
FGOALS-g2	-10.96	-1.20	0.78	0.83	0.91	-0.7900	-18.4010	1.4510	0.0026	5.07
FIO-ESM	35.67	-1.24	0.95	0.86	0.88	1.0040	-1.0400	1.4416	0.0188	4.81

续表

模式名称	均值差值（%）	变异系数	NRMSE	年内相关系数	空间相关系数	EOF（10^{-3}）		PDF		综合评分
						EOF1	EOF2	BS	S_{score}	
GFDL-CM3	3.21	-1.35	0.84	0.81	0.89	4.5240	24.3410	1.4452	0.0063	3.56
GFDL-ESM2G	-5.86	-1.00	0.82	0.83	0.87	1.2050	-1.3820	1.4629	0.0050	5.04
GISS-E2-H	13.48	-1.15	0.93	0.83	0.96	-0.5640	2.2930	1.4467	0.0018	4.84
GISS-E2-R	9.58	-1.25	0.89	0.84	0.96	-0.8220	14.3140	1.4475	0.0003	4.60
IPSL-CM5A-LR	-9.32	-1.17	0.83	0.82	0.88	0.3240	-44.2840	1.4545	0.0039	4.01
IPSL-CM5A-MR	-16.10	-1.04	0.83	0.81	0.86	-0.6830	20.0450	1.4617	0.0031	4.16
MIROC5	26.40	-1.14	0.93	0.88	0.98	-0.2360	6.7890	1.4540	0.0027	4.99
MIROC-ESM	-15.00	-1.18	0.81	0.82	0.85	-1.8370	-7.0050	1.4542	0.0075	4.49
MIROC-ESM-CHEM	-13.49	-1.21	0.80	0.84	0.86	-1.9290	-9.4430	1.4537	0.0076	4.68
MPI-ESM-LR	7.81	-1.17	0.83	0.84	0.91	0.3290	26.0010	1.4498	0.0051	4.76
MPI-ESM-MR	7.39	-1.17	0.84	0.85	0.89	0.5610	2.0530	1.4539	0.0030	4.94
MRI-CGCM3	-10.22	-1.12	0.83	0.79	0.97	6.5310	-11.9170	1.4537	0.0022	4.26
MRI-ESM1	-10.74	-1.14	0.80	0.81	0.97	5.5380	-6.9160	1.4564	0.0009	4.58
NorESM1-M	14.17	-1.18	0.87	0.84	0.87	1.9170	-18.2780	1.4485	0.0043	4.11
NorESM1-ME	13.57	-1.18	0.86	0.85	0.87	1.2920	-21.0320	1.4476	0.0060	4.36

由 1962~2005 年的年平均降水量模拟值与观测值之间的偏差（表 9-21）来看，大多数模式模拟的长江流域的平均降水量偏多。

变异系数可以消除单位和（或）平均数不同对两个或多个资料变异程度比较的影响。反映单位均值上的离散程度，常用在两个总体均值不等的离散程度的比较上。从表 9-21 可以看出，所有模式的离散较观测数据均偏小。

气候模式输出的 NRMSE 为 0.78~0.96，其值越小说明气候模式表现越好。NRMSE 计算的是每对实测与模拟值之间的差异，因此可以描述均值和标准差所达不到的效果。从结果看，模式数值都较大，说明模拟效果一般。

从 1962~2005 年平均的长江流域降水模拟值和观测之间的年内相关系数的数值可以看到，其范围为 0.79~0.88，空间相关系数范围高达 0.85~0.98，表明气候模式对地面平均降水量的时间和空间变化的模拟能力都较好。

EOF1 和 EOF2 是 24 个气候模式模拟出的地面气温系列的 EOF1 和 EOF2 与实测地面气温系列的 EOF1 和 EOF2 之间的差值。EOF1 的范围为 -0.0019~0.0065，EOF2 的范围为 -0.0443~0.0260。意味着所有模型模拟出的 EOF1 与实测降水量系列的 EOF1 较一致，而模拟出的 EOF2 与实测降水量系列的 EOF2 相差较大。

BS 反映了概率预测的均方差，S_{score} 用来描述模拟概率分布与实测值的重叠程度。BS 越小，意味着 GCM 的表现越好，而 S_{score} 较大，则意味着 GCM 的表现越好。从表 9-21 中两个统计量评估的结果来看，模式的降水评估效果均不好。

图 9-34 给出了 24 个 GCM 对地面平均降水量的模拟效果。结果表明，CanESM2（加拿大）、GFDL-CM3（美国）、CNRM-CM5（法国）、IPSL-CM5A-LR（法国）、NorESM1-M

（挪威）和 IPSL-CM5A-MR（法国）6个气候模式对于地面平均降水的模拟结果要好于其他模式。

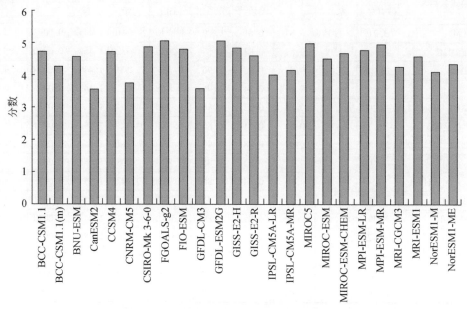

图 9-34　所有模式对平均降水量的综合评分结果

9.4.6.4　综合评估结果

根据秩的 GCMs 评估方法，基于2个地面变量，评估了24个全球气候模式在长江流域的综合模拟能力，各模式对平均气温、降水量模拟打分以及综合评分如图 9-35 所示。此外，表 9-22 给出了针对气温、降水以及综合评分排在前十的模式名称。

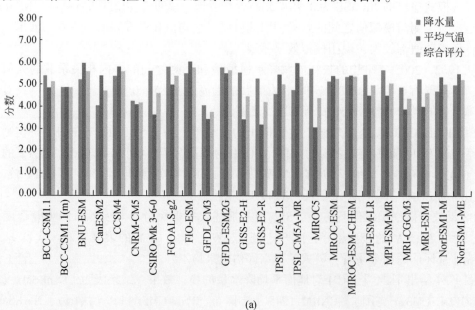

(a)

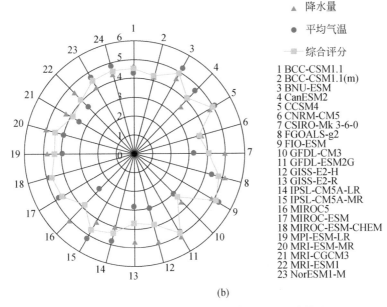

▲ 降水量

● 平均气温

■ 综合评分

1 BCC-CSM1.1
2 BCC-CSM1.1(m)
3 BNU-ESM
4 CanESM2
5 CCSM4
6 CNRM-CM5
7 CSIRO-Mk 3-6-0
8 FGOALS-g2
9 FIO-ESM
10 GFDL-CM3
11 GFDL-ESM2G
12 GISS-E2-H
13 GISS-E2-R
14 IPSL-CM5A-LR
15 IPSL-CM5A-MR
16 MIROC5
17 MIROC-ESM
18 MIROC-ESM-CHEM
19 MPI-ESM-LR
20 MRI-ESM-MR
21 MRI-CGCM3
22 MRI-ESM1
23 NorESM1-M

(b)

图 9-35 基于观测资料的长江流域的变量评分结果

表 9-22 评分前 10 位的模式

排名	平均气温		平均降水		综合评分	
	模式名称	综合评分	模式名称	综合评分	模式名称	综合评分
1	MIROC5	2.70	CanESM2	3.54	GFDL-CM3	3.29
2	GISS-E2-R	2.81	GFDL-CM3	3.56	CNRM-CM5	3.66
3	GISS-E2-H	3.00	CNRM-CM5	3.73	GISS-E2-R	3.70
4	GFDL-CM3	3.02	IPSL-CM5A-LR	4.01	MRI-CGCM3	3.83
5	CSIRO-Mk3-6-0	3.19	NorESM1-M	4.11	MIROC5	3.85
6	MRI-CGCM3	3.40	IPSL-CM5A-MR	4.16	GISS-E2-H	3.92
7	MRI-ESM1	3.51	BCC-CSM1.1（m）	4.25	CSIRO-Mk3-6-0	4.04
8	CNRM-CM5	3.59	MRI-CGCM3	4.26	MRI-ESM1	4.04
9	MPI-ESM-MR	3.94	NorESM1-ME	4.36	CanESM2	4.12
10	MPI-ESM-LR	3.95	MIROC-ESM	4.49	BCC-CSM1.1（m）	4.25

以地面实测资料为输入数据，采用 24 个不同气候模式输出的地面降水量和地面温度，分别将它们与观测资料进行比较分析，得到以下结论。

1）对于地面气温的模拟结果，MIROC5（日本）、GISS-E2-R（美国）、GISS-E2-H（美国）、GFDL-CM3（美国）、CSIRO-Mk3-6-0（澳大利亚）和 MRI-CGCM3（日本）要好于其他模式；对于地面降水，CanESM2（加拿大）、GFDL-CM3（美国）、CNRM-CM5（法国）、IPSL-CM5A-LR（法国）、NorESM1-M（挪威）和 IPSL-CM5A-MR（法国）的模拟结果要好于其他模式。

2）在整个长江流域内，对比 GCMs 对地面气温与地面降水两个变量的模拟结果，对气温的模拟效果要好于对降水的模拟。这是由于 GCM 输出的降水具有较大的不确定性。这与其在全球尺度（IPCC AR4）的表现一致。

3）综合以上 2 个地面要素的评价结果，分别对 24 个 GCMs 进行秩打分，评判各 GCM 在长江流域模拟能力的优劣。综合评价表明，评估结果最好的 10 个气候模式为 GFDL-CM3（美国）、CNRM-CM5（法国）、GISS-E2-R（美国）、MRI-CGCM3（日本）、MIROC5（日本）、GISS- E2- H（美国）、CSIRO- Mk3- 6- 0（澳大利亚）、MRI- ESM1（日本）、CanESM2（加拿大）、BCC-CSM1.1（m）（中国）。

4）本部分对 GCM 的评价仅针对长江流域而言，书中模拟能力不佳的模式可能在其他地区有良好的模拟效果。

9.4.7　东南诸河流域

9.4.7.1　GCMs 整体模拟能力分析

所有模式的集合平均结果和观测值的空间分布如图 9-36 所示。从图 9-36 中可以看出，模式集合平均值能较好地给出气温和降水量的空间分布特征，气温呈东北–西南的阶梯状升温，降水量也呈阶梯状变化。就整个东南诸河流域区域平均来看，气温模拟值在区域北部模拟偏高，南部模拟偏低；而模式集合对降水量的模拟则表现为整体偏高，且变化趋势和实测数据相反。

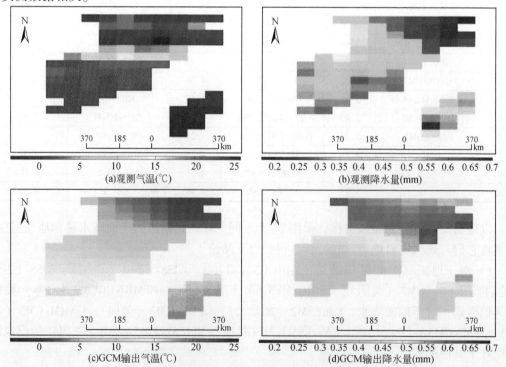

图 9-36　东南诸河流域年平均气温、降水量的空间分布图

图 9-37 给出了气温、降水量年平均值随时间变化的时间序列图。对于气温变化,模式集合平均值一定程度上能够表现出 20 世纪 70 年代以后的升温过程,但数值较实测数据小,且年际变率也低于实测数据。对于区域平均的年平均降水量,集合平均值的年际间变率明显小于观测值。

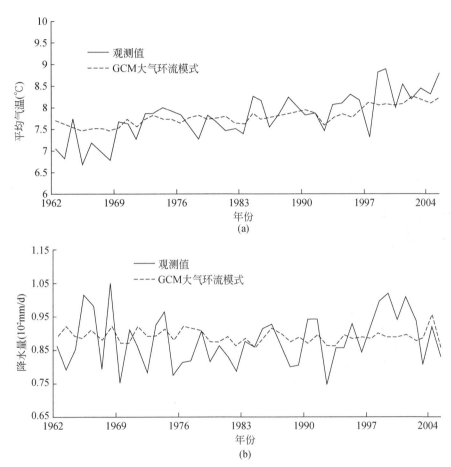

图 9-37 东南诸河流域平均的年平均气温和降水的变化曲线
实线,观测值;虚线,模式集合平均值

针对单个模式的表现能力,下面分别给出各个模式对东南诸河流域年平均气温和降水量的模拟值与观测值之间的统计分析结果。

9.4.7.2 平均气温模拟评估

表 9-23 给出了 24 个 GCMs 模拟 1962~2005 年东南诸河流域年平均气温的相关表现,其中包括均值差值、变异系数、NRMSE、年内相关系数、空间相关系数、EOF 第一特征向量、EOF 第二特征向量、BS 以及 S_{score} 共 9 个统计量,最后一列为每个气候模式的综合评分。

表 9-23 1962~2005 年东南诸河流域年平均气温模拟值与观测值之间的统计分析

模式名称	均值差值（%）	变异系数	NRMSE	年内相关系数	空间相关系数	EOF（10^{-3}）		PDF		综合评分
						EOF1	EOF2	BS	S_{score}	
BCC-CSM1.1	30.16	−27.88	8.42	0.86	0.62	14.5740	−4.1570	1.9834	0.0015	3.17
BCC-CSM1.1（m）	12.23	−26.75	8.71	0.89	0.59	13.5310	−24.8840	1.9834	0.0016	2.66
BNU-ESM	58.29	−28.07	9.54	0.85	0.62	14.7600	−5.2390	1.9833	0.0016	2.27
CanESM2	33.36	−27.57	8.91	0.88	0.62	13.7870	−22.6040	1.9834	0.0015	2.58
CCSM4	−18.91	−19.42	7.58	0.93	0.60	13.2080	−23.1480	1.9834	0.0014	4.17
CNRM-CM5	−50.39	−34.58	7.29	0.94	0.57	11.0500	−16.9140	1.9834	0.0014	4.54
CSIRO-Mk3-6-0	19.74	−27.66	8.63	0.88	0.57	14.1340	−4.7920	1.9833	0.0016	3.11
FGOALS-g2	13.74	−27.15	8.05	0.90	0.64	13.6830	−26.6310	1.9798	0.0033	3.24
FIO-ESM	57.67	−28.25	8.88	0.85	0.62	14.5940	−2.9280	1.9833	0.0015	2.70
GFDL-CM3	−3.23	−23.91	8.27	0.91	0.59	12.5710	−22.5320	1.9834	0.0015	3.55
GFDL-ESM2G	35.06	−28.11	8.68	0.82	0.58	15.2960	−6.4030	1.9833	0.0015	2.23
GISS-E2-H	−38.95	−37.04	7.58	0.94	0.55	10.9110	−16.4910	1.9834	0.0017	4.16
GISS-E2-R	−21.73	−38.82	8.02	0.93	0.60	10.8300	−18.6960	1.9833	0.0017	3.93
IPSL-CM5A-LR	−12.46	−13.94	8.18	0.91	0.50	12.9520	−23.2930	1.9834	0.0015	3.29
IPSL-CM5A-MR	4.00	−26.41	8.21	0.92	0.59	12.8390	−26.0580	0.0000	0.9973	5.07
MIROC5	19.91	−26.62	8.39	0.91	0.62	12.9720	−24.8930	1.9834	0.0013	3.20
MIROC-ESM	35.73	−27.22	9.15	0.89	0.63	13.8610	−23.0050	1.9798	0.0032	2.55
MIROC-ESM-CHEM	33.15	−27.06	9.11	0.89	0.63	13.8920	−22.4680	1.9833	0.0014	2.64
MPI-ESM-LR	0.59	−25.47	8.63	0.91	0.56	12.3700	−23.2660	1.9798	0.0035	3.15
MPI-ESM-MR	−1.72	−24.25	8.67	0.92	0.56	12.3000	−22.8210	1.9834	0.0016	3.27
MRI-CGCM3	−37.95	−25.06	7.54	0.94	0.56	12.0610	−23.1900	1.9834	0.0015	4.22
MRI-ESM1	−34.88	−27.84	7.61	0.94	0.57	12.1080	−23.6190	1.9834	0.0016	4.05
NorESM1-M	−17.29	−24.94	7.37	0.92	0.55	13.5620	−26.0550	1.9798	0.0032	3.44
NorESM1-ME	−16.96	−25.12	7.35	0.92	0.55	13.5300	−26.0840	1.9834	0.0014	3.45

表 9-23 中"均值差值"是 24 个气候模式模拟出来的年平均值与实测年平均值之间的差值与实测年平均值的比值。从 1962~2005 年的年平均温度模拟值与观测值之间的偏差来看，24 个气候模式的均值差值，11 个模式小于 0，13 个模式大于 0，且模拟偏差不均。

变异系数可以消除单位和（或）平均数不同对两个或多个资料变异程度比较的影响。反映单位均值上的离散程度，常用在两个总体均值不等的离散程度的比较上。从表 9-23 中可以看出，模式的离散均小于观测场。

气候模式输出的 NRMSE 为 7.29~9.54，其值越小说明气候模式表现越好。NRMSE 计算的是每对实测与模拟值之间的差异，因此可以描述均值和标准差所达不到的效果。从结果看，各模式的 NRMSE 数值很高，说明模拟效果不好。

从年内相关系数的数值可以看到，各模式相关系数的范围为 0.82 ~ 0.94，表明气候模式对地面平均气温的年内分布的模拟能力很好。从东南诸河流域温度模拟值和观测值之间的空间相关系数来看，其空间相关系数范围为 0.50 ~ 0.64，数值也不是很高，说明模式在模拟区域的空间特征方面一般。

EOF1 和 EOF2 是 24 个气候模式模拟出的地面气温系列的 EOF1 和 EOF2 与实测地面气温系列的 EOF1 和 EOF2 之间的差值。EOF1 的范围为 0.0108 ~ 0.0153，EOF2 的范围为 −0.0266 ~ 0.0135。意味着所有模型模拟出的 EOF1 与 EOF2 和实测气温系列的 EOF1 与 EOF2 差值较大。

BS 反映了概率预测的均方差，S_{score} 用来描述模拟概率分布与实测值的重叠程度。BS 越小，意味着 GCM 的表现越好，而 S_{score} 较大，则意味着 GCM 的表现越好。从两个统计量评估的结果来看，所有模式对该区域平均气温的模拟能力都较差。

图 9-38 给出了 24 个 GCM 对地面平均气温的模拟效果。结果表明，GFDL-ESM2G（美国）、BNU-ESM（中国）、MIROC-ESM（日本）、CanESM2（加拿大）、MIROC-ESM-CHEM（日本）和 BCC-CSM1.1（m）（中国）6 个气候模式对于地面平均气温的模拟结果要好于其他模式。

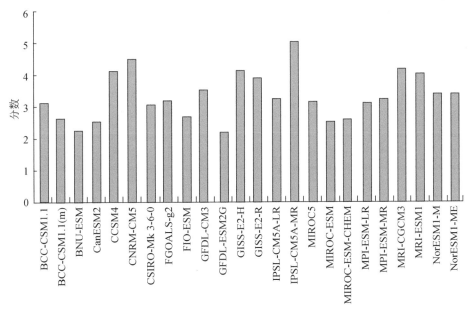

图 9-38 所有模式对平均气温的综合评分结果

9.4.7.3 平均降水量模拟评估

表 9-24 给出了各个 GCM 输出的东南诸河流域平均降水量相应的 9 个统计量的评估结果，其中最后一列为各气候模式的综合评分。

表 9-24　1962～2005 年东南诸河流域年平均降水量模拟值与观测值之间的统计分析

| 模式名称 | 均值差值（%） | 变异系数 | NRMSE | 年内相关系数 | 空间相关系数 | EOF（10^{-3}） | | PDF | | 综合评分 |
						EOF1	EOF2	BS	S_{score}	
BCC-CSM1.1	2.97	-0.09	0.87	0.87	0.99	1.266 0	-6.481 0	0.000 007	0.998 4	5.44
BCC-CSM1.1（m）	23.35	-0.38	0.72	0.83	0.95	-1.813 0	-15.312 0	0.000 007	0.998 5	4.81
BNU-ESM	0.16	-0.87	0.82	0.85	0.91	-3.339 0	-19.424 0	0.000 008	0.998 4	3.05
CanESM2	2.76	-0.15	0.87	0.87	0.94	-3.092 0	-17.234 0	0.000 002	0.999 0	5.58
CCSM4	-15.65	-0.85	0.64	0.91	0.96	-1.490 0	-4.921 0	0.000 007	0.998 7	5.60
CNRM-CM5	18.81	-0.87	0.88	0.90	0.97	-1.126 0	-18.496 0	0.000 007	0.998 5	4.29
CSIRO-Mk3-6-0	12.97	-0.11	0.88	0.92	0.96	-1.326 0	-14.365 0	0.000 006	0.998 8	5.54
FGOALS-g2	34.04	-1.25	0.63	0.84	0.96	-2.057 0	-16.128 0	0.000 008	0.998 6	4.33
FIO-ESM	-6.31	-0.60	0.83	0.86	0.90	-4.171 0	-20.764 0	0.000 008	0.998 5	3.20
GFDL-CM3	8.27	-0.56	0.68	0.89	0.94	-1.931 0	-16.324 0	0.000 008	0.998 5	4.55
GFDL-ESM2G	-13.65	-0.02	0.69	0.87	0.95	-0.749 0	-13.902 0	0.000 006	0.998 7	5.74
GISS-E2-H	50.13	-0.33	1.91	0.67	0.94	-5.509 0	4.249 0	0.000 008	0.998 2	1.86
GISS-E2-R	50.13	-0.33	1.91	0.67	0.94	-5.509 0	4.249 0	0.000 008	0.998 2	1.86
IPSL-CM5A-LR	3.18	-0.50	0.83	0.86	0.95	-2.301 0	-14.213 0	0.000 008	0.998 6	4.45
IPSL-CM5A-MR	-26.88	-0.13	0.64	0.88	0.95	-2.115 0	-12.604 0	0.000 005	0.999 0	5.95
MIROC5	10.02	-0.74	0.78	0.92	0.99	-0.258 0	-7.246 0	0.000 002	0.999 1	6.76
MIROC-ESM	33.56	-0.50	0.63	0.88	0.94	-1.945 0	-16.801 0	0.000 005	0.998 9	5.66
MIROC-ESM-CHEM	-30.52	-0.50	0.62	0.90	0.95	-1.897 0	-16.108 0	0.000 005	0.999 0	5.78
MPI-ESM-LR	16.40	-0.29	0.74	0.87	0.92	-3.267 0	-2.938 0	0.000 004	0.999 0	5.93
MPI-ESM-MR	13.94	0.26	0.78	0.88	0.92	-3.046 0	-4.060 0	0.000 004	0.998 9	5.76
MRI-CGCM3	-9.32	-0.54	0.68	0.91	0.95	-2.235 0	-1.365 0	0.000 007	0.998 7	5.56
MRI-ESM1	-8.42	-0.63	0.68	0.91	0.95	-2.344 0	-0.949 0	0.000 007	0.998 6	5.44
NorESM1-M	9.23	-1.15	0.84	0.87	0.94	-2.905 0	-4.032 0	0.000 007	0.998 5	4.15
NorESM1-ME	9.09	-1.04	0.85	0.87	0.95	-2.833 0	-4.338 0	0.000 007	0.998 5	4.27

由 1962～2005 年的年平均降水量模拟值与观测值之间的偏差（表 9-24）来看，大多数模式模拟的东南诸河流域的平均降水量偏多。

变异系数可以消除单位和（或）平均数不同对两个或多个资料变异程度比较的影响。反映单位均值上的离散程度，常用在两个总体均值不等的离散程度的比较上。从表 9-24 可以看出，所有模式的离散较观测数据均偏小。

气候模式输出的 NRMSE 为 0.62～1.91，其值越小说明气候模式表现越好。NRMSE 计算的是每对实测与模拟值之间的差异，因此可以描述均值和标准差所达不到的效果。从结果看，模式 MIROC-ESM-CHEM、MIROC-ESM 和 FGOALS-g2 对降水量模拟的 NRMSE 数值较低，但总的数值都较大，说明模拟效果一般。

从 1962~2005 年平均的东南诸河流域降水模拟值和观测值之间的年内相关系数的数值可以看出，其范围为 0.67~0.92，说明模式对降水量的时间模拟较好；而空间相关系数都大于 0.90，表明气候模式对地面平均降水量的空间变化的模拟能力很好。

EOF1 和 EOF2 是 24 个气候模式模拟出的地面气温系列的 EOF1 和 EOF2 与实测地面气温系列的 EOF1 和 EOF2 之间的差值。EOF1 的范围为 −0.0055~0.0013，EOF2 的范围为−0.0208~0.0042。意味着所有模型模拟出的 EOF1 与实测降水系列的 EOF1 较一致，而模拟出的 EOF2 与实测降水系列的 EOF2 相差较大。

BS 反映了概率预测的均方差，S_{score} 用来描述模拟概率分布与实测值的重叠程度。BS 越小，意味着 GCM 的表现越好，而 S_{score} 较大，则意味着 GCM 的表现越好。从表 9-24 中两个统计量评估的结果来看，所有模式的 BS 数值均很小，而 S_{score} 数值都接近于 1，说明模式的降水评估效果很好。

图 9-39 给出了 24 个 GCM 对地面平均降水量的模拟效果。结果表明，GISS-E2-H（美国）、GISS-E2-R（美国）、BNU-ESM（中国）、FIO-ESM（中国）、NorESM1-M（挪威）和 NorESM1-ME（挪威）6 个气候模式对于地面平均降水量的模拟结果要好于其他模式。

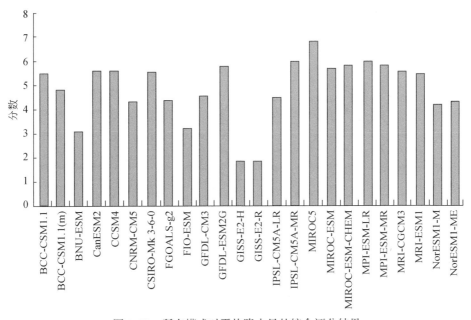

图 9-39 所有模式对平均降水量的综合评分结果

9.4.7.4 综合评估结果

本书采用秩评分方法，以 GCMs 地面 2 个气候要素输出结果的 9 个统计特征值与地面观测数据相应特征值的拟合程度为目标函数，评价了 AR5 24 个 GCMs 在东南诸河流域的适应性。各模式对平均气温、降水量模拟打分以及综合评分如图 9-40 所示。此外，表 9-

25 给出了针对气温、降水以及综合评分排在前十的模式名称。

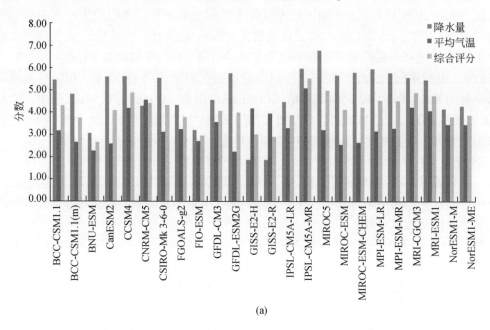

(a)

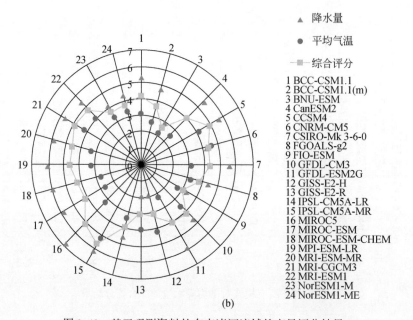

(b)

图 9-40　基于观测资料的东南诸河流域的变量评分结果

表 9-25 评分前 10 位的模式

排名	平均气温		平均降水		综合评分	
	模式名称	综合评分	模式名称	综合评分	模式名称	综合评分
1	GFDL-ESM2G	2.23	GISS-E2-H	1.86	BNU-ESM	2.66
2	BNU-ESM	2.27	GISS-E2-R	1.86	GISS-E2-R	2.89
3	MIROC-ESM	2.55	BNU-ESM	3.05	FIO-ESM	2.95
4	CanESM2	2.58	FIO-ESM	3.20	GISS-E2-H	3.01
5	MIROC-ESM-CHEM	2.64	NorESM1-M	4.15	BCC-CSM1.1（m）	3.73
6	BCC-CSM1.1（m）	2.66	NorESM1-ME	4.27	FGOALS-g2	3.78
7	FIO-ESM	2.70	CNRM-CM5	4.29	NorESM1-M	3.79
8	CSIRO-Mk3-6-0	3.11	FGOALS-g2	4.33	NorESM1-ME	3.86
9	MPI-ESM-LR	3.15	IPSL-CM5A-LR	4.45	IPSL-CM5A-LR	3.87
10	BCC-CSM1.1	3.17	GFDL-CM3	4.55	GFDL-ESM2G	3.99

结果显示出不同的 GCMs 运用于东南诸河流域表现出不同的适应性，拟合精度存在差异。基于此，得出以下几点结论。

1）对于地面气温的模拟结果，GFDL-ESM2G（美国）、BNU-ESM（中国）、MIROC-ESM（日本）、CanESM2（加拿大）、MIROC-ESM-CHEM（日本）和 BCC-CSM1.1（m）（中国）要好于其他模式；对于地面降水，GISS-E2-H（美国）、GISS-E2-R（美国）、BNU-ESM（中国）、FIO-ESM（中国）、NorESM1-M（挪威）和 NorESM1-ME（挪威）的模拟结果要好于其他模式。

2）在整个东南诸河流域内，对比 GCMs 对地面气温与地面降水两个变量的模拟结果，对气温的模拟效果要好于对降水的模拟。这是由于 GCM 输出的降水具有较大的不确定性。这与其在全球尺度（IPCC AR4）的表现一致。

3）综合以上 2 个地面要素的评价结果，分别对 24 个 GCMs 进行秩打分，评判各 GCM 在东南诸河流域模拟能力的优劣。综合评价表明，评估结果最好的 10 个气候模式为 BNU-ESM（中国）、GISS-E2-R（美国）、FIO-ESM（中国）、GISS-E2-H（美国）、BCC-CSM1.1（m）（中国）、FGOALS-g2（中国）、NorESM1-M（挪威）、NorESM1-ME（挪威）、IPSL-CM5A-LR（法国）、GFDL-ESM2G（美国）。

4）本部分对 GCM 的评价仅针对东南诸河流域而言，书中模拟能力不佳的模式可能在其他地区有良好的模拟效果。

9.4.8 珠江流域

9.4.8.1 GCMs 整体模拟能力分析

所有模式的集合平均结果和观测值的空间分布如图 9-41 所示。从图 9-41 中可以看出，模式集合平均值能较好地给出气温和降水量的空间分布特征，气温呈北–南的阶梯状升温，降水量也呈阶梯状增加。就整个珠江流域平均来看，气温模拟值整体偏高，而模式集合对降水量的模拟则表现为整体偏低。

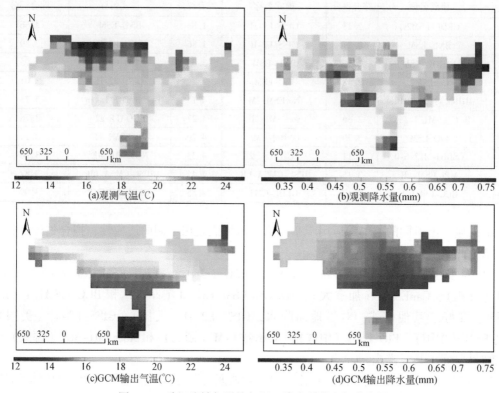

图 9-41　珠江流域年平均气温、降水量的空间分布图

图 9-42 给出了气温、降水量年平均值随时间变化的时间序列图。对于气温变化，模式集合平均值能够很好地表现出 20 世纪 70 年代后的温度上升趋势。对于区域平均的年平均降水，集合平均值的年际间变率明显小于观测值。

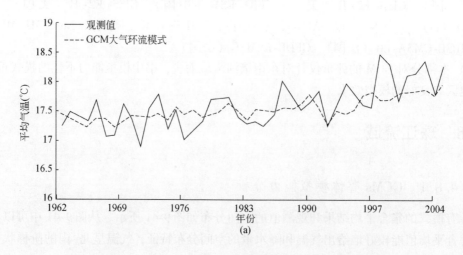

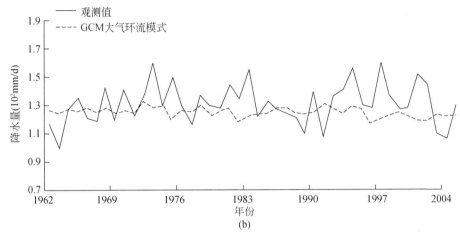

图 9-42　珠江流域平均的年平均温度和降水的变化曲线
实线，观测值；虚线，模式集合平均值

从图 9-41 和图 9-42 可以看出，所有的模式整体能够表现出珠江流域的空间分布以及时间变化趋势。针对单个模式的表现能力，下面分别给出各模式对珠江流域年平均气温和降水量的模拟值与观测值之间的统计分析结果。

9.4.8.2　平均气温模拟评估

表 9-26 给出了 24 个 GCMs 模拟 1962～2005 年珠江流域年平均气温的相关表现，其中包括均值差值、变异系数、NRMSE、年内相关系数、空间相关系数、EOF 第一特征向量、EOF 第二特征向量、BS 以及 S_{score} 共 9 个统计量，最后一列为每个气候模式的综合评分。

表 9-26　1962～2005 年珠江流域年平均气温模拟值与观测值之间的统计分析

模式名称	均值差值（%）	变异系数	NRMSE	年内相关系数	空间相关系数	EOF （10⁻³）		PDF		综合评分
						EOF1	EOF2	BS	S_{score}	
BCC-CSM1.1	0.31	0.07	0.57	0.98	0.997	1.3010	3.0240	1.9599	0.0062	3.20
BCC-CSM1.1（m）	4.73	0.06	0.61	0.98	0.996	1.3260	3.4950	1.9599	0.0064	2.62
BNU-ESM	4.81	0.08	0.60	0.98	0.998	1.1660	4.9020	1.9599	0.0057	3.05
CanESM2	12.37	−0.02	0.66	0.99	0.998	1.1560	4.9060	1.9599	0.0062	2.96
CCSM4	−0.33	0.06	0.55	0.98	0.996	1.4290	5.1260	1.9599	0.0062	3.26
CNRM-CM5	−0.68	0.01	0.55	0.99	0.995	1.6360	5.3810	1.9599	0.0064	3.56
CSIRO-Mk3-6-0	1.68	0.07	0.56	0.98	0.997	1.2290	5.3960	1.9599	0.0063	3.36
FGOALS-g2	−0.53	0.12	0.55	0.98	0.998	1.1730	5.5510	1.9599	0.0065	2.90
FIO-ESM	6.62	0.03	0.60	0.99	0.998	1.1990	5.6300	1.9599	0.0060	3.59
GFDL-CM3	−0.29	0.03	0.52	0.98	0.995	1.3050	5.6940	0.0001	0.9954	5.54
GFDL-ESM2G	−0.48	0.02	0.54	0.99	0.997	1.4940	5.7490	1.9599	0.0066	3.93

模式名称	均值差值（%）	变异系数	NRMSE	年内相关系数	空间相关系数	EOF（10^{-3}）		PDF		综合评分
						EOF1	EOF2	BS	S_{score}	
GISS-E2-H	1.68	0.00	0.57	0.99	0.994	1.5370	5.7640	1.9599	0.0066	2.84
GISS-E2-R	4.89	-0.03	0.58	0.99	0.995	1.4680	5.9090	1.9599	0.0067	2.88
IPSL-CM5A-LR	2.40	0.04	0.55	0.99	0.997	1.2240	5.9250	1.9599	0.0059	3.90
IPSL-CM5A-MR	5.49	0.03	0.58	0.99	0.997	1.2020	6.1440	1.9599	0.0058	3.69
MIROC5	7.67	-0.03	0.60	0.99	0.997	1.3730	6.1950	1.9599	0.0064	3.32
MIROC-ESM	11.17	-0.01	0.59	0.99	0.999	0.7640	6.3270	1.9599	0.0068	4.93
MIROC-ESM-CHEM	11.15	0.00	0.59	0.99	0.999	0.7630	6.3560	1.9599	0.0068	4.86
MPI-ESM-LR	7.41	-0.02	0.60	0.99	0.997	1.3520	6.4740	1.9599	0.0069	3.42
MPI-ESM-MR	8.09	-0.02	0.61	0.99	0.997	1.3160	6.5030	1.9599	0.0069	3.54
MRI-CGCM3	-2.03	0.08	0.55	0.98	0.995	1.3840	6.6260	1.9599	0.0061	2.88
MRI-ESM1	-1.52	0.08	0.55	0.98	0.996	1.3670	7.2430	1.9599	0.0062	2.80
NorESM1-M	-5.55	0.07	0.52	0.98	0.995	1.7370	7.5400	1.9599	0.0057	3.35
NorESM1-ME	-5.60	0.07	0.52	0.98	0.995	1.7380	7.9690	1.9599	0.0058	3.32

表 9-26 中"均值差值"是 24 个气候模式模拟出来的年平均值与实测年平均值之间的差值与实测年平均值的比值。从 1962～2005 年的年平均温度模拟值与观测值之间偏差来看，多数模式模拟的数值大于观测数据。

变异系数可以消除单位和（或）平均数不同对两个或多个资料变异程度比较的影响。反映单位均值上的离散程度，常用在两个总体均值不等的离散程度的比较上。从表 9-26 中可以看出，除了 6 个模式的离散小于观测场外，其他的模式离散均大于观测场，但差值都很小。

气候模式输出的 NRMSE 为 0.52～0.66，其值越小说明气候模式表现越好。NRMSE 计算的是每对实测与模拟值之间的差异，因此可以描述均值和标准差所达不到的效果。从结果看，各模式的 NRMSE 数值表明模拟效果较好。

从年内相关系数的数值可以看出，各模式年内相关系数均大于 0.98，而珠江流域温度模拟值和观测值之间的空间相关系数几乎都达到了 1，说明模式在模拟区域的空间特征方面很好。

EOF1 和 EOF2 是 24 个气候模式模拟出的地面气温系列的 EOF1 和 EOF2 与实测地面气温系列的 EOF1 和 EOF2 之间的差值。EOF1 的范围为 0.0008～0.0017，EOF2 的范围为 0.0030～0.0080。意味着所有模型模拟出的 EOF1 与 EOF2 和实测气温系列的 EOF1 与 EOF2 较一致。

BS 反映了概率预测的均方差，S_{score} 用来描述模拟概率分布与实测值的重叠程度。BS 越小，意味着 GCM 的表现越好，而 S_{score} 较大，则意味着 GCM 的表现越好。从两个统计量评估的结果来看，除 GFDL-CM3 外，其他模式对该区域平均气温的模拟能力都较差。

图 9-43 给出了 24 个 GCM 对地面平均气温的模拟效果。结果表明，BCC-CSM1.1（m）（中国）、MRI-ESM1（日本）、GISS-E2-H（美国）、MRI-CGCM3（日本）、GISS-E2-R（美国）和 FGOALS-g2（中国）6 个气候模式对于地面平均气温的模拟结果要好于其他模式。

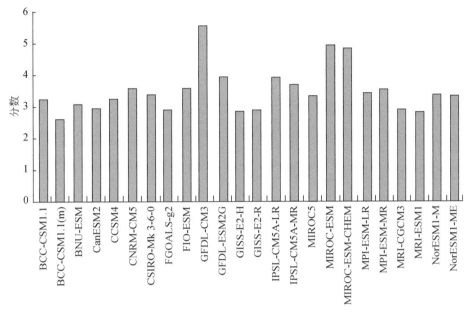

图 9-43 所有模式对平均气温的综合评分结果

9.4.8.3 平均降水量模拟评估

表 9-27 给出了各个 GCM 输出的珠江流域平均降水量相应的 9 个统计量的评估结果，其中最后一列为各气候模式的综合评分。

表 9-27 1962～2005 年珠江流域年平均降水量模拟值与观测值之间的统计分析

模式名称	均值差值（%）	变异系数	NRMSE	年内相关系数	空间相关系数	EOF（10^{-3}）		PDF		综合评分
						EOF1	EOF2	BS	S_{score}	
BCC-CSM1.1	-4.93	-0.46	0.75	0.76	0.99	-0.988 0	-11.421 0	0.000 01	0.998 2	4.52
BCC-CSM1.1（m）	-28.59	-0.16	0.75	0.78	0.99	-0.643 0	-8.938 0	0.000 04	0.996 2	4.28
BNU-ESM	0.58	-0.39	0.72	0.82	0.99	-0.649 0	-8.129 0	0.000 01	0.998 5	5.77
CanESM2	-3.73	-0.90	0.70	0.84	0.99	1.198 0	-7.911 0	0.000 00	0.998 5	5.92
CCSM4	15.61	-0.58	0.72	0.81	1.00	-0.236 0	-6.096 0	0.000 00	0.999 0	7.06
CNRM-CM5	18.42	-1.17	0.70	0.83	0.98	-1.499 0	-4.208 0	0.000 01	0.997 9	4.55
CSIRO-Mk3-6-0	4.35	0.55	0.77	0.77	0.99	-1.632 0	-3.874 0	0.000 03	0.997 5	3.43
FGOALS-g2	-20.87	-0.54	0.78	0.74	1.00	-0.769 0	-3.053 0	0.000 01	0.997 9	4.42

续表

模式名称	均值差值(%)	变异系数	NRMSE	年内相关系数	空间相关系数	EOF (10⁻³)		PDF		综合评分
						EOF1	EOF2	BS	S_{score}	
FIO-ESM	0.61	-0.24	0.71	0.82	0.99	-0.732 0	-2.889 0	0.000 00	0.998 8	6.56
GFDL-CM3	-15.23	-0.38	0.69	0.82	1.00	1.164 0	-1.507 0	0.000 01	0.998 6	5.81
GFDL-ESM2G	-8.79	0.09	0.72	0.80	1.00	0.766 0	-1.110 0	0.000 04	0.997 7	4.76
GISS-E2-H	68.32	-0.22	0.92	0.78	0.99	-1.657 0	-0.800 0	0.000 01	0.998 3	4.27
GISS-E2-R	59.92	-0.42	0.85	0.84	0.99	-0.755 0	0.455 0	0.000 01	0.998 2	6.01
IPSL-CM5A-LR	0.15	-0.41	0.71	0.81	1.00	-0.768 0	0.861 0	0.000 01	0.997 8	6.19
IPSL-CM5A-MR	-3.07	-0.62	0.70	0.82	1.00	-0.522 0	0.967 0	0.000 01	0.998 2	6.41
MIROC5	102.55	-0.21	1.03	0.83	1.00	-1.176 0	1.960 0	0.000 01	0.998 0	4.40
MIROC-ESM	-26.32	-0.14	0.75	0.77	1.00	0.518 0	2.022 0	0.000 01	0.998 6	5.33
MIROC-ESM-CHEM	-24.43	-0.25	0.74	0.79	1.00	0.187 0	6.741 0	0.000 01	0.998 8	5.67
MPI-ESM-LR	9.79	-0.19	0.72	0.83	1.00	1.126 0	7.493 0	0.000 01	0.998 5	6.40
MPI-ESM-MR	5.05	-0.12	0.70	0.84	1.00	0.517 0	8.039 0	0.000 01	0.998 6	6.75
MRI-CGCM3	-4.63	-0.34	0.74	0.79	0.99	-1.684 0	8.428 0	0.000 01	0.998 6	5.02
MRI-ESM1	-2.75	-0.12	0.73	0.80	0.99	-1.521 0	9.007 0	0.000 00	0.998 7	5.63
NorESM1-M	7.31	-0.32	0.70	0.81	0.99	-0.837 0	10.022 0	0.000 00	0.998 7	6.64
NorESM1-ME	7.37	-0.43	0.69	0.82	0.99	-0.968 0	10.775 0	0.000 00	0.998 6	6.39

由 1962~2005 年的年平均降水量模拟值与观测值之间的偏差（表 9-27）来看，从 1962~2005 年的年平均温度模拟值与观测值之间偏差来看，24 个气候模式的均值差值中，11 个模式小于 0，13 个模式大于 0，且模拟偏差不均。

变异系数可以消除单位和（或）平均数不同对两个或多个资料变异程度比较的影响。反映单位均值上的离散程度，常用在两个总体均值不等的离散程度的比较上。从表 9-27 可以看出，除两个模式的离散大于观测场之外，其余模式的离散均小于观测场。

气候模式输出的 NRMSE 为 0.69~1.03，其值越小说明气候模式表现越好。NRMSE 计算的是每对实测与模拟值之间的差异，因此可以描述均值和标准差所达不到的效果。从结果看，模式 GFDL-CM3 和 NorESM1-ME 对降水模拟的 NRMSE 数值较低，但总的数值都较大，说明模拟效果一般。

从 1962~2005 年平均的珠江流域降水量模拟值和观测值之间的年内相关系数的数值可以看到，其范围为 0.74~0.84，且空间相关系数大于 0.98，表明气候模式对地面平均降水量的年际变化以及空间变化的模拟能力都很好。

EOF1 和 EOF2 是 24 个气候模式模拟出的地面气温系列的 EOF1 和 EOF2 与实测地面气温系列的 EOF1 和 EOF2 之间的差值。EOF1 的范围为-0.0017~0.0020，EOF2 的范围为-0.0114~0.0108。意味着所有模型模拟出的 EOF1 与实测降水系列的 EOF1 较一致，而模拟出的 EOF2 与实测降水系列的 EOF2 相差较大。

BS 反映了概率预测的均方差，S_{score} 用来描述模拟概率分布与实测值的重叠程度。BS 越小，意味着 GCM 的表现越好，而 S_{score} 较大，则意味着 GCM 的表现越好。从表中两个统计量评估的结果来看，所有模式的 BS 数值均很小，而 S_{score} 数值都接近于 1，说明模式的降水评估效果很好。

图 9-44 给出了 24 个 GCM 对地面平均降水的模拟效果。结果表明，CSIRO-Mk3-6-0（澳大利亚）、GISS-E2-H（美国）、BCC-CSM1.1（m）（中国）、MIROC5（日本）、FGOALS-g2（中国）和 BCC-CSM1.1（中国）6 个气候模式对于地面平均降水的模拟结果要好于其他模式。

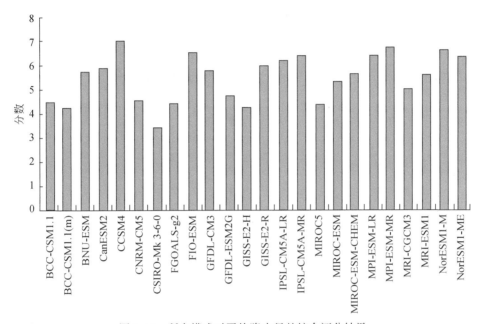

图 9-44　所有模式对平均降水量的综合评分结果

9.4.8.4　综合评估结果

根据秩的 GCMs 评估方法，基于 2 个地面变量，评估了 24 个全球气候模式在珠江流域的综合模拟能力，各模式对平均气温、降水量模拟打分以及综合评分如图 9-45 所示。此外，表 9-28 给出了针对气温、降水以及综合评分排在前十的模式名称。

以地面实测资料为输入数据，采用 24 个不同气候模式输出的地面降水和地面温度，分别将它们与观测资料进行比较分析，得到以下结论。

1）对于地面气温的模拟结果，BCC-CSM1.1（m）（中国）、MRI-ESM1（日本）、GISS-E2-H（美国）、MRI-CGCM3（日本）、GISS-E2-R（美国）、和 FGOALS-g2（中国）要好于其他模式；对于地面降水，CSIRO-Mk3-6-0（澳大利亚）、GISS-E2-H（USA）、BCC-CSM1.1（m）（中国）、MIROC5（日本）、FGOALS-g2（日本）和 BCC-CSM1.1（日本）的模拟结果要好于其他模式。

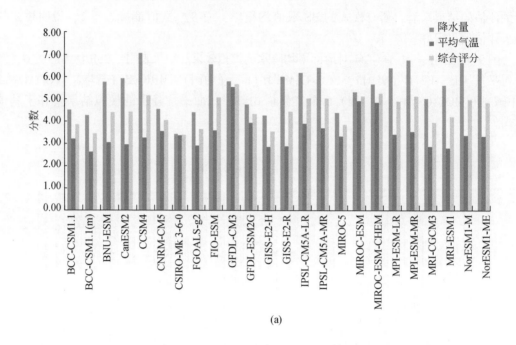

(a)

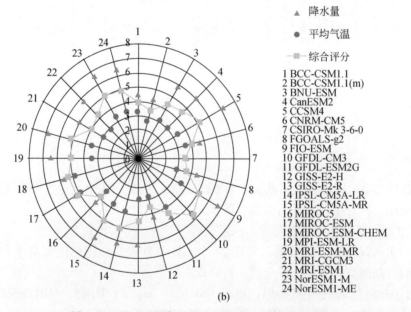

(b)

图 9-45　基于观测资料的珠江流域的变量评分结果

表 9-28　评分前 10 位的模式

排名	平均气温		平均降水		综合评分	
	模式名称	综合评分	模式名称	综合评分	模式名称	综合评分
1	BCC-CSM1.1（m）	2.62	CSIRO-Mk3-6-0	3.43	CSIRO-Mk3-6-0	3.39
2	MRI-ESM1	2.80	GISS-E2-H	4.27	BCC-CSM1.1（m）	3.45
3	GISS-E2-H	2.84	BCC-CSM1.1（m）	4.28	GISS-E2-H	3.56
4	MRI-CGCM3	2.88	MIROC5	4.40	FGOALS-g2	3.66
5	GISS-E2-R	2.88	FGOALS-g2	4.42	MIROC5	3.86
6	FGOALS-g2	2.90	BCC-CSM1.1	4.52	BCC-CSM1.1	3.86
7	CanESM2	2.96	CNRM-CM5	4.55	MRI-CGCM3	3.95
8	BNU-ESM	3.05	GFDL-ESM2G	4.76	CNRM-CM5	4.06
9	BCC-CSM1.1	3.20	MRI-CGCM3	5.02	MRI-ESM1	4.22
10	CCSM4	3.26	MIROC-ESM	5.33	GFDL-ESM2G	4.35

2）在整个珠江流域内，对比 GCMs 对地面气温与地面降水两个地面变量的模拟结果，对气温的模拟效果要好于对降水的模拟。这是由于 GCM 输出的降水具有较大的不确定性。这与其在全球尺度（IPCC AR4）的表现一致。

3）综合以上 2 个地面要素的评价结果，分别对 24 个 GCMs 进行秩打分，评判各 GCM 在珠江流域模拟能力的优劣。综合评价表明，评估结果最好的 10 个气候模式为 CSIRO-Mk3-6-0（澳大利亚）、BCC-CSM1.1（m）（中国）、GISS-E2-H（美国）、FGOALS-g2（中国）、MIROC5（日本）、BCC-CSM1.1（中国）、MRI-CGCM3（日本）、CNRM-CM5（法国）、MRI-ESM1（日本）、GFDL-ESM2G（美国）。

4）本部分对 GCM 的评价仅针对珠江流域而言，书中模拟能力不佳的模式可能在其他地区有良好的模拟效果。

参 考 文 献

毕慕莹.1989.夏季西太平洋副热带高压的振荡.气象学报,47:468-474.

曹丽格,方玉,姜彤,等.2012.IPCC影响评估中的社会经济新情景(SSPs)进展.气候变化研究进展,8:74-78.

曹颖,张光辉.2009.大气环流模式在黄河流域的适用性评价.水文,29(05):1-5.

陈华,郭靖,郭生练,等.2008.应用统计学降尺度方法预测汉江流域降水变化.人民长江,39(14):51-55.

陈联寿,丁一汇.1979.西太平洋台风概论.北京:科学出版社.

陈隆勋,等.1991.东亚季风.北京:气象出版社.

陈喜,陈永勤.2001.日降雨随机解集模式研究.水利学报,4:47-52.

丑纪范,郜吉东.1995.长期数值天气预报(修订版).北京:气象出版社.

褚健婷,夏军,许崇育.2008.SDSM模型在海河流域统计降尺度研究中的适用性分析.资源科学,30(12):1825-1832.

丛爽.1998.面向MATLAB工具箱的神经网络理论和应用.北京:中国科学技术大学出版社.

董步文,丑纪范.1998.西太平洋副热带高压脊线位置季节变化的实况分析和理论模拟.气象学报,46(3):361-364.

范丽军.2006.统计降尺度方法的研究及其对中国未来区域气候情景的预估.北京:中国科学院大气物理研究所博士学位论文.

范丽军,符淙斌,陈德亮.2005.统计降尺度法对未来区域气候变化情景预估的研究进展.地球科学进展,20(3):320-329.

付遵涛,刘式适.2003.基本气流的垂直切变作用下的低纬低频波.大气科学,27(6),983-991.

郭靖.2010.气候变化对流域水循环与水资源影响的研究.武汉:武汉大学博士学位论文.

郭靖,郭生练,陈华,等.2010.基于ANN统计降尺度法对汉江流域降水变化研究.武汉大学学报(工学版),42(2):148-152.

黄荣辉,李维京.1998.夏季热带西太平洋上空的热源异常对东亚上空副热带高压的影响及其物理机制.大气科学,12(sl):107-116.

黄荣辉,孙凤英.1994.热带西太平洋暖池上空的对流活动对东亚夏季风季内变化的影响.大气科学,18:456-4651.

黄士松,余志豪.1961.副热带高压结构及其同大气环流有关若干问题的研究.气象学报,31:339-3591.

李崇银.2004.大气季节内振荡研究的新进展.自然科学进展,14(7):734-741.

李建平,丑纪范.2003.气候系统全局分析理论及应用.科学通报,48(7):703-707.

李维京.1999.1998年大气环流异常及其对中国气候异常的影响.气象,4:20-57.

廖荃荪,赵振国.1992.7-8月西太平洋副热带高压的南北位置异常变化及其对我国天气的影响,长期天气预报和日地关系研究.北京:海洋出版社.

刘昌明,刘文彬,傅国斌,等.2012.气候影响评价中统计降尺度若干问题的探讨.水科学进展,23(3):427-432.

刘吉峰,李世杰,丁裕国.2008.基于气候模式统计降尺度技术的未来青海湖水位变化预估.水科学进展,19(2):184-191.

刘浏,徐宗学,黄俊雄.2011.2种降尺度方法在太湖流域的应用对比.气象科学,31(2):160-169.

刘屹岷,刘辉,刘平,等.1999.空间非均匀加热对副热带高压带形成和变异的影响(Ⅱ):陆面感热加热与东太平洋副高.气象学报,57(4):385-3961.

刘永和，郭维栋，冯锦明，等．2011．气象资料的统计降尺度方法综述．地球科学进展，26（8）：837-847.

刘兆飞，徐宗学．2009．基于统计降尺度的渭河流域未来日极端气温变化的趋势分析．资源科学，31（8）：1573-1580.

罗绍华，金祖辉，陈烈庭．1985．印度洋和南海海温与长江中、下游夏季降水的相关分析．大气科学，9（3）：314-320.

气候变化国家评估报告编写委员会．2011．第二次气候变化国家评估报告．北京：科学出版社．

秦大河，陈振林，罗勇，等．2007．气候变化科学的最新认知．气候变化研究进展，63（2）：63-73.

陶诗言，徐淑英．1962．夏季江淮流域持久旱涝现象的环流特征．气象学报，32：1-181.

陶诗言，朱福康．1964．夏季亚洲南部100毫巴流型的变化及其与副热带高压进退的关系．气象学报，3（4）：385-3951.

陶诗言，等．1963．中国夏季副热带天气系统若干问题的研究．北京：科学出版社．

陶诗言，朱文妹，赵卫．1988．论梅雨的年际变异．大气科学，12（特刊）：13-21.

王斌．2009．一种典型的高性能计算：地球系统模拟．物理，38：569-574.

王冀，宋瑞艳，郭文利．2011．统计降尺度方法在北京月尺度预测中的应用．气象，37（6）：693-700.

王启，丁一汇，江滢．1998．亚洲季风活动及其与中国大陆降水关系．应用气象学，（S1）：85-90.

吴国雄，王标．1997．LASG全球海洋—大气—陆面系统模式（GOALS/LASG）及其模拟研究．应用气象学报，8：15-28.

吴国雄，刘屹岷，刘平．1999．空间非均匀加热对副热带高压带形成和变异的影响（Ⅰ）：尺度分析．气象学报，57（3）：257-2631.

吴国雄，孙凤英，王敬方．1995．降水对热带海表温度异常的邻域响应（Ⅱ）：资料分析．大气科学，19（6）：670-676.

吴金栋，王馥棠．1998．气候变化情景生成技术研究综述．气象，24（2）：3-8.

谢安，叶谦．1987．OLR低频振荡与西太平洋台风活动的探讨．气象，13（10）：8-13.

徐建军，朱乾根，施能．1997．近百年东亚冬季风与ENSO循环的相互关系及其年代际异常．大气科学，21（6）：641-761.

徐影，丁一汇，赵宗慈．2002．近30年人类活动对东亚地区气候变化影响的检测与评估．应用气象学报，13（05）：513-525.

徐予红，陶诗言．1996．东亚夏季风的年际变化与江淮流域梅雨旱涝//黄荣辉．灾害性气候的过程及诊断．北京：气象出版社．

喻世华，杨维武．1995．季节内西太平洋副热带高压异常进退的诊断研究（Ⅰ）．热带气象学报，11：214-2301.

张光辉．2006．全球气候变化对黄河流域天然径流量影响的情景分析．地理研究，（2）：268-275.

张凯，唐亚平，李岚，等．2011．天气发生器与SDSM两种统计降尺度技术对长江中下游地区最高温度模拟的比较研究．安徽农业科学，39（3）：1545-1549，1593.

张庆云，陶诗言．1999．夏季西太平洋副热带高压北跳及异常的研究．气象学报，57（4）：539-5481.

赵芳芳，徐宗学．2007．统计降尺度方法和Delta方法建立黄河源区气候情景的比较分析．气象学报，65（4）：653-662.

赵芳芳，徐宗学．2009．黄河源区未来气候变化的水文响应．资源科学，31（05）：722-730.

赵慧，张静仁．2011．基于统计降尺度的长春市未来气候变化趋势分析．中国农村水利水电，10：47-50，54.

周兵，何金海，谭言科，等．2001.1998年东亚夏季风环流相互作用的低频耦合模态及其位相特征．热带气象学报，17（3）：223-234.

朱益民，杨修群. 2003. 太平洋年代际振荡与中国气候变率的联系. 气象学报，61（6）：641-654.

祝从文，何敏，何金海. 1998. 热带环流指数与夏季长江中下游旱涝的年际变化. 南京气象学院学报，21（1）：15-22.

Abaurrea J, Asin J. 2005. Forecasting local daily precipitation patterns in a climate change scenario. Clim Res, 28: 183-197.

Adler R F, Huffman G J, Chang A, et al. 2003: The version-2 global precipitation climatology project (GPCP) monthly precipitation analysis (1979-present). Journal of Hydrometeorology, 4: 1147-1167.

Allen M R, Stott P A, Mitchell J F B, et al. 2000. Quantifying the uncertainty in forecasts of anthropogenic climate change. Nature, 407: 617-620.

Anandhi A, Srinivas V V, Nanjundiah R S, et al. 2008. Downscaling precipitation to river basin in India for IPCC SRES scenarios using support vector machine. Int J Climatol, 28 (3): 401-420.

Anandhi A, Srinivas V V, Kumar D N, et al. 2009. Role of predictors in downscaling surface temperature to river basin in India for IPCC SRES scenarios using support vector machine. Int J Climatol, 29 (4): 583-603.

Bardossy A, Bogardi I, Matyasovszky I. 2005. Fuzzy rule-based downscaling of precipitation. Theor Appl Climatol, 82 (1/2): 119-129.

Bergant K, Kaifež-Bogataj L. 2005. N-PLS regression as empirical downscaling tool in climate change studies. Theor Appl Climatol, 81: 11-23.

Bergant K, Kajfez-Bogataj J, Crepinsek Z. 2001. Statistical downscaling of general circulation model simulated average monthly air temperature to the beginning of flowering of the dandelion (Taraxacum officinale) in Slovenia. Int J Biometeorol, 46: 22-32.

Bjerknes V. 1904. Das Problem der Wettervorhersage, betrachtet vom Standpunkte der Mechanik und der Physik (The problem of weather prediction, considered from the viewpoints of mechanics and physics). Meteorologische Zeitschrift, 21: 1-7.

Bogárdi I, Matyasovszky I, Bárdossy A, et al. 1993. Application of a space-time stochastic-model for daily precipitation using atmospheric circulation patterns. J Geophys Res, 98 (D9): 16653-16667.

Bogárdi I, Matyasovszky I, Bárdossy A, et al. 1994. A hydroclimatological model of areal drought. J Hydrol, 153: 245-264.

Boville B A. 1991. Sensitivity of simulated climate to model resolution. J Climate, 4: 469-485.

Boyle J S. 1993. Sensitivity of dynamical quantities to horizontal resolution for a climate simulation using the ECMWF (Cycle33) Model. J Climate, 6: 796-815.

Boé J, Terray L, Habets F, et al. 2006. A simple statistical-dynamical downscaling scheme based on weather types and conditional resampling. J Geophys Res, 111 (D23): 1-20.

Boé J, Terray L, Habets F, et al. 2007. Statistical and dynamical downscaling of the Seine basin climate for hydro-meteorological studies. Int J Climatol, 27: 1643-1655.

Brohan P, Kennedy J J, Harris I, et al. 2006. Uncertainty estimates in regional and global observed temperature changes: a new data set from 1850. J Geophys Res, 111: D12106, doi: 10.1029/2005JD006548.

Busuioc A, Deliang C, Cecilia H. 1999. Performance of statistical downscaling models in GCM validation and regional climate change estimate: application for Swedish precipitation. Int J Climatol, 21: 557-578.

Busuioc A, Tomozeiu R, Cacciamani C. 2008. Statistical downscaling model based on canonical correlation analysis for winter extreme precipitation events in the Emilia-Romagna region. Int J Climatol, 28: 449-464.

Bárdossy A. 1997. Downscaling from GCMs to local climate through stochastic linkages: climate change, uncertainty and decision making. Germany Stuttgant Institute for Risk Research, 49（1）: 7-17.

Bárdossy A, Jiri S, Kans-Joachim C. 2002. Automated objective classification of daily circulation patterns for precipitation and temperature downscaling based on optimized fuzzy rules. Clim Res, 23: 11-22.

Chan J C L, Zhou W. 2005. PDO, ENSO and the early summer monsoon rainfall over South China. Geophysical Research Letters, 32: L08810, doi: 10. 1029/2004GL022015.

Chang E K M. 1995. The influence of Hadley circulation intensity changes on extra tropical climate in an idealized model. Journal of the Atmospheric Sciences,（52）: 2006-2024.

Charles S P, Bari M A, Kitsios A, et al. 2007. Effect of GCM bias on downscaled precipitation and runoff projections for the Serpentine catchment, Western Australia. Int J Climatol, 27: 1673-1690.

Chen D. 2000. A monthly circulation climatology for Sweden and its application to a winter temperature case study. Int J Climatol, 20: 1067-1076.

Chen D, Chen Y. 2003. Association between winter temperature in China and upper air circulation over East Asia revealed by Canonical Correlation Analysis. Global Planet Change, 37: 315-325.

Chen D, Hellström C, Chen Y. 1999. Preliminary Analysis and Statistical Downscaling of Monthly Temperature in Sweden. Göteborg: Department of Physical Geography.

Chen M, Xie P, Janowiak J E. 2002. Global land precipitation: a 50-yr monthly analysis based on gauge observations. J Hydrometeor, 3: 249-266.

Chen H, Xiong W, Guo J. 2008. Application of Relevance Vector Machine to Downscale GCMs to Runoff in Hydrology. Kanazawa: Fifth International Conference on Fuzzy Systems and Knowledge Discovery.

Chen H, Guo J, Xiong W, et al. 2010a. Downscaling GCMs using the smooth support vector machine method to predict daily precipitation in the Hanjiang Basin. Adv Atmos SCI, 27（2）: 274-284.

Chen S T, Yu P S, Tang Y H. 2010b. Statistical downscaling of daily precipitation using support vector machines and multivariate analysis. J Hydrol, 385（1/4）: 13-22.

Chen J, Brissette F P, Leconte R. 2011. Uncertainty of downscaling method in quantifying the impact of climate change on hydrology. J Hydrol, 401: 190-202.

Chen Y D, Chen X, Xu C Y, et al. 2006. Downscaling of daily precipitation with a stochastic weather generator for the subtropical region in South China. Hydrol Earth Syst SCI Discuss, 3: 1-39.

Chiew F H S, Kirono D G C, Kent D M, et al. 2010. Comparison of runoff modeled using rainfall from different downscaling methods for the historical and future climates. J Hydrol, 387: 10-23.

Childs C. 2004. Interpolating surfaces in ArcGIS spatial analyst. ArcUser, 7（9）: 32-35.

Christel P, Dörte J, Cecilia S. 2003. Uncertainty and climate change impact on the flood regime of small UK catchments. J Hydrol, 277: 1-27.

Christopher R J, Rakia M, Christel P. 2011. Modelling the effects of climate change and its uncertainty on UK Chalk groundwater resources from an ensemble of global climate model projections. J Hydrol, 399（1-2）: 12-28.

Chu J L, Kang H W, Tam C Y, et al. 2008. Seasonal forecast for local precipitation over northern Taiwan using statistical downscaling. J Geophys Res, 113（D12）: 1113-1126.

Chu J T, Xia J, Xu C Y, et al. 2010. Statistical downscaling of daily mean temperature, pan evaporation and precipitation for climate change scenarios in Haihe River of China. Theor Appl Climatol, 99: 149-161.

Church J A. 2001. Climate change: how fast are sea levels rising? Science, 294: 802-803.

Cintia B U, Jonas O, Osamu M, et al. 2001. Statistical atmospheric downscaling for rainfall estimation in Kyushu Island, Japan. Hydrol Earth Syst SCI, 5: 259-271.

Compo G P, Whitaker J S, Sardeshmukh P D, et al. 2011. The twentieth century reanalysis project. Quarterly Journal of the Royal Meteorological Society, 137: 1-28.

Conflitti C. 2005. Using Bayesian model averaging to calibrate forecast ensembles. Monthly Weather Review, 133: 1155-1174.

Conway D, Jones P D. 1998. The use of weather types and air flow indices for GCM downscaling. J Hydrol, 212 (1-4): 348-361.

Cookey D, Nychka D, Naveau P. 2007. Bayesian spatial modeling of extreme precipitation return levels. J Am Stat Assoc, 102: 824-840.

Coulibaly P, Dibike Y B, Anctil F. 2005. Downscaling precipitation and temperature with temporal neural network. J Hydrometeorol, 6 (4): 483-496.

Cressie N A C. 1993. Statistics for Spatial Data. Revised Edition. New York: John Wiley& Sons.

Dibike Y B, Coulibaly P. 2005. Hydrologic impact of climate change in the Saguenay watershed: comparison of downscaling methods and hydrologic models. J Hydrol, 307: 145-163.

Ding Y, Chan J C L. 2005. The East Asian summer monsoon: an overview. Meteorology and Atmospheric Physics, 89: 117-42.

Ding Y, Ren G, Zhao Z, et al. 2007. Detection, causes and projection of climate change over China: an overview of recent progress. Adv Atmos SCI, 24: 954-971.

Ducre-Robitaille J F, Vincent L A, Boulet G. 2003. Comparison of techniques for detection of discontinuities in temperature series. Int J Climatol, 23: 1087-1101.

Dunn P K. 2004. Occurrence and quantity of precipitation can be modelled simultaneously. International Journal of Climatology, 24: 1231-1239.

Dunn P K, Smyth G K. 1996. Randomized quantile residuals. Journal of Computational and Graphical Statistics, 5 (3): 236-244.

Easterling D R. 2000. Climate extremes: observations, modeling, and impacts. Science, 289: 2068-2074.

Enke W, Schneider F, Deuschl N E. 2005. A novel scheme to derive optimized circulation pattern classifications for downscaling and forecast purposes. Theore Appl Climatol, 82: 51-63.

Eric P, Salath J R. 2003. Comparison of various precipitation downscaling methods for the simulation of streamflow in a rainshadow river basin. Int J Climatol, 23: 887-901.

Fan L. 2009. Statistically downscaled temperature scenarios over China. Atmos Oceanic SCI Lett, 2 (4): 208-213.

Fekete B M, Vörösmarty C J, Roads J O, et al. 2004. Uncertainties in precipitation and their impacts on runoff estimates. J Climate, 17: 294-304.

Feng S, Hu Q, Qian W. 2004. Quality control of daily meteorological data in China, 1951-2000: a new dataset. Int J Climatol, 24: 853-870.

Feng L, Zhou T, Wu B, et al. 2011. Projection of future precipitation change over China with a high-resolution global atmospheric model. Adv Atmos SCI, 28: 464-476.

Fernandez F A, Saenz J, Ibarra B G, et al. 2009. Evaluation of statistical downscaling in short range precipitation forecasting. Atmos Res, 94 (3): 448-461.

Fowler H J, Blenkinsop S, Tebaldi C. 2007. Linking climate change modeling to impacts studies: recent advances in downscaling techniques for hydrological modeling. Int Journal Climatol, 27: 1547-1578.

Frederiksen C S, Zheng X. 2004. Variability of seasonal-mean fields arising from intraseasonal variability: part 2, application to NH winter circulation. Climate Dynamics, 23: 193-206.

Gao X, Shi Y, Song R, et al. 2008. Reduction of future monsoon precipitation over China: comparison between a high resolution RCM simulation and the driving GCM. Meteor Atmos Phys, 100: 73-86.

Gao Y, Zhu B, Wang T, et al. 2012. Seasonal change of non-point source pollution-induced bioavailable phosphorus loss: a case study of Southwestern China. Journal of Hydrology, 420 (4): 373-379.

Gates W L. 1992. AMIP: The Atmospheric Model Intercomparison Project. Bulletin of the American Meteorological Society, 73: 1962-1970.

Gates W L, Boyle J S, Covey C, et al. 1999. An overview of the results of the Atmospheric Model Intercomparison Project (AMIP I). Bulletin of the American Meteorological Society, 80: 29-55.

Ge Q, Wang F, Luterbacher J. 2013. Improved estimation of average warming trend of China from 1951-2010 based on satellite observed land-use data. Climatic Change, 121: 365-379.

Gershunov A, Barnett T P. 1998. Interdecadal modulation of ENSO teleconnection. Bulletin of the American Meteorological Society, 79 (12): 2715-2725.

Ghosh S, Mujumdar P P. 2006. Future rainfall scenario over Orissa with GCM projections by statistical downscaling. Curr SCI India, 90 (3): 396-404.

Ghosh S, Mujumdar P P. 2008. Statistical downscaling of GCM simulations to streamflow using relevance vector machine. Adv Water Resour, 31: 132-146.

Graham N E. 1994. Decadal-scale climate variability in the tropical and North Pacific during the 1970s and 1980s: observations and model results. Climate Dynamics, 10: 135-162.

Grecu M, Krajewski W F. 2000. A large-sample investigation of statistical procedures for radar-based short-term quantitative precipitation forecasting. J Hydrol, 239 (1/4): 69-84.

Gruber A, Levizzani V. 2008. Assessment Global Precipitation Report, A Project of the Global Energy and Water Cycle Experiment (GEWEX) Radiation Panel GEWEX. WMO/TD-No. 1430. Geneva: WMO.

Guo R, Lin Z, Mo X, et al. 2010. Responses of crop yield and water use efficiency to climate change in the North China Plain. Agr Water Mana, 97: 1185-1194.

Hansen J, Ruedy R, Glascoe J, et al. 1999. GISS analysis of surface temperature change. J Geophys Res, 104: 30997-31022.

Hansen J, Ruedy R, Sato U, et al. 2001. A closer look at United States and global surface temperature change. J Geophys Res, 106: 23947-23963.

Harpham C, Wilby R L. 2005. Multi-site downscaling of heavy daily precipitation occurrence and amounts. J Hydrol, 312: 235-255.

Hastie T J, Tibshirani R J. 1990. Generalized Additive Models. London: Chapman and Hall.

Hawkins E, Sutton R. 2009. The potential to narrow uncertainty in regional climate predictions. Bulletin of the American Meteorological Society, 90: 1095-1107.

Hellström C, Deliang C, Christine A, et al. 2001. Comparison of climate change scenarios for Sweden based on statistical and dynamical downscaling of monthly precipitation. Climate Research, 19: 45-55.

Hertig E, Jacobeit J. 2008. Assessments of Mediterranean precipitation changes for the 21st century using statistical downscaling techniques. International Journal of Climatology, 28 (8): 1025-1045.

Hessami M, Gaehon P, Ouarda T B M J, et al. 2008. Automated regression-based statistical downscaling tool. Environmental Modelling and Software, 23: 813-834.

Hewitson B, Crane R. 2002. Self-organizing maps: application to synoptic climatology. Climate Res, 22: 13-26.

Hewitson B C, Crane R G. 2006. Consensus between GCM climate change projections with empirical downscaling: precipitation downscaling over South Africa. International Journal of Climatology, 26: 1315-1337.

Higham N. 2002. Computing the nearest correlation matrix-a problem from finance. IMA Journal of Numerical Analysis, 22: 329-343.

Hijmans R J, Cameron S E, Parra J L. 2005. Very high resolution interpolated climate surfaces for global land areas. Int J Climatol, 25: 1965-1978.

Hinkelmann K. 1959. Ein numerisches Experiment mit den primitiven Gleichungen. New York: Rockerfeller Institute Press.

Hsiung J. 2010. Estimates of global oceanic meridional heat transport. Journal of Physical Oceanography, 15 (15): 1405-1413.

Hsu H H, Weng C H. 2001. Northwestward propagation of the intraseasonal oscillation in the western North Pacific during the boreal summer: structure and mechanism. Journal of Climate, 14: 3834-3850.

Hubacek K, Guan D, Barua A. 2007. Changing lifestyles and consumption patterns in developing countries: a scenario analysis for China and India. Futures, 39: 1084-1096.

Hughes J P, Lettenmaier D P, Guttorp P. 1993. A stochastic approach for assessing the effect of changes in synoptic circulation patterns on gauge precipitation. Water Resour Res, 29 (10): 3303-3315.

Hughes J P, Guttorpi P, Charles S P. 1999. A non-homogeneous hidden Markov model for precipitation occurrence. J Appl Stat, 48: 15-30.

Hurrell J W. 1996. Influence of variations in extra tropical wintertime teleconnections on Northern Hemisphere temperature. Geophysical Research Letters, 23: 665-668.

Huth R. 1999. Statistical downscaling in central Europe: evaluation of methods and potential predictor. Climate Res, 13: 91-101.

Huth R, Kliegrova S, Metelka L. 2008. Non-linearity in statistical downscaling: does it bring an improvement for daily temperature in Europe. Int J Climatol, 28 (4): 465-477.

Iooss B, Ribatet M. 2009. Global sensitivity analysis of computer models with functional inputs. Reliability Engineering and System Safety, 94: 1194-1204.

IPCC. 2007. Contribution of Working Groups Ⅰ, Ⅱ and Ⅲ to the Fourth Assessment Report of the Intergovernmental Panel on Climate Change. Cambridge: Cambridge University Press.

James M. 2000. Prediction of climate change over Europe using statistical and dynamical downscaling techniques. Int J Climatol, 20 (5): 489-501.

Jones P D, Kelly P M, Goodess C M. 1989. The Effect of urban warming on the Northern Hemisphere temperature average. J Climate, 2: 285-290.

Jones P D, Groisman P Y, Coughlan M. 1990. Assessment of urbanization effects in time series of surface air temperature over land. Nature, 347: 169-172.

Jones P D, New M, Parker D E. 1999. Surface air temperature and its changes over the past 150 years. Rev Geophys, 37: 173-199.

Joyce R J, Janowiak J E, Arkin P A. 2004. CMORPH: a method that produces global precipitation estimates from passive microwave and infrared data at high spatial and temporal resolution. J Hydrometeor, 5: 487-503.

Julie A W, Jean P P, Jeffrey A A, et al. 1997. The simulation of daily temperature time series from GCM output (Ⅱ): sensitivity analysis of an empirical transfer function methodology. J Climate, 10: 2514-1532.

Kalnay E, Kanamitsu M, Kistler R, et al. 1996. The NCEP/NCAR 40-year reanalysis project. Bulletin of the American Meteorological Society, 77: 431-471.

Katz R W, Parlange M B. 1996. Mixtures of stochastic processes: applications to statistical downscaling. Climate Res, 7: 185-193.

Kilsby C G, Cowpertwait P S P, O'Connell P E, et al. 2000. Predicting rainfall statistics in England and Wales using atmospheric circulation variables. Int J Climatol, 18: 523-539.

Kilsby C G, Jones P D, Burton A. 2007. A daily weather generator for use in climate change studies. Environ Modell Softw, 22 (12): 1705-1719.

Kioutsioukis I, Melas D, Zanis P. 2008. Statistical downscaling of daily precipitation over Greece. International J Climatol, 28 (5): 679-691.

Labraga. 2010. Statistical downscaling estimation of recent rainfall trends in the eastern slope of the Andes mountain range. Theor Appl Climatol, 99: 287-302.

Lamb H H. 1972. British Isles Weather Types and A Register of Daily Sequence of Circulation Patterns. London: Geophysical Memoir 116, HMSO.

Lau K M, Yang G J, Shen S H. 1988. Seasonal and intraseasonal of summer monsoon rainfall over East Asia. Monthly Weather Review, 116 (1): 18-37.

Lenderink G, Buishand A, Van Deursen W. 2007. Estimates of future discharges of the river Rhine using two scenario methodologies: direct versus delta approach. Hydrol Earth Syst SCI, 11: 1145-1159.

Lettenmaier D. 1995. Stochastic modeling of precipitation with applications to climate model downscaling//Von Storch H, Navarra A. Analysis of Climate Variability: Applications of Statistical Techniques. Heidelberg: Springer.

Li C, Ma H. 2012. Relationship between ENSO and winter rainfall over southeast China and its decadal variability. Advances in Atmospheric Sciences, 29 (6): 1129-1141.

Li Q, Zhang H, Liu X, et al. 2004. Urban heat island effect on annual mean temperature during the last 50 years in China. Thero Appl Climatol, 79: 165-174.

Li H, Sheffield J, Wood E F. 2010. Bias correction of monthly precipitation and temperature fields from Intergovernmental Panel on Climate Change AR4 models using equidistant quantile matching. J Geophys Res, 115 (D10): 985-993.

Li Q, Peng J, Shen Y. 2012. Development of homogenized monthly precipitation dataset in China during 1900-2009. Acta Geographica Sinica, 67: 301-311.

Liebmann B, Hendon H H, Glick J D. 1994. The relationship between tropical cyclones of the western Pacific and Indian oceans and the Madden Julian oscillation. Journal of the Meteorological Society of Japan, 72: 401-412.

Liu J, Song X, Yuan G. 2008a. Stable isotopes of summer monsoonal precipitation in southern China and the moisture sources evidence from $\delta^{18}O$ signature. J Geogr SCI, 18: 155-165.

Liu X L, Coulibaly P, Evora N. 2008b. Comparison of data-driven methods for downscaling ensemble weather forecasts. Hydrol Earth Syst SCI, 12 (2): 615-624.

Lorenz E N. 1963. The predictability of hydrodynamic flow. Transactions of The New York Academy of Sciences, 25 (4): 409-432.

Madden R A. 1976. Estimates of the natural variability of time averaged sea level pressure. Monthly Weather Review, 104: 942-952.

Mantua N J, Hare S R, Zhang Y, et al. 1997. A Pacific interdecadal climate oscillation with impacts on salmon production. Bulletin of the American Meteorological Society, 78: 1069-1079.

Mao J, Chan J C L. 2005. Intraseasonal variability of the South China Sea summer monsoon. Journal of Climate, 18: 2388-2402.

Maraun D, Rust H W, Osborn R J. 2010a. Synoptic airflow and UK daily precipitation extremes: development and validation of a vector generalised linear model. Extremes, 13: 133-153.

Maraun D, Wetterhall F, Ireson A M, et al. 2010b. Precipitation downscaling under climate change: recent developments to bridge the gap between dynamical models and the end user. Rev Geophys, 43: 1-34.

Marengo J A, Nobre C A, Tomasella J. 2008. Hydro-climate and ecological behaviour of the drought of Amazonia in 2005. Philosophical Transactions of the Royal Society of London B: Biological Sciences, 363: 1773-1778.

Maritin W, Christopher S B. 2003. Statistical precipitation downscaling over the Northwestern United States using numerically simulated precipitation as a predictor. J Climate, 16: 799-816.

Mason S J. 2004. Simulating climate over western North America using stochastic weather generators. Climate Change, 62: 155-187.

Maxino C C, Mcavaney B J, Pitman A J, et al. 2008. Ranking the AR4 climate models over the Murray-Darling Basin using simulated maximum temperature, minimum temperature and precipitation. Int J Climatol, 28 (8): 1097-1112.

McCullagh P, Nelder J A. 1989. Generalized Linear Models. 2nd Edition. London: Chapman and Hall.

McLachlan G J, Krishnan T. 2008. The EM Algorithm and Extensions. 2nd Edition. USA: Wiley Press.

Mearn L O, Bogardi I, Giorgi F, et al. 1999. Comparison of climate change scenarios generated from regional climate model experiments and statistical downscaling. J Geophys Res, 104 (D6): 6603-6621.

Meehl G A, Zwiers F, Knutson T. 2000. Trends in extreme weather and climate events: issues related to modeling extremes in projections of future climate change. Bull Amer Meteor Soc, 81: 427-436.

Miao C Y, Ni J R, Borthwick A G L. 2010. Recent changes in water discharge and sediment load of the Yellow River basin, China. Prog Phys Geog, 34: 541-561.

Miao C Y, Ni J R, Borthwick A G L. 2011. A preliminary estimate of human and natural contributions to the changes in water discharge and sediment load in the Yellow River. Global Planet Change, 76: 196-205.

Miao C Y, Duan Q Y, Yang L. 2012. On the applicability of temperature and precipitation data from CMIP3 for China. Plos One, 7: 1-10.

Miao C Y, Duan Q Y, Sun Q H. 2013. Evaluation and application of Bayesian multi-model estimation in temperature simulations. Prog Phys Geog, 37: 727-744.

Michaelides S C, Pattichis C S, Kleovoulou G. 2001. Classification of rainfall variability by using artificial neural networks. Int J Climatol, 21: 1401-1414.

Mishra A K, Zger M, Singh V P. 2009. Trend and persistence of precipitation under climate change scenarios for Kansabati basin, India. Hydrol Process, 23: 2345-2357.

Mitchell T D, Jones P D. 2005. An improved method of constructing a database of monthly climate observations and associated high-resolution grids. Int J Climatol, 25: 693-712.

Mpelasoka F S, Mullan A B, Heerdegen R G. 2001. New Zealand climate change information derived by multivariate statistical and artificial neural networks approaches. Int J Climatol, 21: 1415-1433.

Murphy J. 1999. An evaluation of statistical and dynamical techniques for downscaling local climate. J Climate, 12: 2256-2284.

Nakazawa T. 2006. Madden Julian oscillation activity and typhoon landfall on Japan in 2004. SOLA, 7: 136-139.

New M, Hulme M, Jones P. 1999. Representing twentieth-century space-time climate variability (I): development of a mean monthly terrestrial climatology. J Climate, 12: 829-856.

New M, Hulme M, Jones P. 2000. Representing twentieth-century space-time climate variability (II): development of monthly grids of terrestrial surface climate. J Climate, 13: 2217-2238.

Nitta T, Hu Z Z. 1996. Summer climate variability in China and its association with 500hPa height and tropical convection. Journal of the Meteorological Society of Japan, 74: 425-445.

Nitta T, Yamada S. 1989. Recent warming of tropical sea surface temperature and its relationship to the Northern Hemisphere circulation. Journal of the Meteorological Society of Japan, 67: 375-383.

Oshima N, Hisashi K, Shinji K. 2002. An application of statistical downscaling to estimate surface air temperature in Japan. J Geophys Res, 107 (D10): ACL14-1-ACL, 14-10.

Patz J A, Campbell- Lendrum D, Holloway T, et al. 2005. Impact of regional climate change on human health. Nature, 438: 310-317.

Percec V, Dulcey A E, Balagurusamy V S, et al. 2004. Self- assembly of amphiphilic dendritic dipeptides into helical pores. Nature, 430: 764-768.

Phillips N A. 1956. The general circulation of the atmosphere: a numerical experiment. Quarterly Journal of the Royal Meteorological Society, 82 (352): 123-154.

Phillips T J, Gleckler P J. 2006. Evaluation of continental precipitation in 20th century climate simulations: the utility of multimodel statistics. Water Resour Res, 42: 1-10.

Piani C, Haerter J Q, Coppola E. 2010. Statistical bias correction for daily precipitation in regional climate models over Europe. Theor Appl Climatol, 99: 187-192.

Piao S, Ciais P, Huang Y, et al. 2010. The impacts of climate change on water resources and agriculture in China. Nature, 467: 43-51.

Pons M R, San- Martín D, Guti- Rrez J M. 2010. Snow trends in Northern Spain: analysis and simulation with statistical downscaling methods. Int J Climatol, 30: 1795-1806.

Quan X W, Diaz H F, Hoerling M P. 2004. Change of the tropical hadley cell since 1950//Diaz H F, Bradley R S. Hadley Circulation: Past, Present, and Future. New York: Cambridge University Press.

Quintana S P, Ribes A, Martin E, et al. 2010. Comparison of three downscaling methods in simulating the impact of climate change on the hydrology of Mediterranean basins. J Hydrol, 383: 111-124.

Ramirez M C, Ferreira N J, Velho H F C. 2006. Linear and nonlinear statistical downscaling for rainfall forecasting over Southeastern Brazil. Wea Forecasting, 21 (6): 969-989.

Randall D A, Wood R A, Bony S, et al. 2007. Climate models and their evaluation//Solomon S, Qin M, Manning Z, et al. Climate Change: The Physical Science Basis Contribution of Working Group I to the Fourth Assessment Report of the Intergovernmental Panel on Climate Change. Cambridge, UK: Cambridge University Press.

Rayner N A, Parker D E, Horton E B, et al. 2003. Global analyses of sea surface temperature, sea ice, and night marine air temperature since the late nineteenth century. Journal of Geophysical Research, 108: doi: 10. 1029/2002JD002670.

Razici T, Bordi I, Pereira L S. 2010. An application of GPCC and NCEP/NCAR datasets for drought variability analysis in Iran. Water Resour Manag, 25: 1075-1086.

Ren G, Chu Z, Zhou Y, et al. 2005. Recent progresses in studies of regional temperature changes in China. Climatic Environ Res, 10: 701-715.

Ren G, Zhou Y, Chu Z, et al. 2008. Urbanization effects on observed surface air temperature trends in North China. J Climate, 21: 1333-1348.

Ren Y, Ren G, Zhang A. 2010. An overview of researches of urbanization effect on land surface air temperature trends. Progress in Geography, 29: 1301-1310.

Richardson C W. 1981. Stochastic simulation of daily precipitation, temperature, and solar radiation. Water Resour Res, 17 (1): 182-190.

Richardson L F. 1922. Weather Prediction by Numerical Process. Cambridge: Cambridge University Press.

Robertson A W, Kirshner S, Smyth P. 2004. Downscaling of daily rainfall occurrence over Northeast Brazil using a hidden Markov model. J Climate, 17 (22): 4407-4424.

Robock A, Turco R P, Harwell M A, et al. 1993. Use of general circulation model output in the creation of climate change scenarios for impact analysis. Climatic Change, 23 (4): 293-335.

Rogelj J, Meinshausen M, Knuttil R. 2012. Global warming under old and new scenarios using IPCC climate sensitivity range estimates. Nature, 2: 248-253.

Roldan J, Woolhiser D A. 1982. Stochastic daily precipitation models: a comparison of occurrence processes. Water Resour Res, 18 (5): 1451-1459.

Rosenzwelg C, Parry M L. 1994. Potential impact of climate change on world food supply. Nature, 367: 133-138.

Rudolf B, Becker A, Schneider U, et al. 2009. The new 'GPCC Full Data Reanalysis Version 5' providing high-quality gridded monthly precipitation data for the global land-surface is public available since December. Nature, 367164597: 133-138.

Ruping M, David M S. 2002. Statistical-dynamical seasonal prediction based on principal component regression of GCM ensemble integrations. Mon Wea Rev, 130 (9): 2167-2187.

Sailor D J, Li X A. 1999. A semiempiral downscaling approach for predicting regional temperature impacts associated with climatic change. J Climate, 12: 103-114.

Schmidli F, Frei C, Vidale P L. 2006. Downscaling from GCM precipitation: a benchmark for dynamical and statistical downscaling methods. Int J Climatol, 26: 679-689.

Schubert S. 1998. Downscaling local extreme temperature changes in south-eastern Australia from the CSIRO MARK2 GCM. Int J Climatol, 18: 1419-1438.

Shukla J. 1981. Dynamical predictability of monthly means. Journal of the Atmospheric Sciences, 38: 2547-2572.

Shukla J. 1983. Comment on 'Natural variability and predictability'. Monthly Weather Review, 40: 581-585.

Shukla J. 1998. Predictability in the midst of Chaos: a scientific basis for climate forecasting. Science, 282: 728-731.

Silas C M, Constantinos S P, Georgia K. 2001. Classification of rainfall variability by using artificial neural networks. Int J Climatol, 21: 1401-1414.

Sloughter J M, Raftery A E, Gneiting T, et al. 2007. Probabilistic quantitative precipitation forecasting using Bayesian model averaging. Monthly Weather Review, 135: 3209-3220.

Stachnik J P, Schumacher C. 2011. A comparison of the Hadley circulation in modern reanalyses. Journal of Geophysical Research, 116: D22102, doi: 10.1029/2011JD016677.

Stehlik J, Bardossy A. 2002. Multivariate stochastic downscaling model for generating daily precipitation series based on atmospheric circulation. J Hydrol, 256 (1/2): 120-141.

Sun F, Roderick M L, Lim W H, et al. 2011. Hydroclimatic projections for the Murray-Darling Basin based on an ensemble derived from Intergovernmental Panel on Climate Change AR4 climate models. Water Resour Res, 47 (12): 373-384.

Taylor K E. 2001. Summarizing multiple aspects of model performance in a single diagram. J Geophys Res, 106: 7183-7192.

Taylor K E, Stouffer R J, Meehl G A. 2009. A summary of the CMIP5 experiment design. PCMDI Web Report. http://cmip-pcmdi.llnl.gov/cmip5/docs/Taylor_CMIP5_design.pdf. [2015-03-02].

Torrence C, Webster P J. 1999. Interdecadal changes in the ENSO-Monsoon system. Journal of Climate, 12 (8): 2679-2690.

Trenberth K E. 1984. Some effects of finite size and persistence on meteorological statistics (Ⅱ): potential predictability. Monthly Weather Review, 112: 2369-2379.

Trenberth K E, Hurrell J W. 1994. Decadal atmospheric-ocean variations in the Pacific. Climate Dynamics, 9: 303-319.

Tripathi S, Srinivas V V, Nanjundiah R S. 2006. Downscaling of precipitation for climate change scenarios: a support vector machine approach. J Hydrol, 330 (3/4): 621-640.

Tumbo S D, Mpeta E, Tadross M, et al. 2010. Application of self-organizing maps technique in downscaling GCMs climate change projections for Same, Tanzania. Phys Chem Earth, 35: 608-617.

Tweedie M C K. 1984. An index which distinguishes between some important exponential families//Ghosh J K, Roy J. Statistics: Applications and New Directions. Proceedings of the Indian Statistical Institute Golden Jubilee International Conference. Calcutta: Indian Statistical Institute.

Varadhan R, Roland C. 2008. Simple and globally convergent numerical schemes for accelerating the convergence of any EM algorithm. Scandinavian Journal of Statistics, 35: 335-353.

Vimont D J, Battisti D S, Naylor R L. 2010. Downscaling Indonesian precipitation using large-scale meteorological fields. Int J Climatol, 30: 1706-1722.

Vrac M, Marbaix P, Paillard D, et al. 2007. Nonlinear statistical downscaling of present and LGM precipitation and temperature over Europe. Climate Past, 3: 669-682.

Vörösmarty C J. 2000. Global water resources: vulnerability from climate change and population growth. Science, 289: 284-288.

Wang B. 1995. Interdecadal changes in Niño onset in the last four decades. Journal of Climate, 8: 267-285.

Wang H. 2002. The instability of the East Asian Summer Monsoon-ENSO relations. Advances in Atmospheric Sciences, 19 (1): 1-11.

Wang B, Ho L. 2002. Rainy season of the Asian-Pacific Summer monsoon. Journal of Climate, 15: 386-398.

Warwick P. 2012. Climate change and sustainable citizenship education//Arthur J, Cremin H. Debates in Citizenship Education. London: Routledge.

Wen X, Wang S, Zhu J, et al. 2006. An overview of China climate change over the 20th century using UK UEA/CRU high resolution grid data. Chinese J Geophys Res, 30 (5): 894-904.

Wetterhall F, Halldin S, Xu C Y. 2007. Seasonality properties of four statistical-downscaling methods in central Sweden. Theor Appl Climatol, 87 (1/4): 123-137.

Wheater H S, Chandler R E, Onof C F, et al. 2005. Spatial-temporal rainfall modelling for flood risk estimation. Stoch Env Res Risk A, 19: 403-416.

Wigley T M L, Jones P D, Briffa K R, et al. 1990. Obtaining sub-grid-scale information from coarse-resolution general circulation model output. J Geophys Res, 95 (D2): 1943-1953.

Wilby R L. 1998. Statistical downscaling of daily precipitation using daily airflow and seasonal teleconnection indices. Climate Res, 10: 163-178.

Wilby R L. 2005. Uncertainty in water resource model parameters used for climate change impact assessment. Hydrol Process, 19: 3201-3219.

Wilby R L, Wigley T M L. 1997. Downscaling of general circulation model output: a review of methods and limitations. Prog Phys Geog, 21: 530-548.

Wilby R L, Hay L E, Leavesley G H. 1999. A comparison of downscaled and raw GCM output: implications for climate change scenarios in the San Juan River basin, Colorado. J Hydrol, 225: 67-91.

Wilby R L, Dawson C W, Barrow E M. 2002. SDSM. decision support tool for the assessment of regional climate change impacts. Environ Modell Softw, 17: 147-159.

Wilby R L, Tomlinson O J, Dawson C W. 2003. Multi-site simulation of precipitation by conditional resampling. Climate Res, 23: 183-194.

Wilby R L, Whitehead P G, Wade A J, et al. 2006. Integrated modelling of climate change impacts on water resources and quality in a lowland catchment: River Kennet, UK. J Hydrol, 204-220.

Wilks D S. 1989. Conditioning stochastic daily precipitation models on total monthly precipitation. Water Resour Res, 25: 1429-1439.

Wilks D S. 1999a. Interannual variability and extreme-value characteristics of several stochastic daily precipitation models. Agr Forest Meteorol, 93: 153-169.

Wilks D S. 1999b. Multisite downscaling of daily precipitation with a stochastic weather generator. Climate Res, 11: 125-136.

Willem A L, Warren J T. 2000. Statistical downscaling of monthly forecast. Int J Climatol, 20: 1521-1532.

Willmott C J, Matsuura K. 1995. Smart interpolation of annually annually averaged air temperature in the United States. J Appl Meteor, 34: 2577-2586.

Wilson L L, Lettenmaier D P, Skyllingstad E. 1992. A hierarchical stochastic model of large atmospheric circulation patterns and multiple station daily rainfall. J Geophys Res, 97 (3): 2791-2809.

Wood S N. 2006. Generalized Additive Models: An Introduction with R. Boca Raton, Florida: CRC/Chapman & Hall.

Woolhiser D A, Pegram G. 1979. Maximum likelihood estimation of Fourier coefficients to describe seasonal-variations of parameters in stochastic daily precipitation models. J Appl Meteorol, 18 (1): 34-42.

Woolhiser D A, Roldan J. 1982. Stochastic daily precipitation models: a comparison of distributions of amounts. Water Resour Res, 18 (5): 1461-1468.

Woolhiser D A, Roldan J. 1986. Seasonal and regional variability of parameters for stochastic daily precipitation models, south-Dakota, USA. Water Resour Res, 22 (6): 965-978.

Wu R, Wang B. 2001. Multi-stage onset of the summer monsoon over the western North Pacific. Climate Dynamics, 17: 277-289.

Wu R, Wang B. 2002. A contrast of the East Asian summer Monsoon-ENSO relationship between 1962-77 and 1978-93. Journal of Climate, 15: 3266-3279.

Wu R, Hu Z, Kirtman B. 2003. Evolution of ENSO-related rainfall anomalies in East Asia. Journal of Climate, 16: 3742-3758.

Xie P, Arkin P A. 1997. Global precipitation: a 17-year monthly analysis based on gauge observations, satellite estimates, and numerical model outputs. Bull Amer Meteor Soc, 78: 2539-2558.

Xie P, Chen M, Yang S, et al. 2007. A gauge-based analysis of daily precipitation over East Asia. J Hydrometeor, 8: 607-626.

Xu Y, Gao X, Shen Y, et al. 2009. A daily temperature dataset over China and its application in validating a RCM simulation. Adv Atmos SCI, 26: 763-772.

Yang C, Chandler R E, Isham W S, et al. 2005. Spatial-temporal rainfall simulation using generalized linear models. Water Resour Res, 41 (11): 1-17.

Yang C, Yan Z, Shao Y. 2012. Probabilistic precipitation forecasting based on ensemble output using generalized additive models and Bayesian model averaging. Acta Meteorologica Sinica, 26 (1): 1-12.

Yatagai A, Arakawa O, Nodzu M I, et al. 2009. A 44-year daily gridded precipitation dataset for Asia based on a dense network of rain gauges. Sola, 5: 137-140.

Yates D. 2003. A technique for generating regional climate scenarios using a nearest neighbor algorithm. Water

Resour Res, 3: 1199.

Ying K, Zhao T, Quan X W, et al. 2015. Interannual variability of autumn to spring seasonal precipitation in eastern China. Climate Dynamics, 45 (1-2): 253-271.

Yu R, Zhou T. 2007. Seasonality and three- dimensional structure of interdecadal change in the East Asian monsoon. J Climate, 20: 5344-5355.

Zhang Y, Wallace J M, Battisti D S. 1997. ENSO- like interdecadal variability: 1900-1993. Journal of Climate, 10: 1004-1020.

Zhang R, Sumi A, Kimoto M A. 1999. diagnostic study of the impact of El Niño on the precipitation in China. Advances in Atmospheric Sciences, 16: 229-241.

Zhang Q, Ruan X, Xiong A. 2009. Establishment and assessment of the grid air temperature data sets in China for the past 57 years. J Appl Meteor SCI, 20: 385-393.

Zhao T, Guo W, Fu C. 2008. Calibrating and evaluating reanalysis surface temperature error by topographic correction. J Climate, 21: 1440-1446.

Zheng X, Frederiksen C S. 1999. Validating interannual variability induced by forcing in an ensemble of AGCM Simulations. Journal of Climate, 12: 2386-2396.

Zheng X, Frederiksen C S. 2004. Variability of seasonal-mean fields arising from intraseasonal variability: part 1, methodology. Climate Dynamics, 23: 176-191.

Zheng X, Frederiksen C S. 2007. A statistical prediction of seasonal means of Southern Hemisphere 500hPa geopotential heights. Journal of Climate, 20: 2791-2809.

Zhou L, Dickinson R E, Tian Y, et al. 2004. Evidence for a significant urbanization effect on climate in China Proc Natl Acad SCI USA, 101: 9540-9544.

Zhou W, Li C, Chan J C L. 2006. The interdecadal variations of the summer monsoon rainfall over South China. Meteorology and Atmospheric Physics, 93 (3-4): 165-175.

Zhou X, Ding Y, Wang P, et al. 2010a. Moisture transport in the Asian summer monsoon region and its relationship with summer precipitation in China. Acta Metero Sinnca, 24: 31-42.

Zhou L, Chi- Yung T A M, Zhou W, et al. 2010b. Influence of South China Sea SST and the ENSO on winter rainfall over South China. Advances in Atmospheric Sciences, 27 (4): 832-844.

Zorita E, von Storch H. 1999. The analog method as a simple statistical downscaling technique: comparison with more complicate methods. J Climate, 12: 2474-2489.

Zorita E, Hughes J, Lettenmaier D, et al. 1995. Stochastic characterization of regional circulation patterns for climate model diagnosis and estimation of local precipitation. J Climate, 8: 1023-1042.